教育 环境

ENVIRONMENTAL EDUCATION

理论、实务与案例

THEORY, PRACTICE AND CASES

方伟达 ———— 著

社会科学文献出版社
SOCIAL SCIENCES ACADEMIC PRESS (CHINA)

人类造成的环境破坏是一个全球性的问题，到 2050 年，全球人口预计将增加为 96 亿人。人类对于地球的影响，最主要的面向是温度升高。全球变暖的主要原因是人类活动。自 1895 年以来，全球不断地增温，气候灾害在世界各地频发，目前大约 70% 的灾害与气候有关。在过去 10 年中，共有 24 亿人受到气候灾害影响。

1995 年诺贝尔化学奖得主克鲁岑（Paul Crutzen，1933 ~   ）等于 2000年提出"人类世"（Anthropocene）的概念（Crutzen and Stoermer，2000）。他们认为，人类活动对于地球的影响，足以形成一个新的地质时代。克鲁岑等提出工业革命是人类世的开端。有趣的是，人类世的概念提出不久，许多学者认为人类世的开端应该更早，在科学事实基础上，各持己见。洛夫洛克（James Ephraim Lovelock，1919 ~   ）指出，人类世开始于工业革命。拉迪曼（William Ruddiman，1943 ~   ）认为，人类世应可追溯至 8000年前人类务农开始。当时，人类正值新石器时代，农业及畜牧业取代了狩猎搜集的生存方式，接着大型的哺乳动物灭绝。此外，人类活动导致大气中二氧化碳（CO_2）浓度增加，到了 2019 年二氧化碳监测数据超过 415ppm。此外，海洋浮游植物在海洋中大幅减少；自 1950 年以来，藻类生物量减少了约 40%。科学家警告，自人类文明出现以来，曾经生活在地球上的物种，50% 已经灭绝，多达 83% 的野生哺乳动物已经消失。人口持续增加和过度消费，将导致第六次大规模灭绝事件。

环境问题存在于生态环境，环境保护需要政府、组织以及个人层面进行推动。当今人类面临的生态问题，来自传统知识、价值观以及人类行为伦理的丧失。推动亲环境行为（pro‐environmental behaviors），既能颂扬自然界的内在价值，又能保护大自然的神圣性。因此，我们需要通过宣传、教育以及行动（advocacy，education，and activism），来解决环境问题。环境教育学习要素，包含了"自然资源保育""环境管理""生态原理""环境互动与依存关系""环境伦理"，以及"永续性"等观念。环境教育课程目标崇高，在于培养人类的环境觉知与敏感度、环境概念知识、环境价值观与态度、环境行动技能，以及环境行动经验。

大专院校环境教育肩负培养社会环境保护之栋梁责任，大学培育的永续发展人才，在毕业之后参与经济社会的各项发展工作，皆与环境质量、环境资源以及永续发展具有密切关系。

环境教育不是一种"补充教育"，也不是"教室教育"，而是"实质教育"；如何强化环境保护"核心素养"与"实质内涵"，兼具学科的本质和理想，都需要深思熟虑（Strife，2010；高翠霞等，2018）。本书培养中小学环境教育人员及师资，推动全民环境保护、人文关怀，以及永续发展的教学素养（pedagogical literacy）提升。借由妥善规划环境教育教学内容，配合生活情境进行教学活动之论证，并且搭配环境教育专家巡回演讲座谈环境教育的教学方向，以培养规范的公务人员、中小学（含职业技术学校）环境教育人员、环境安全卫生人员，以及师资培训，对于环境保护和地方永续发展全盘性思考，诱导环境公民行动，有其深远之意涵。因此，在建立环境教育推动体系之际，本书依据教学实施的现况以及教师和学生反映教学之成效，更新或调整课程内容。后续将扩大为幼儿教育、民间企业、民间保育团体，以及全民环境教育论证之基础，以利推动永续发展之个人生活方式、社会集体行动。

本书架构于人类世的永续发展，全书共分为十个章节，从环境教育理论谈到环境教育的实务分析，本书适用于：（1）大专院校环境教育课程之教学用书；（2）大专院校及研究所博硕士班社会发展、环境教育、环境政策、环境心理、环境社会、环境经济、环境文化、环境传播、观光游憩、餐旅管理，以及永续发展教育等类型学位论文撰写之研究用书；（3）环境教育人员的应试、实务、进修，以及培训课程之参考用书。

本书内容丰富，案例遍及国内外。在第一章中，介绍环境教育绪论，探讨环境教育的定义、环境保护的哲学、环境教育的历史、取径，以及环境教育的发展。第二章探讨环境教育研究方法，包含了环境教育研究内涵，其中区分为历史研究、量化研究、质性研究，以及"后设认知"分析等取径。第三章探讨环境素养，讨论环境教育学习动机，以建构环境素养中的环境觉知与敏感度、环境价值观与态度、环境行动技能、环境行动经验和亲环境行为，以及环境美学素养。第四章讨论了环境心理，包含了人类的环境认知、人格特质、社会规范、环境压力，以及疗愈环境。第五章环境范式，讨论环境伦理、新环境范式、行为理论范式、范式转型。第六章谈到环境学习与传播，进入学习场域、学习教案，发展学习模式，通过环境信息，以了解环境教育的传播媒体。从第七章到第九章，讨论户外教育、食农教育，休闲教育的内涵、动机、障碍、场域，以及实施内容。在第十章中，探讨永续发展目标、发展对策、环境经济与人类行为，说明环境、社会与文化之间的关系，以建构环境教育永续发展的未来。

　　保护生态环境，为各国民众的共同想法。推动永续发展，亦是各国政府共同追求的目标。21 世纪是永续发展的世纪，台湾地区地狭人稠、社会和环境发展受限、自然资源条件不丰；积极推动经济、社会，以及环境的永续发展，具有重要的意义。笔者诚挚希望，政府机关、企业界、学校、社团，以及民众共同努力，创造宁适、永续与祥和的生活环境，迈向环境保护与经济发展兼筹并顾的永续世纪。

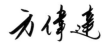

志于台北兴安华城 2019 年 8 月 19 ~ 22 日
韩国顺天湾拉姆萨湿地公约东亚中心主办 2019 年亚洲湿地大会的旅途中

CONTENTS **目　录**

献　词

浙江遂安方氏永锡堂

士永惟文云，应可年成象。
引锡希宏大，光朝肇本基。
启承时绍祖，忠孝世为师。
新安江水长，遂迁域衍远。

献给陪伴成长的
竣竣、舜舜

卷首语

所有的教育都是环境教育。

All Education is Environmental Education (Orr, 1991: 52).

欧尔 (David W. Orr, 1944~) 是美国欧柏林学院环境与政治研究教授，美国知名的环保主义者，活跃于环境教育和环境设计领域。

第一章

环境教育绪论

All education is environmental education. By what is included or excluded we teach students that they are part of or apart from the natural world. To teach economics, for example, without reference to the laws of thermodynamics or those of ecology is to teach a fundamentally important ecological lesson: that physics and ecology have nothing to do with the economy. That just happens to be dead wrong. The same is true throughout all of the curriculum (Orr, 1991: 52).

所有的教育都是环境教育。我们教导学生他们是自然世界中的一环,还是教导他们排除自然世界,与自然世界隔离?例如,教经济学的时候,不参考热力学定律或是生态学定律,或是不教最基本重要的生态课程,也就是说经济学竟然会与物理学和生态学脱节。这根本是大错特错的,所有课程都是如此。

——欧尔(David W. Orr, 1944~   )

学习重点

"教育"的概念在蜕变;"环境"的定义,也同时在蜕变。环境教育的目标,究竟是在改善环境的教育,还是在改善教育的环境,还是在改善人的教育呢?本章重点在思索什么是环境的本体,在诠释的过程之中,通过认识论(epistemology)了解大自然中物质的本质,并且了解什么是环境教育。环境教育宗旨在培养具备环境知识、关心问题、有能力解决并主动参与的公民。环境问题必须从根源上来解决,环境教育者应改变教育对象的心智,并建立亲环境的行为。随着《2030年全球教育议程》通过,目前联合国教科文组织运用可持续发展目标,强化了《可持续发展教育全球行动后续计划》(GAP,2030)。希望通过户外教育、课堂教育,以及自然中心教育,针对环境教育的重要课程目标和新颖的学习方法,希望以健康心态看待环境问题,通过关心环境保护议题,学习各种不同学科的内容,并且内化为具体的环境保护行动。

第一节　绪　论

教育有非常多的定义，但是针对教育理论，最奇特的就是物理学巨擘爱因斯坦（Albert Einstein，1879～1955）所提到的教育观点。他说："所谓教育，就是当你把你在学校所学的东西，全部忘光之后，所剩下来的东西。"爱因斯坦是开创教育改革的先锋。因为19世纪之前的教育，是属于"记诵学"的教育。中国自南宋以来相传的三字经，就提出"口而诵，心而惟；朝于斯，夕于斯"的记诵方式。清朝孙洙（1711～1778）曾说："熟读唐诗三百首，不会作诗也会吟。"向来，学生学习就是要越多越好，直到烂熟于胸。

但是，另有一套理论，对于"记诵之学"向来反感。爱因斯坦认为，真实的学习，是学习内化（internalization）的学问。明朝王阳明（1472～1529）在《传习录》中也说，读书需要自心本体光明，理解第二，记诵第三。他的朋友问他："读书但是记不得，应该要如何呢？"王阳明回答："只要晓得，如何要记得？要晓得已是落第二义了，只要明得自家本体。若徒要记得，便不晓得；若徒要晓得，便明不得自家的本体。"

也就是说，当人类学到的东西越多，其实他还没有学到的东西更多。如果是因为考试需求，为了应试而强加记忆的短期记忆，都还不是真实的记忆。等到都忘记了的时候，所内化的记忆，才是真正学到的事物。所以，教育学习，本来是希望借由书本进行人类思维的传递；但是，20世纪经历了两次世界大战。所有既成的教育方法，不断地进行革新；记诵，已经不再是教育的本意。《人类大历史》《人类大命运》的知名作者、以色列历史学家哈拉瑞（Yuval Noah Harari，1976～　）在《21世纪的21堂课》中提出，现存教育体系应该用批判性思维、沟通、协作以及创造力，取代目前过于重视知识性的灌输（Harari，2018）。

如果"教育"的概念在蜕变，"环境"的定义也同时在蜕变。美国欧柏林学院（Oberlin College）环境与政治研究教授欧尔（David W. Orr，1944～　）曾经说："所有的教育都是环境教育。"（Orr，1991：52）我在教授环境教育的时候，常常在第一节课堂上问学生，环境教育是在改善环境的教育，还是在改善教育的环境，还是在改善人的教育呢？在此，我们需要了解人类"自家本体"，从人类原有刻板的思维，提升思想的高度，运用本体论（ontology）思索什么是环境的本体，在诠释的过程之中，通过认识论（epistemology）了解物质的本质，了解什么是环境。

环境（environment）是指人类能够感知的周遭所处的空间。在空间之中，可以察觉所有的事物，这些事物随着时间而产生结构和功能的变化。也就是说，所有的事物的真实本质，都必须处于某种环境之中，就连真空，也算是一种环境（Baggini and Fosl，2003）。因此，环境是一种空间下的概念。但是在现象学中，环境融入了时间的概念。奥地利哲学家胡塞尔（Edmund Husserl，1859～1938）认为，人类对于环境和人世间的印象，不会因为时间的递嬗而逐渐消失，人类因为大脑的记忆作用，对于过世者的印象，贮存在在世者的大脑印象当中。所以过世者的"存在"，可以长存于人世间，只要活着的人还回忆他们。这些存在的记忆现象，随着时间的变化而逐步地改变了人类对过世者之想象。

所以，对于现象学者来说，"存在"是基于所有的"现象"的自我觉知。因此，存在者所处的环境，是一种生物对于外来刺激的感知介质（perceptual medium）（Crowther and Cumhaill，2018），包含对于外在刺激所产生本能反应的空间和时间的系统总和。生物对于所处环境所能理解的，包含对流逝的时间感知，以及对所处三度空间的距离感知。因此，要认识事物的本质，必须认识事物在"各种环境"下的变化（Baggini and Fosl，2003），包括对于时间和空间变化之后的理解。

那么，什么是"各种环境"呢？对于不同学科来说，"环境"的内容也不同。自然环境系指生物所在空间周围的阳光、气候、土壤、水文，以及其他动植物同处之生态系统。社会环境系指人类生活周遭的社会、心理和文化条件所形成的构成状态。从环境保护的角度来说，环境系指人类赖以维生的地球。我们思考从不同领域建构"环境"的定义，同时也需要理解法规上对于环境的定义。

台湾地区"环境基本法"在2002年公布，开宗明义在第2条第1项规定："环境系指影响人类生存与发展之各种天然资源及经过人为影响之自然因素总称，包括阳光、空气、水、土壤、陆地、矿产、森林、

野生生物、景观及游憩、社会经济、文化、人文史迹、自然遗迹及自然
生态系统等。"这个定义，包含了自然环境，以及受到社会、经济、文
化影响的人类生态系统。

从以上"环境"和"教育"的定义讨论来看，"环境"和"教
育"原来是两个不同的名词，或是一个"名词"和一个"动词"。这
两个词，原来都是舶来的翻译语，也就是说，环境教育（environmen-
tal education）这个复合词出现的时间很晚，不超过一百年。"环境教
育"一词，最早出现于第二次世界大战之后。1947 年出版的《共同
体》（Communitas）一书，古德曼兄弟谈到城市空间的规划，他们谈
到建立城市周围的绿化带，以及工业空间的设计方式（Goodman and
Goodman，1947）。古德曼兄弟采用相当乌托邦的模式。比如说，他
们认为："孩子的环境教育（environmental education）很大一部分来自
技术性质方面；但是在现代的郊区或城市一旦孩子长大了，他们可能
甚至不知道爸爸在办公室做什么工作。"古德曼兄弟批评的"环境教
育"接近于建筑环境的"营造教育"，其实和现在所谓环境教育的概
念，差距甚远。

第二次世界大战之际，欧洲和亚洲各国卷入了战火，战后美、苏两
国成为世界强权。在美国，经济快速复苏，1965 年至 1970 年美国的工
业生产总值以 18% 的速度增长，同时也带动了二战盟邦的经济。但是，
过度重视开发，导致污染产生。20 世纪 60 年代起，工业发展产生的环
境问题层出不穷。绿色农业革命大量使用化肥及农药，其中 DDT 等杀
虫剂妨碍了鸟类的生殖能力，降低了生物多样性。1962 年卡森（Rachel
Carson，1907 ~ 1964）所著《寂静的春天》一书指出，滥用杀虫剂的结
果是，伤害昆虫和鸟类的食物链体系，影响了自然生态，如果情形再不
改变，春天再无鸟鸣，而且这一种毒性物质进入食物链之中，将贻祸人
类。卡森认为，人类应以珍爱生命的眼光来看待周遭的动物。她说"民
众必须决定是否希望继续走现在这一条道路，而且只有在充分掌握事实
的情况下才能这样做"（Carson，1962：30）。20 世纪 60 年代之后，环
境保护的口号响彻云霄，通过环境保护运动的启迪，逐渐地产生了环境
教育的定义。

第二节　环境教育的定义

环境教育（environmental education）这个复合词出现的时间为 1947 年。那么，环境教育最早的定义产生在什么时候呢？

一　环境教育最初的定义

1962 年卡森在《寂静的春天》一书中阐释了环境保护的重要，希冀通过人类觉醒，向大自然学习生态平衡，进而达到人类与自然和谐共存的目的。1965 年 3 月英国基尔大学（University of Keele）所举办的教育研讨会提出"环境教育"，成为英国首次使用"环境教育"一词的会议（Palmer，1998）。会中一致认为环境教育"应成为所有公民教育的重要组成部分，不仅因为他们了解环境的重要性，而且因为公民具有莫大的教育潜力，协助高科学素养国家（scientifically literate nation）之建立"。会中强调应加强教师参与的基础教育研究，以能精确地确定最适合现代需要的环境教育之教学方法及内容。因此，英国于 1968 年成立环境教育委员会（Council for Environmental Education）。

1969 年美国密歇根大学自然资源与环境学院教授史戴普（William Stapp，1929～2001）首先在《环境教育》（*Environmental Education*）期刊第一期之中定义环境教育："环境教育的目的，是培养了解生态环境（biophysical environment）及其相关议题的公民，了解如何协助解决问题，并且积极理解解决问题之途径。"（Stapp et al.，1969：30 – 31）。史戴普认为，环境教育宗旨在培养具备环境知识、关心问题，有能力解决并主动参与的公民。环境问题必须从根源上来解决，环境教育者应改变教育对象的心智，并建立亲环境的行为。

史戴普是美国环境教育之父，他协助规划了第一届 1970 年的"地球日"，起草美国《国家环境教育法》（National Environmental Education Act），担任联合国教科文组织（United Nations Educational, Scientific and Cultural Organization，UNESCO）环境教育计划处第一任主任，推动 146 个国家和地区在 1978 年于苏联伯利西（Tbilisi）举行了第一次政府间会议。在 1984 年，史戴普协助学生调查了从休伦河（Huron River）感染的肝炎病例。学生们发现了问题的原因，并且和当地政府合作寻求解决方案。鉴于河川调查的重要，他于 1989 年创立了全球河流环境教育计划（Global Rivers Environmental Education Network，GREEN），他和美国密歇根州安娜堡的小学合作，和当地的小学生进行了多次实地考察，教导学生关心自然环境以及如何与环境进行互动。他关心学术研究，更关心社会服务，带领大学生推动环境监测计划，成功复育红河（Rouge River）。

二 环境教育的延伸定义

史戴普等人推动环境教育的定义，基本上立基于美国的实用主义（pragmatism）。他认为强调环境知识，通过行动力量，可以改变现实。环境教育的实际经验很重要。实用主义强调解决问题。因此，环境行动优于教条，环境经验又优于僵化的原则。环境教育成为一种研究问题和价值澄清（values clarification）的批判性思维及创造性思维（Harari，2018；黄宇等，2003），将环境知识解释为一种评估现实环境的过程，以科学探索的精神，纳入人类所处现实环境之中的行为标准。

为了推动环境保护工作，学术机构需要提供环境教育相关课程，例如，基础环境研究、环境科学、环境规划、环境管理、环境经济、环境社会、环境文化，以及环境工程等学科，各级学校应该教授环境保护的历史和环境保护的措施。以上的课程，都算是广义的环境教育课程。"环境教育"是一种跨领域（multi - disciplinary）学科的学习内容（Wals et al.，2014；杨冠政，1992），借由环境问题评估，以批判性、道德性和创造性的角度进行思考，并且对环境问题进行判断。环境教育培养技能，并且承诺个人推动改善环境的行动，确保正向的环境行为产生。因此，环境教育包含了社会、物质、生物三方面（徐辉、祝怀新，1998：32）的领域，涵括了自然资源保育、环境管理、生态原理、环境互动与依存关系、环境伦理以及可持续性等观念议题。

我们定义环境教育为教导人类如何管理自身行为和生态系统，以使自然环境结构达到良好功能运作的学科。因此，在教育的内容方面，环境教育融入各科教材中（杨冠政，1997：56），应成为将生物学、化学、物理学、生态学、地球科学、大气科学、数学以及地理学等学科熔于一炉的综合学科。在教育研究的方法方面，其包含了心理学、社会学、文化学、历史学、人类学、经济学、政治学、信息学等应用社会科学。

联合国教科文组织及国际自然保护联盟（International Union for Conservation of Nature，IUCN）于 1970 年在美国内华达州举办的"第一届国际环境教育学校课程工作会议"指出："环境教育不是由任一个单一学科所能完全组合的，而是依据科学、大众觉知、环境议题以及教育方式之进展，所共同演化之产物"。联合国教科文组织特别指出，环境教育传授是对于自然环境本质的尊重，并且提高公民环境意识（UNESCO，1970）。因此，该组织特别通过保护环境、消除贫穷，尽量减少不平等，并且保障可持续发展，强调了环境教育对保护未来全球社会生活质量（quality of life，QOL）的重要性。

环境教育实施的对象，包含了学校系统内的教育，小学、中学、职业技术学校（冉圣宏等，1999），以及大学院校和研究所的教育都应该涵盖。然而，环境教育也包括传播环境教育，包括印刷、书本、网站、媒体宣传等媒介。此外，社会环境教育中的水族馆、动物园、公园，以及自然中心，都应该被赋予教导公民环境的职能。

三　环境教育的法律定义

台湾地区"环境教育法规"第 3 条指出：环境教育系指运用教育方法，培育民众了解与环境之伦理关系，增进民众保护环境之知识、技能、态度及价值观，促使民众重视环境，采取行动，以达可持续发展之民众教育过程。台湾地区"环境教育法规"之介绍，详见附录一。

台湾地区相关规定针对环境教育的定义，系依据过去台湾地区"行政院"环境保护署"加强学校环境教育三年实施计划"的计划目标进行修正，纳入了环境伦理和教育方法。兹举"加强学校环境教育三年实施计划"的内容如下。

（一）计划目标

（1）通过教育过程，提供获得保护及改善环境所需的知识、态度、技能及价值观。

（2）以人文理念和科学方法，致力于自然生态保育及环境资源的合理经营，以培养永续经营的理念。

（3）倡导珍惜资源，确立经济发展与环境保护互益互存的理念。

（4）推动环境伦理与主动积极的环境行动，以提升生活环境质量。

（二）项目

（1）推动校园环境管理计划。

（2）推行环境教学。

（3）推动环境教育工作。

（4）普设环境教育设施。

（5）奖励表扬。

（6）对外交流。

（三）预期效益

（1）通过学校师生及家长的参与，共创符合生态原则、安全舒适，且具本土性的校园环境。

（2）完成大专院校、高中（职）、台湾民众中小学环境教育教材的编制及推广活动。

（3）推动各级学校落实校园环保工作及产生主动积极的环境行动。

第三节　环境保护的哲学

第二节我们谈到了环境教育的定义，本节我们将谈到环境教育立基于环境保护的实用主义（pragmatism）观点。这种观点在于阐释生活环境极其复杂，但是因为人类理性具备的有限性，所以人类行动应该根植于过去人类经验和环境保护的历史，改善人类实质环境。

环境保护的哲学源远流长，具备东西方哲学学说的特质。在农业社会初期，人类运用自然资源，是以储存食物、耕种收割、饲养家畜的方式进行自然资源的管理。

马桂新（2007：23）认为，中国环境教育可以追溯到 2500 年前。

西汉司马迁（145 BC～86 BC）在《史记·五帝本纪》中，记录了舜帝在位时设置"虞"官，掌管山林、川泽、草木、鸟兽的保护工作。《逸周书·大聚篇》记载大禹下令："春三月，山林不登斧，以成草木之长。夏三月，川泽不入纲罟，以成鱼鳖之长。"夏禹认为春季实行山禁，禁止砍伐，夏季实行休渔，禁止渔捞。等到周朝的时候，设立地官司徒，掌管山虞、川衡、林衡、泽虞，更加强化保护山林川泽。中国自古帝王对于所处环境的利用，采用的是实用主义，开始禁渔和禁伐的禁令，虽然法规禁令原意不是出于环境保护，而是出于考虑物产足以提供利用，却对后世有所启发。例如，《孟子·梁惠王上》谈道："不违农时，谷不可胜食也；数罟不入洿池，鱼鳖不可胜食也；斧斤以时入山林，材木不可胜用也。谷与鱼鳖不可胜食，材木不可胜用，是使民养生丧死无憾也。"

从东方哲学来看，环境保护意识立基于现实主义的物产丰饶，并没有诉诸环境道德的保育因素；但是西方的环境保护意识，则立基于柏拉图的理型论（theory of Ideas）。

一 理型论与经验论

公元前4世纪，古希腊哲学家认为，自然界是一个生长变化的有机体。柏拉图（Plato，429 BC～347 BC）对自然提出了"整体论"的看法。在《九章集》中，他将宇宙描绘成一个整体。柏拉图认为自然生态系统中，系统和元素之间存在相互之间的关系。例如，自然界被造物主设计的每一种生物，在自然界中都有特殊的位置。如果有一种物种消失，会造成系统中的不和谐。柏拉图认为，人类感官可以见到的事物，并不是真实的事物，只是一种表象（form），也是完美理型的一种投射。亚里士多德（Aristotle，384 BC～322 BC）反对理型论，他运用经验去定义世界，努力去观察大自然，也搜集庞大的生物资料。亚里士多德认为生态系统整体之中的元素，还存在关键性和次要性的差别，一旦失去关键性，就会引起整体生态系统的变化；而次要部分的消失，则不会影响整体性。例如，亚里士多德认为鼠类会造成生态的危害，因此需要靠自然界的力量，例如造物主创造鼠类的天敌，借以减少鼠类的危害。

到了中世纪，欧洲因为受到宗教的影响，也有类似古代中国的做法，通过森林法规或狩猎法令，在特定的时间禁止狩猎。有些地区因为地理或宗教理由，被规定为圣地，禁止开发而受到保护。中世纪的日本，对于砍树或收割林产品，也规定出严格的法令来禁止上述行为的发生。在美洲，传统印第安人的观念中，人类与猎物之间有一种灵性上的关系，这样的关系会约束他们的狩猎行为，不至于过度地猎捕野生动物。

二 超越论与效率论

在近代，由于基督信仰的自然观、人道主义思想，以及浪漫主义的自然观，产生了基于宗教信仰，造物主赋予人类"托管大自然"的环保意识。这种意识是因为人类长久利用自然环境，却不懂得保护环境，有志之士因忧虑环境逐渐破坏，而产生的自然资源保护和抚育思想。这种保育思想，于是逐渐成为时代的主流（Marsden，1997）。

后来，自然资源保育的概念产生于19世纪的美国。但是西方人以征服者之姿进入新大陆之后，荒野保存（wilderness preservation）和资源保育（resource conservation）成为自然保育中的课题。1836年爱默生（Ralph Waldo Emerson，1803～1882）发表《自然》，以超越论（Transcendentalism）强调人类与上帝之间的直接交流，并且探讨人性中的神性。1854年梭罗（Henry David Thoreau，1817～1862）发表《瓦尔登湖》（*Walden*），再到1864年博金斯（George Perkins，1862～1920）发表《沼泽的人与自然》（*Marsh's Man and Nature*），我们可以看到19世纪的自然主义者之间的对话故事。其中，主张荒野保存的学者包括爱默生、梭罗（Emerson，1979；Thoreau，1927；1990）、缪尔（John Muir，1838～1914）等人；此外，主张资源保育的以班卓（Gifford Pinchot，1865～1946）为代表（Pinchot，1903）。

主张荒野保存的爱默生、梭罗属于新英格兰地区的精英知识分子，怀抱着新英格兰清教徒的使命感，对于荒野生态的保护充满着理想性格。主张资源保育的班卓以"明智利用"的方式进行物资管理，通过保育生物学、应用生态学和公共经济学的学习，进行可再生资源的保育利用，可持续地达到最高的产量。

但是，班卓的想法接近中国古代孟子（372 BC～289 BC）的想法:"不违农时,谷不可胜食也;数罟不入洿池,鱼鳖不可胜食;斧斤以时入山林,材木不可胜用也。谷与鱼鳖不可胜食,材木不可胜用,是使民养生丧死无憾也。养生丧死无憾,王道之始也。"班卓认为,自然要依据公平效率的利益分配原则,在最长的时间之内为最多数的人谋求最大的利益(Pinchot,1903)。班卓因为主张生态最大利益,被认为是现实主义者,立基于人类中心主义"开明的自私"观点之上(杨冠政,2011)。

三 保存论

20世纪初,缪尔、米尔斯(Enos Mills,1870~1922),马歇尔(Robert Marshall,1901~1939),以及李奥波德(Aldo Leopold,1887~1948)在发表中谈的,主要还是主张需要进行资源保护和栖地保存,而不是着眼于环境保护所注重之环境质量、环境觉知(environmental awareness),以及环境素养(environmental literacy)等当代最关注的议题(Leopold,1933,1949;Gottlieb,1995)。

1948年李奥波德在扑救邻居农场上的火灾时,因心脏病发作而过世。他过世之后,1949年其遗作《沙郡年纪》(*A Sand County Almanac*)甫一出版,即造成书市的轰动。该书是美国环境运动与现代环境思想的基石,他质疑以牺牲环境为代价,追求富裕生活的主流价值是否得当(Leopold,1949),这种思维为20世纪70年代的环境觉醒奠定了基础。到了1970年,美国民众争取民权,随着越战和冷战时代的来临,越来越多的民众开始担心辐射影响、化学灾害、空气污染以及辐射污染,让社会大众倾向于环境保护主义;因此,环境教育开始由热心的民众支持、推动以及参与。1970年4月22日,在美国发起的地球日,为现代环境教育运动开启了新历程。1971年,全国环境教育协会成立,现称为北美环境教育协会(North American Association for Environmental Education,NAAEE),希望提供教师足够的教学资源,以提高学生的环境素养。

四 生机论与杀灭论

1972年生态学者洛夫洛克(James Lovelock,1919~)发展了"盖

娅假说"（Gaia hypothesis）（Lovelock，1972）。盖娅是希腊神话中大地女神。他认为地球的生物圈，包括无生命的环境与生物之间，构成了自我调节功能的新兴属性。生物学者马古利斯（Lynn Margulis，1938～2011）支持他的假设，认为这种协同作用和自我调节的功能，有助于维持地球上的生活条件和生态体系。洛夫洛克说"盖娅不是一个有机体"，而是"生物之间相互作用的关系"。

盖娅假说鼓舞了万物有灵论的宗教学者和环保主义者。因为在迈向21世纪之际，人类在环境保护的观念上，需要赋予强烈意识的环境保护哲学，基本上生态哲学和环境教育的学者，在某种程度上接受了这一种假说。因此，这一假说的讨论，在20世纪90年代迈向高峰，成为环境问题高度认识的一部分。

科学家讨论的主题，包括了：生物圈和生物的共同演化，如何影响全球温度的稳定性；海洋降水和岩石释出盐分，如何保持海水的盐度；植物吸收氧气，释出二氧化碳（CO_2），如何保持大气中的含氧量；地球表面的海洋、淡水和地下水所构成的循环水圈，如何影响地球宜居环境。然而，生物学者批评，生命体和环境，只是以一种耦合（coupled）的方式发展；他们甚至批评，盖娅假说只是人类一厢情愿的想法。

2009年，古生物学者沃德（Peter Ward，1949～　）提出了"美狄亚假说"（Medea hypothesis）（请见图1-1）。美狄亚是希腊神话中的女巫，杀害了自己的孩子。沃德列举出在地质时代，地球曾经产生了甲烷（CH_4）中毒和硫化氢（H_2S）引起的生物灭绝，这种有害生物杀灭（biocidal）的影响，和盖娅假说直接相反（Ward，2009）。所以，地球在自我演化的过程之中，并没有达到地球最佳化（Earth optimal），同时也没有利于生命（favorable for life），或是形成稳态机制（homeostatic mechanism）。

地球系统科学家泰瑞尔认为，地球充其量可以说形成盖娅共同演化（Gaia-Coeveolutionary）和盖娅影响（Influence of Gaia）的过程。意思是生命与环境的演化过程中，生物和地球的物理和化学环境之间，存在某种联系（Tyrrell，2013）（请见表1-1）。

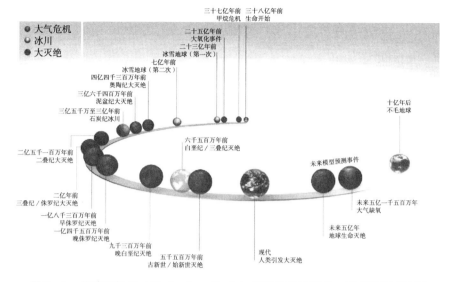

图1-1 美狄亚假说（Medea hypothesis）说明在地质时代，地球曾经产生了甲烷（CH$_4$）中毒和硫化氢（H$_2$S）引起的生物灭绝（Ward，2009）

表1-1 西方的环境哲学

时间	学者	理论	概述
公元前4世纪	柏拉图（Plato，429 BC ~ 347 BC）	理型论	柏拉图在《九章集》中，将宇宙描绘成一个整体
公元前4世纪	亚里士多德（Aristotle，384 BC ~ 322 BC）	经验论	亚里士多德认为生态系统存在关键性和次要性的差别，一旦失去关键性，就会引起整体生态系统的变化
1836年	爱默生（Ralph Waldo Emerson，1803 ~ 1882）	超越论	爱默生发表《自然》，强调人与上帝之间的直接交流，并且探讨人性中的神性
1903年	班卓（Gifford Pinchot，1865 ~ 1946）	效率论	班卓主张生态最大利益，被认为是现实主义者
1949年	李奥波德（Aldo Leopold，1887 ~ 1948）	保存论	李奥波德遗著《沙郡年纪》主张需要进行资源保护和栖地保存
1972年	洛夫洛克（James Lovelock，1919 ~　）	生机论	洛夫洛克提出盖娅假说，认为地球的生物圈，包括无生命的环境与生物之间，构成了自我调节功能
1973年	奈斯（Arne Næss，1912 ~ 2009）	根本论	盖娅假说影响了奈斯提倡的深层生态学。深层生态学倡导环境哲学，致力于改变现行的经济政策和自然价值观
2009年	沃德（Peter Ward，1949 ~　）	杀灭论	沃德提出了美狄亚假说，认为地球在自我演化的过程之中，并没有达到地球最佳化、利于生命化，也没有形成稳态机制，甚至产生了杀灭生物的现象

五 深层生态学 （Deep ecology）

盖娅假说影响了深层生态学。深层生态学的提倡者哲学家奈斯（Arne Næss，1912～2009）倡导环境哲学，讨论生物的内在价值，反对班卓所称生态系统对于人类的工具价值（Pinchot，1903）。深层生态学依据地球自我演化的过程和机制，认为大自然充满了复杂的微妙平衡关系。因此，人类对自然界的干扰，不仅影响了人类生存，同时构成对所有生物的威胁。

因此，深层生态学超越了生物学科的本质，运用了社会性观念架构，通过对人类道德、价值和哲学观点的探索，否定以人类为中心的环境主义。因此，深层生态学强化了环境、生态和绿色运动的理论基础，倡导荒野保存、人口控制，以及提倡简单朴素的生活（Næss，1973；1989）。

从上述环境保护的哲学看来，所有的过程都是环境教育。因此，从环境保护过渡到环境教育，是一种教育过程，在这个过程中，个人和社会认识自身所处的环境，以及组成环境的生物、物理和社会文化成分之间的交互作用，得到知识、技能和价值观，并能个别地或集体地解决现在和将来的环境问题。

台湾地区东华大学环境学院教授杨懿如（2007）认为"保育不能仅停留在物种层次，还要思考遗传、生态，以及文化地景"。在环境保护的基本"教育过程"中，"价值澄清""知识、态度与技能""解决问题"同时也需要具备哲学理念，以奠基本土生物多样性保育和土地伦理的典范。

因此，环境保护的基础，在于实施环境教育。环境教育在于建构人类适当的环境知识、技能、态度及参与感等环境素养。因此，环境教育需要提供给学生正确的环境知识，而且要发展其环境态度和价值观，培养学生对周遭环境的认知，并且接受自身所承担的责任，采取环境行动，以解决环境问题。

联合国在1982年通过《世界自然宪章》（World Charter for Nature）五条保护原则，指导和判断人类一切影响自然的行为，宪章中揭橥："人类是自然的一部分，生命有赖于自然系统的功能维持不坠，以保证能源和养料的供应""文明起源于自然，自然塑造了人类的文化，一切艺术和科学成就都受到自然的影响，人类与大自然和谐相处，才有最好的机会发挥创造力和得到休息与娱乐"。奈斯在 1985～1987 年两年之中，不断发表深层生态学的著作，大声疾呼改变人类的生活方式。例如，《对深层生态学态度的认同》（1985）、《生态智慧：深层和浅层生态学》（1985）、《深层生态学：物质的自然仿佛具有生命》（1987）、《生态学、联合体与生活方式：生态知识》（1987）、《肤浅的生态运动与深层长远的生态运动：一个总结》（1987）。以上著作的发表，影响了 21 世纪的环境和生态运动。

深层生态学后来和生态女性主义、社会生态学、生物区域主义等环保运动结合起来，成为现代西方四种环境主义。然而，现今人类造成的环境问题越来越大。人类所使用的材料及燃料的净重，在 20 世纪增加了800％。此外，送回到环境中的废物也大幅增加。到了 2019 年，全球人口超过了 77 亿人，人类生存足迹遍及地球表面。人类因为营养过剩造成的冠状动脉疾病和中风，占了 2019 年全球死亡人数的 26％，位居死亡率之首。因为空气污染造成的死亡人数，如呼吸道感染、慢性阻塞性肺病，以及肺、气管和支气管癌，占了 14％，占据死亡率第二位。经济增长产生的副作用，形成了环境的代价。到 2050 年，人口预估增长到 96 亿人。如何限制经济发展，调和地球利益，莫超过地球成长的界限，成为环境发展和永续成长的核心主题（请见图 1-2）。

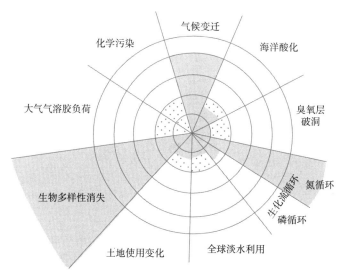

图 1-2 人类发展莫超过地球成长的界限，成为环境发展和永续成长的核心主题（Rockström et al.，2009）

第四节　环境教育的历史

环境教育的历史，需要由谁来界定？由何时来界定？环境教育的历史，只能由环境教育定义之后才来界定吗？其定义的范畴为何？如果我们以教育史进行界定，需要厘清人类何时和何处通过系统性的教学和学习，所衍生的发展历史。在人类文明化的转变历程之中，对于自然环境的歌咏，东西方学界都是吟唱不绝。《论语·先进篇》曾谈论，春秋时代曾点（546 BC ~ ?）告诉孔子（551 BC ~ 479 BC）说："莫春者，春服既成。冠者五六人，童子六七人，浴乎沂，风乎舞雩，咏而归"。曾点的意思是说：暮春三月，穿上春天的衣服，约上五六人，带上六七个童子，在沂水边沐浴，在高坡上吹风，一路唱着歌而回。

孔子当时感叹地说："我欣赏曾点的情趣。"孔子对于在环境中学习的社会价值观，反映了丰富的户外活动学习过程。这些教育课程的历史变迁，不但反映了环境教育历史，同时反映了当时学者对于当代环境的知识、信仰、技能、价值观，以及文化涵养。林宪生（2004）在《文化与环境教育》中强调环境教育应该置于文化视野之中进行讨论，我们应该拓展环境教育视界，更应该促进人类文化的觉醒，从物质文化、制度文化，以及精神文化的视角，研究环境教育。

我们在赞叹孔子教学的活泼与率性之余，我们无法论述"环境教育"从什么时候开始；同时，我们也不能狭隘地规范什么才算是"环境教育"。这些自我设限的框架，都是学者们在自己的专业领域之中，因为社会比较心理，排斥其他学术流派的意识形态，以代表学者们在自身的教育领域中，确保其所秉持的主流教育价值不受到排斥。但是，环境教育的定义论述，不再基于框架分析（frame analysis）中的指认、了解，以及界定正确的经验。因为，人类将环境的价值观、环境的研究方法，以及在环境中存活的技能，传授给下一代，不但奠基于教师理论性的教学，并且强调学生自身的观察和学习。这些教学典范产生的学习成果，不见得和教师教学典范相仿。因为每个人在环境之中，受到教师启发，所领悟到的知识和道理的时间都不相同，所得到的环保技术和专业素养也有异。

印度佛陀释迦牟尼（566 BC ~ 486 BC）在教学中拈了一朵花，其他弟子都茫然不知所措，只有迦叶尊者（550 BC ~ 549 BC）和佛陀心心相印，绽颜微笑，传承了佛陀的"境教"的禅宗一派。唐朝韩愈（768 ~ 824）在《师说》一文中就曾经说："弟子不必不如师，师不必贤于弟子"。他又说："闻道有先后，术业有专攻"。在环境教育的历史发展中，我们可以看到类似"拈花微笑"而领悟的例子。这是一种"默会知识"（tacit knowledge），也就是"外视于景，内观于心"，最后对于感知的一种莫名触动。

哲学家博蓝尼（Michael Polanyi, 1891 ~ 1976）在 1958 年提出了"默会知识"（Polanyi, 1958；1966）。他说："我们所理解的，多过我们所能说的"。如果环境教育超越了"口而诵，心而惟"的内在感知，如果环境教育的知识无法靠书本的说明传授，那么，我们通过环境教育的历史，讨论环境教育的思想、方法，以及环境行动的发展过程记录，需要强调以"孕育而认知"（knowing by indwelling）来重新定向和认识我们原来就知道的故事。也许，这些故事都是在"环境教育"被定义之前发生的；但是它们对我们来说，都是很重要的故事。我们以近代 18 世纪迄今的环境教育历史，进行讨论。

一 18 ~ 19 世纪的环境教育

环境教育的根源可以追溯到 18 世纪，当时卢梭（Jean - Jacques Rousseau, 1712 ~ 1778）写的小说《爱弥儿》（Émile），以公民教育的哲学论点，强调了关注儿童自然教育的重要性。他在书中提出了三种教育，认为教育者需要依据人类的自然本质进行教育，教育的内涵包含了自然教育、事物教育以及人的教育。

卢梭的教育思想明显受到柏拉图、蒙田（Michel de Montaigne, 1533 ~ 1592）、洛克（John Locke, 1632 ~ 1704）等人的影响，但他开创了自然主义教育的思想传统，并进一步影响到后世的思想家诸如康德（Immanuel Kant, 1724 ~ 1804）、裴斯泰洛齐（Johann Pestalozzi, 1744 ~ 1827）、福禄贝尔（Friedrich Fröbel, 1782 ~ 1852）、杜威（John Dewey, 1859 ~ 1952），以及蒙台梭利（Maria Montessori, 1870 ~ 1952）。

19 世纪初叶，欧洲"平民教育之父"裴斯泰洛齐自费在瑞士设立贫民学校，他以观察为题，进行自然教育。裴斯泰洛齐谈论以初阶观察，进行知觉活动，进行讲述，然后以测量、绘画、写作、数字和计算进行进阶学习。

福禄贝尔于 1837 年在德国东部的巴特布兰肯堡创办了第一所"幼儿园"，采用游戏和手工劳作作业，推动花坛、菜园、果园的园艺栽培活动。到了 1907 年，蒙台梭利在罗马的住宅中开设了"儿童之家"（Casa dei Bambini），她依据"人的天性"（human tendencies），在"准备好的环境"（prepared environment）中设计"土地本位教育"（land-based education）。蒙台梭利教育（Montessori Education）是针对不同阶段及不同个性的学生，采用量身定做的教育方式进行教学活动的教育方法。

在大学阶段，瑞士博物学家阿格西（Louis Agassiz，1807~1873）回应了卢梭的哲学，因为他鼓励学生"学习自然，而不是书本"。1847 年阿格西应聘哈佛大学，担任动物学和地质学教授，创建了哈佛大学比较动物学博物馆。阿格西相信实验知识，而非死背书本上的知识。

二 20 世纪初期的环境教育

西方学者约在 1890 年推动自然研习，20 世纪初叶开始带领学生进行自然研究。康奈尔大学自然研究系教授康斯托克（Anna B. Comstock，1854~1930）是自然研究运动的杰出人物。她于 1911 年撰写了《自然手册研究》。她在书中写道："探索自然生态可以培养孩子的想象力，而且在观察的过程中，有着许多精彩和真实的片段，让儿童了解文化价值观"（Comstock，1986）。康斯托克协助社区领袖、教师和科学家，改变美国儿童的科学教育课程。

当时有感于环境破坏日益严重，学者意识到环境的破坏对人类的危害性，在全球性的会议中，更加重视环境教育的议题（Marsden，1997）。环境教育因应美国经济的大萧条和沙尘暴，形成了 20 世纪 20 年代兴起的"保育教育"（Conservation Education）。保育教育和纯粹的自然研究截然不同，学习的历程注重于严格的科学训练的监测数据，而并不是自然历史的哲学研究。保育教育形成一种重要的科学管理和规划工具学，有助于解决当代的社会、经济和环境问题。苏格兰地质学家盖基（Sir Archibald Geikie, 1835~1924）认为，人类能从自然环境学习到无尽的知识，因此，他将"自然之爱"纳入教育目标（Marsden, 1997：11-12）。后来，苏格兰植物学者吉登斯爵士（Sir Patrick Geddes, 1854~1933）推动公民地区研究，以批判眼光寻求实际生活环境改善，展开地方城镇研究课程的方法，奠定了环境规划的基础。

三　20 世纪中叶之后的环境教育

第二次世界大战结束之后，20 世纪 50 年代推动户外教育，60 年代产生了现代环境运动。为了保护环境，联合国成立了许多国际保护组织，例如国际自然保护联盟（IUCN）。第一任联合国教科文组织秘书长赫胥黎爵士（Sir Julian Huxley, 1887~1975），希望为国际自然保护联盟提供学术性的平台，于是发起一场大会，首次大会在法国巴黎枫丹白露宫召开。因此，主办国家法国在 1948 年便将自然保护和栖地保护放在政策纲领之中，后来这一场初次使用"环境教育"一词的国际会议，促成了 1949 年国际自然保护联盟（IUCN）的成立。

到了 20 世纪 60 年代，美国国会立法，要求在中、小学阶段必须学习自然资源保育的知识。1968 年，联合国在巴黎召开生物圈会议，推广"环境教育"一词的含义。1969 年，密歇根大学环境心理学博士斯旺（James A. Swan）刚取得自然资源学院和社会研究所的教职，他在史戴普（William Stapp, 1929~2001）的指导下，在《教师专业发展期刊》（*Phi Delta Kappan*）发表了第一篇关于环境教育的文章，论述了环境教育在于关怀自然环境和人为环境（Swan, 1969）。1969 年美国密歇根大学自然资源与环境学院教授史戴普首先在《环境教育》期刊（*Environmental Education*）确认了环境教育的定义（Stapp, 1969）。

20 世纪 70 年代是环境教育发展史上最重要的时期。各国政府纷纷开始订定环境保护法规，全力解决环境保护问题。1970 年联合国教科文组织和自然保护联盟在美国内华达州卡森市举办国际环境教育学校课程工作会议，会议通过的《内华达宣言》指出："环境教育是认识价值和澄清概念的过程，以培养理解和了解人类、文化、生态环境之间相互关联所需拥有的技能和态度。环境教育还需要针对环境质量问题的行为准则，进行自我规范和实践。"这一场会议制定了学校教育的目标，并详列了各阶段的具体内容（UNESCO，1970）。

1972 年联合国在瑞典斯德哥尔摩召开人类环境会议，会中决议了 26 条《人类环境宣言》（United Nations Declaration on the Human Environment），其中第 19 条特别要求"为年轻一代及成年人提供教育，以解决环境问题（environmental matters）"。《人类环境宣言》企盼人类开始注意环境问题，开启了人类与自然环境良性互动的可能性。宣言中强调："人类环境包含了自然环境和人为环境，上述环境对于人类幸福和享受基本人权，甚至生存权本身，都是不可或缺的。"人类开始重视环境生活质量，并且环境保护议题开始获得关注。

1974 年英国"学校委员会环境计划"（Schools Council's Project Environment）提出环境教育三种主题，分别为认识"有关环境的教育"（Education about the Environment）、"在环境中的教育"（Education in or from the Environment）、"为了环境的教育"（Education for the Environment）（Tilbury，1995；Palmer，1998），受到全世界瞩目，应用范围非常广。

1975 年联合国教科文组织和联合国环境规划署（United Nations Environment Programme，UNEP）共同推动国际环境教育计划（International Environmental Education Programme，IEEP），这个计划讨论如何提高环境意识（environmental awareness），推动环境教育的愿景。

1975 年联合国教科文组织在南斯拉夫贝尔格莱德举办的国际环境教育研讨中，提出《贝尔格莱德宪章》（Belgrade Charter），宪章强调："我们需要新的全球伦理。这样的伦理主张个人与社会的态度行为，要能与人类在这生物圈中的位置调和一致。这样的伦理认识，需要敏感地去回应人类与自然之间、人类与人类之间的复杂且不断改变之关系。""主张一种个人的全球伦理——并且将这种伦理，反映在他们为这世界上的人们而投入改善环境与生命质量之行为上。"该宪章将环境教育区分为正规教育（formal education）和非正规教育（non - formal education）（UNEP，1975）。《贝尔格莱德宪章》规范了环境教育内涵与目标，促使世界人类认识并且关切环境及其相关议题，具备适当知识、技术、态度、动机及承诺，致力于解决当今的环境问题。

1976 年，联合国教科文组织发布了环境教育通讯《联结》（Connect），作为联合国教科文组织暨联合国环境规划署国际环境教育计划（IEEP）官方机构的信息交流平台，以传播环境教育讯息，建立环境教育机构和个人联系网络。

1977 年联合国教科文组织和联合国环境规划署在苏联乔治亚共和国伯利西举办跨政府国际环境教育会议（Tbilisi UNESCO – UNEP Intergovernmental Conference），会中决议《伯利西宣言》（Tbilisi Declaration），提出 41 项环境教育指导方针（Guiding Principles），内容包括环境教育任务、课程教学、推行策略，以及国际合作。《伯利西宣言》提道："环境教育应从本地的、全国的、地区的和国际的观点，检视有关环境的主要议题，使学生了解其他地理区域的环境状况"，以及"环境教育应该运用各种学习环境和教学方法，并强调实际活动及亲身经验"（UNEP，1977）。环境教育的根本任务，乃是和伦理的、价值观的教育紧密联结。例如其宗旨就谈到环境教育需要"提供每个人有机会学习保护与改善环境所需的知识、价值观、态度、承诺与技术"。至于环境教育的目标，则谈到需要"帮助社会团体与个人学习到一套关心环境的价值观与情感，以及积极参与改善与保护环境的动机"。因此，《伯利西宣言》提出了环境教育包括了觉知、知识、态度、技能、参与等五项目标。联合国在 1983 年成立"世界环境与发展委员会"（World Commission on Environment and Development，WCED），关切环境保护与经济发展两个议题，象征着人类与环境的关系，由仅对自然环境的关怀，扩充到对环境中人类生存与发展的关怀。该委员会在 1987 年由主席布伦特兰（Gro Harlem Brundtland，1939 ~　）在联合国大会发表了《我们共同的未来》（Our Common Future）宣言，正式定义了"可持续发展"："可持续发展是一种发展模式，既能满足我们现今的需求，同时又不损及后代子孙满足他们的需求。"她呼吁全球对自然环境与对弱势族群的认同与关怀。

1990 年美国国会通过《国家环境教育法》（The National Environmental Education Act），通过改善环境教育来解决地球环境问题。

1992 年联合国在巴西里约热内卢召开地球高峰会（Earth Summit），通过了举世瞩目的《二十一世纪议程》（Agenda 21），把可持续发展的理念规划为具体的行动方案，强调对未来世代的关怀、对自然环境资源有限性的认知，以及对弱势族群的扶助（UN，1992）。

四　21世纪初叶的环境教育

进入21世纪，联合国在2002年再度召集世界各国领袖，选择南非约翰内斯堡举行世界可持续发展高峰会，决议邀集伙伴组织，致力于创造保护环境、缩小贫富差距，以及保护人类生命的生态环境。2002年，联合国大会通过一项决议宣布了"联合国十年"（UN Decade，2005~2014），通过了"可持续发展教育十年"（UN Decade of Education for Sustainable Development，DESD，2005~2014）。

2005年，联合国教科文组织正式推动可持续发展教育十年，力求动员国际教育资源，创造可持续的未来，其中五项原则为想象更美好的未来、批判性思考和反思、参与决策、伙伴关系以及系统思考。

《二十一世纪议程》第40章强调"教育是途径"。虽然单靠教育无法实现可持续未来；但是，如果没有教育和学习可持续发展，人类将无法实现此一目标。联合国可持续发展教育十年（DESD）的总体目标是将可持续发展的原则、价值观和实践，纳入教育和学习层面。依据可持续发展教育鼓励改变人类行为，在环境完整性（environmental integrity）、经济可行性（economic viability），以及满足当代及后代的公正社会（just society）方面，创造更为可持续之未来。

2012年联合国又回到巴西里约热内卢举行联合国可持续发展大会（Rio+20），以纪念1992年"地球高峰会"举办20周年。该会议以绿色经济为主题，以消除贫穷、促进全球发展为目标，希望借由建立相关的机制和组织，推动绿色经济。

2014年，联合国在日本名古屋举行的"世界可持续发展教育大会"上，呼吁将可持续发展教育纳入主流。联合国教科文组织启动了"可持续发展教育全球行动计划"（Global Action Programme on ESD，GAP）。

2015年5月，在韩国仁川举行的"世界教育论坛"上，计划实施"2030年教育"，通过《仁川宣言》，将全民教育和可持续发展教育的概念合并，通过全球教育监测报告（Global Education Monitoring Report，GEMR），确保包容和公平的优质教育，让全民终身享有学习机会。

2015年9月联合国大会决议通过《2030年可持续发展议程》，以推动可持续发展目标（Sustainable Development Goals，SDGs），共计有17

项目标需要达成。国际社会除了推动目标四"发展高质量教育"之外，还需要通过教育发展其他的可持续目标。

如今，随着国际认可和通过《2030 年全球教育议程》（Global Education 2030 Agenda），其目的是到 2030 年通过可持续发展消除贫困。目前联合国教科文组织运用可持续发展目标（SDGs）、《全民教育全球监测报告》（GEMR）和《全民教育地区综合报告》机制，发展"可持续发展教育全球行动后续计划"（GAP，2030）。因此，全球正规教育工作者和非正规教育工作者正为推动可持续发展教育继续努力。可持续发展教育内容涵括人文主义的教育和发展观，以人权、尊严、社会正义、包容、保护、文化、语言和民族多样性，共同承担责任和义务，共同努力。2019 年新加坡南洋理工大学邀请了 15 位国际学者，包含了台湾师范大学教授张子超、方伟达等人，其发表的《新加坡可持续发展教育研究宣言》，回应了 2030 年可持续发展教育研究的诉求（请见表 1 - 2）。

表 1 - 2 环境教育会议发展史

时间	举办国家/城市	举办单位	会议名称	会议内容
1948 年	法国巴黎	联合国教科文组织	国际自然保护大会	国际会议首度使用"环境教育"一词，1949 年成立"国际自然资源保护联盟"组织
1965 年	英国史丹佛郡	凯利大学	教育研讨会	英国首次使用"环境教育"一词
1968 年	法国巴黎	联合国教科文组织	生物圈会议	让世界首次对"环境教育"一词有所认识
1970 年	美国内华达州卡森市	国际自然保护联盟	国际环境教育学校课程工作会议	定义环境教育，制定学校教育的目标，并详列各阶段内容
1970 年	法国巴黎	联合国教科文组织	联合国教科文组织会议	成立联合国教科文组织环境教育处
1972 年	瑞典斯德哥尔摩	联合国	人类环境会议	召开人类环境会议，发表《人类环境宣言》
1975 年	法国巴黎	联合国教科文组织、联合国环境规划署	国际环境教育计划交流活动	创立国际环境教育计划（IEEP）

续表

时间	举办国家/城市	举办单位	会议名称	会议内容
1975 年	南斯拉夫贝尔格莱德	联合国教科文组织	国际环境教育工作坊	提出《贝尔格莱德宪章》，规范了环境教育内涵与目标，促使世界人类认识并且关切环境及其相关议题，具备适当知识、技术、态度、动机及承诺，致力于解决当今的环境问题
1977 年	苏联乔治亚共和国的伯利西	联合国教科文组织	跨政府国际环境教育会议	提出 41 项建议的《伯利西宣言》，提供各国推行环境教育完整架构。该宣言提出了环境教育包括意识、知识、态度、技能、参与等五项目标
1980 年	瑞士格兰	联合国环境规划署、国际自然保护联盟、世界自然基金会		发表《世界自然保护策略》（World Conservation Strategy）
1982 年	美国纽约	联合国	联合国大会	通过《世界自然宪章》（World Charter for Nature），通过五条保护原则，指导和判断人类一切影响自然的行为，确认国际社会对人类与自然的伦理关系与责任
1987 年	美国纽约	世界环境与发展委员会	联合国大会	发表《我们共同的未来》（Our Common Future），并提出可持续发展的理念
1992 年	巴西里约热内卢	联合国环境与发展会议	世界可持续发展高峰会	通过《二十一世纪议程》（Agenda 21），签署《联合国气候变化框架公约》
2002 年	南非约翰内斯堡	联合国环境与发展会议	世界可持续发展高峰会	致力于创造保护环境、缩小贫富差距，以及保护人类生命的生态环境
2005 年	法国巴黎	联合国教科文组织	联合国大会决议（2002 年）	推动可持续发展教育十年（UN Decade of Education for Sustainable Development，DESD，2005~2014），力求动员国际教育资源的正规教育系统，创造可持续的未来
2009 年	德国波恩	联合国教科文组织	可持续发展教育世界会议：进入联合国十年的后半段	讨论联合国教科文组织世界可持续发展教育大会可持续发展教育十年（UN Decade of Education for Sustainable Development，DESD，2005~2014），提出《波恩宣言》（Bonn Declaration）
2012 年	巴西里约热内卢	联合国环境与发展会议	联合国可持续发展会议	以消除贫穷、促进全球发展为目标，希望借由建立相关的机制和组织，推动绿色经济
2014 年	日本名古屋	联合国教科文组织	世界可持续发展教育大会	将可持续发展教育纳入 2015 年之后发展议程，启动了可持续发展教育全球行动计划（GAP），强调五个优先行动领域

时间	举办国家/城市	举办单位	会议名称	会议内容
2015 年	韩国仁川	联合国教科文组织	世界教育论坛	实施可持续发展目标，推动"2030年教育"
2019 年	新加坡	南洋理工大学	新加坡可持续发展教育研究宣言研讨会	发表《新加坡可持续发展教育研究宣言》，回应了 2030 年可持续发展教育研究的诉求

第五节　环境教育的取径

我们从 20 世纪初期的环境教育进行自然研究，20 年代兴起了保护教育（Conservation Education），70 年代推动环境保护教育，21 世纪推动可持续发展教育。

本节讨论环境教育领域中存在的各种方法。环境教育和科学教育（Science Education）一样，是一个跨学科的领域。环境教育提供各种不同的学习策略，这些策略取决于学习资源、学习时间、学习空间、学习课程，以及学生的属性。这些不同的人事时地物，都会影响教育的各种取径（approach）。本节简单地描述了户外教育、课堂教育以及自然中心教育，包含了下列七种方法：学校环境教育的校园环境教育、地方本位教育（place‐based education）、项目课程（projects curricula），以及社会环境教育中的自然中心教育（周儒，2011）、动物园和博物馆的科学和环境教育（Ardoin et al.，2016；Falk，2009；Falk and Dierking，2014，2018；陈惠美、汪静明，1992；蔡慧敏，1992），或是运用环境问题调查、评估和行动（Hsu et al.，2018），以及科学、技术、社会（Science‐Technology‐Society，STS）的环境教育（Winther et al.，2010）。这些方法中的每一种都针对环境教育的重要课程目标和新颖的学习方法。因此，环境教育工作者应该选择和应用在特定环境之中最有效的方法。

我们从环境教育探索可持续发展教育，了解课程目标在于强化环境觉知与环境敏感度、环境知识概念内涵、环境伦理价值观、环境行动技能，以及环境行动经验，需要探索价值观念、探索议题、学习途径、学习方法（Bamberg and Möeser，2007；Winther et al.，2010；Dillion and Wals，2006）。

一 户外教育

户外教育依据地方本位教育、项目课程，这些课程例如美国的"项目学习树"（Project Learning Tree，PLT）、"野外项目"（Project Wild），以及"湿地专案"（Project Wet）等课程。此外，可以采用环境问题调查、评估和行动，以及科学、技术、社会的环境教育进行探察，其中包含了下列方式（Braus and Wood，1993；Engleson and Yockers，1994；American Forest，2007）。

1. 运用感官

让学习者运用自身的感官，直接用眼、耳、鼻、舌、身体的感知能力，感受春夏秋冬四时环境的活动方式。

2. 实体演练和解释

借由实物的范例，运用可以拿到的真实物体，将环境中所包含的自然或科学现象，直接采用实体表演的方式进行解释，让学习者直接观察或实际体验。

3. 调查与实验

让学习者通过假设、调查、资料搜集、实验、资料汇整、分析、撰写小论文、简报等步骤，进行环境问题与环境现象的思考，实际探讨各种环境现象背后所发生的问题。

4. 景点旅行

让学习者至各景点，实地参访森林、高山、海滨、湿地等区域，进行观摩，获得第一手的旅游和观察体验。每一次的观摩和调查，都是有目的性的活动，并且预先让学习者借由书本、网络和景点信息，了解所需要注意的事项，以及景点中需要观察和注意的重点。

5. 研究问卷和访谈

用小论文的研究方式，进行问卷发放。通过问卷调查的研究方式，让学习者获得相关环境领域的资料，对于不同访谈者的观感和想法，除了获取量化的研究资料之外，还要通过访谈，了解质性的资料，对于环境议题进行更为深入的探讨。

6. 邻近地点的户外观察

运用地方本位教育的方法，选择邻近的地点，进行环境调查或是观察活动，实际引导学习者在户外环境学习，并且帮助学习者加深对自然环境的探索、体验以及认识（Chan et al.，2018）。

7. 资料搜集与访谈

针对特殊的环境议题，让学习者进行资料搜集，可以对于相关的环境议题或学习领域，进行更为深入的了解，通过图书馆、网际网络，以及印刷或是摄影的资料搜集，并且访谈特定人物，协助厘清在面对环境问题的时候，可以获得哪些更重要的资讯。

二 课堂教育

环境教育中的课堂教育，包含了校园环境教育，其中可以发展地方本位教育、项目课程，以及科学、技术、社会的环境教育内涵（Winther et al.，2010）。在学习过程中，教师受邀参加专业学习会议（professional learning session），并且充分理解学习者的学习角色，包含下列方式。

1. 阅读与书写

在教室中，由学生进行环境议题与事件的阅读，阅读后让学习者运用书写的方式，将心中的想法与感受写下来。如果是较为年幼的学生，可以通过心智图中的绘画方式，进行绘出。

2. 个案研究

让学习者直接针对环境问题或议题，进行资料搜集和统整，在此基础上讨论并评估相关问题所造成的环境影响，并且思考如何面对环境受到破坏的情形（台湾地区"行政院"环境保护署，1998；詹允文，2016；靳知勤、胡芳祯，2018）。

3. 价值澄清

让学习者彼此之间运用价值与道德的冲突关系，进行讨论与沟通。在经过彼此的讨论之后，建立大家都可以接受的结论，协助学习者树立正确的环境态度和价值观（詹允文，2016；靳知勤、胡芳祯，2018）。

4. 树形图与头脑风暴

借由头脑风暴或者树形图的方法，协助学习者将不同的关系、情况、想法以及过程进行联结，以了解事件发生的关联性。

5. 辩论

通过辩论活动，让学习者从不同的面向思考环境的议题，并且学习运用资料搜集、沟通以及批判性思考等活动技巧。

6. 小组学习

透过小组学习的历程，学习者除了可以更有效面对环境议题，进行更深入的探讨，还可以学习建立团队默契、自我社会伦理规范，以及认识自我内心深处的想法。

7. 环境布置

通过开学、节庆或是亲师恳谈会的环境布置活动，学习者参与教学空间的营造与布置，除了可以拥有完善的学习空间外，更可以学习判断整体环境学习中所面对的环境问题。

8. 综合讨论

综合地理学、数学、自然、健康与卫生、综合活动中的社会实践课程，或者语文学习领域，对于环境问题与议题进行深入的研究与讨论（詹允文，2016）。

9. 活动工作坊

让学习者通过引导人员的示范与教学，学习操作或者制作某样需要实际动手做的劳作课程，并且运用实际手工进行操作。演练的过程包含农、林、渔、牧等工作体验与手工艺品创作。

10. 游戏学习

游戏学习在层次上是不一样的。游戏学习中采取开放式游戏（open - ended play），游戏丰富的教材，就是一种学习的基础。在模拟式游戏（modelled - play）中，运用模拟生物的方式进行学习。在目的式游戏（purposefully - framed play）中，运用游戏进行体验，采用师生互动方式进行（Cutter - Mackenzie et al.，2014）。

11. 环境行动

运用科学、技术、社会的学习方法，让学习者实际参与各项如生态管理、说服、消费者主义、政治行动与法律行动等实际环境行动，共同为改善环境问题而努力。

第六节　环境教育的发展

　　环境教育的实施方式是采取融入式（infusion）的方法，进行跨学习领域的统整课程，以进行周遭环境之间关系的联结。环境教育专业人士普遍认为，环境教育应该融入每个学年的学校课程中，从幼儿园到高中三年级。但是世界各国都在推进的环境教育的学科整合（integration）并没有发生。在学校的课程中，如何在学科中融入环境教育，需要运用教学材料和教学方法，这也许和各学科的教学类型有关（Simmons，1989）。环境教育的核心，是希望将政府、企业、家庭以及个人的行为决策，纳入教育过程之中，环境教育从幼儿园到高中三年级的发展，需要考虑同经济发展和社会发展兼筹并顾的环境发展平行趋势（parallel trend）。

　　传统环境教育的教学模型，系以环境议题为中心展开。但是这一种教学方式，仅重视知识传达（萧人瑄等，2013），既没有考虑社会情绪学习（social emotional learning）（Frey et al.，2019），又没有考量环境态度的养成，难以培养负责任环境行为的学生。再者，环境教育过于强调议题分析，让学生习得无助（learned helpless），对于地球环境的未来发展，产生绝望与无助的感受，无法借由一种内控的控制观（locus of control），学习到改变世界的学习动机和毅力。此外，环境教育的情感变量，不容易通过室内课程改变，学生在课堂上容易受挫，不容易学到亲环境行为的真实意义。如果说过去的教育着重于单向的讲述式传输，那么我们应该以健康心态看待环境问题，通过关心环境保护议题，依据教师的"教学内容知识"（pedagogical content knowledge）、"领域知识"（domain knowledge）（Shulman，1986a，b；1987a，b），支持学生可持续世界观（sustainability worldview）的理念（请见图1-3），以共同学习的方式，强化各种不同学科的内容，并且内化为具体的环境保护行动。

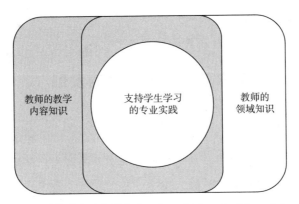

**图 1 – 3　"教学内容知识"（pedagogical content knowledge）、
"领域知识"（domain knowledge）和课程内容之间的
关系（Shulman，1986a，b；1987a，b）**

所谓教学内容知识（或译为学科教学知识），包括了教师对特定学科内容的理解，教师对特定学科内容表征的掌握和运用，以及教师对于学习和学习者的理解。教学内容知识的成分包括学科知识和一般教学知识的内涵，并且超越了教材知识本身（周健、霍秉坤，2012）。教学内容知识由美国教育心理学者苏尔曼（Lee Shulman，1938 ~　）所提出，他认为学科教学知识超越了学科专门知识的范围，是属于教学层次的学科专门知识。苏尔曼指出教师的知识可分成三大类，即教学知识（pedagogical knowledge）、学科内容知识（subject matter knowledge）和教学内容知识（pedagogical content knowledge）（Shulman，1986a，b；1987a，b）。教学知识强调的是教学的原理、方法、策略。学科内容知识强调的是教师对其学科领域之事实、概念和原理本身及其组织方式之知识的理解。教学内容知识强调的是教学时，教师知道如何系统性地陈述其学科内容知识，通过最有效的教学法让学生容易理解学科内容，并且教师能够了解学生对于该学科内容的先前概念学习困难的原因，以及补救教学的策略。因此，教学内容知识系一种综合性的知识，是教师在整合各种知识之后，能够纯熟运用于教学中的知识。苏尔曼说："教学内容知识指教师必须能将所教授的内容在教学中具体表现出来。在教学内容知识的范畴之中，包含教师对于学科中最常教授的主题，最有效的表现形式，最有力的类比、举例、说明、示范和阐述等方面的了解。即教师在学科特殊的课题中重新组合，以适当的方式表现，促使学生能够理解有关教学的内容。教学内容知识还包括教师理解有什么因素，让学生在学习时，对于特定概念感到困难或容易，也了解不同年龄、背景的学生，在学习这些课题时，所持有的概念与先备的概念"（Shulman，1986b：9）。环境教育和一般学科最大的不同，是其领域太深太广，不容易由教师所掌控。因此，需要对教师的领域知识进行支撑，并且需要不断地拓展领域。所谓领域知识（domain knowledge）是适用于特定主题，运用专业理解该主题的能力和信息。领域知识通常用于描述特定领域专家的知识。在许多情况之下，领域知识是高度特定，且具备专用技术的细节。因此，环境教育领域知识，就是人类和环境领域累积长久互动之后，依据人类经验得到的环境学理、论述，以及环境学的特定知识。拥有环境领域知识的人们，通常会被认为是该领域的专家。因为环境教育领域知识的本质是相互联结的。因此，只要了解其知识内涵，便能够拥有环境教育领域的认知（请见图1-4）。

图1-4　教学内容知识和可持续世界观之间的互惠关系（Shulman，1987a，b）

　　由于环境教育专家具备了"教学内容知识"和"领域知识"，因此，专业领域者觉得"放烟火式"的环境教育运动或是活动，不过是政治人物在选举之前的伎俩，不该是环境推广活动的现实。所有的教育，应该是带状，或是更深沉的活动之学习履历和过程。环境教育系可长可久的历程，环境教育的经典活动，贴近生活情境，从教育的角度出发，都能够进入人本的典藏。环境教育是从知识传播到行动意涵的发抒，所以，本书借由案例进行分析，以提供更多从幼儿园到高中三年级教师们的参考。我们同时希望教育传播达到联合国教科文组织所提倡的，学生要达到社会情绪学习，进入真实的情境，将成果贡献社会，以改变整个社会。

台湾在 20 世纪 70 年代以前，只有"环境卫生"，而没有"环境保护"。一直到 1982 年以后，环境教育的观念才逐渐在台湾地区推动。1987 年台湾地区"行政院"环境保护署成立，在"综合计划处"下设"教育倡导科"，后来改称"环境教育科"，才有专责的单位负责环境教育。自 2001 年以来，台湾已经将环境教育纳入台湾地区教育管理部门管辖的学校系统之中，学校 1 年级到 9 年级都列入环境教育的范畴。2014 年 11 月，依据"十二年课程纲要"新课程改革的结果，环境教育再次被纳入课程架构，并扩展到高中三年级（12 年级），例如综合型高级中等学校规划"环境科学概论"。将环境教育、人权教育、性别平等教育，以及海洋教育纳入四个优先处理的教育问题。依据 2014 年台湾地区"十二年民众教育课程纲要总纲""实施要点"规定，各领域课程设计应适切融入性别平等、人权、环境、海洋、品德、生命、法治、科技、信息、能源、安全、防灾、家庭教育、生涯规划、多元文化、阅读素养、户外教育、国际教育、原住民族教育等 19 项议题。从 2014 年开始的改革经过 5 年时间完成，并于 2019 年开始实施。因此，正规环境教育采取"小论文"专题式方法，由议题发掘出发，并且采取分组交互式的社会情绪学习，运用环境教育场域进行课程模块教学，并且由学习者和教师共同进行评估。

因此，环境教育需要区分下列不同层面。视环境为自然一部分——给予尊重；视环境为资源一部分——适应管理；视环境为问题一部分——提供解决；视环境为居住环境一部分——理解与规划；视环境为生物圈一部分——理解生命共同体的意义；视环境为社区方案的一部分——参与社区环境活动。因此，从 21 世纪的环境教育进行分析，可以了解环境教育具备了传统和新兴的趋势（Sauvé，2005）（请见表 1-3）。

表 1-3 环境教育的趋势

传统环境教育	新兴环境教育
自然主义者的潮流 （Naturalist Current）	生物区域主义者的潮流 （Bioregionalist Current）
环保主义者/资源主义者的潮流 （Conservationist/Resourcist Current）	实践的潮流 （Practical Current）

传统环境教育	新兴环境教育
问题解决的潮流 (Problem – Solving Current) 系统的潮流 (Systemic Current) 科学的潮流 (Scientific Current) 人文/宇宙学的潮流 (Humanist/Mesological Current) 以价值为中心的潮流 (Value – Centered Current) 整体的潮流 (Holistic Current)	社会关键的潮流 (Socially Critical Current) 女权主义者的潮流 (Feminist Current) 民族志的潮流 (Ethnographic Current) 生态教育的潮流 (Eco – Education Current) 可持续发展/可持续性潮流 (Sustainable Development/Sustainability Current)

引用自: Sauvé, 2005。

依据融入式环境教育的构想，传达环境和教育的概念、目标、方法以及策略。依据教师所处不同的文化、社会背景，探索环境教育的深度领域。依据问题的批判性分析方法，重视学习的过程而非结果，了解环境、社会和经济问题的局限性，并且教学内容可以和真实世界进行联结。环境教育不仅仅是提供工具、技术，还应该培养学生的环境素养。环境教育的教学，除了要教授知识，还需要启发学生的社会责任。所以环境教育需要提出价值观念，强化课程中可持续发展的思维，最主要的核心在于联合国教科文组织所界定"可持续发展教育"中的根本价值，进行下列议题的探索。

一 价值观念

（一）尊重全世界所有人类的尊严和人权，承诺对所有人的社会和经济公正。

（二）尊重后代人类的人权，承诺代际（intergenerational）责任（Kaplan et al.，2005；Liu and Kaplan，2006）。

（三）尊重和关心大社区生活的多样性，包括保护与恢复地球生态系统。

（四）尊重文化多样性，承诺在地方和全球建设宽容、非暴力、和平文化等方面的内容。

二　探索议题

从环境教育探索可持续发展教育，需要关注全球性的环境问题。

（一）环境面向

环境面向教育需要包括关注自然资源（水、能源、农业、林业、矿业、空气、废弃物处理、毒性化学物质处理，以及生物多样性）、气候变迁、农村发展、可持续城市、防灾、减灾等减缓和调适的问题，目的在于强化对资源和自然环境脆弱性的认识，强化人类活动和决策对环境负面影响的理解，将环境因素纳入制定社会经济政策必须考虑之因素。

（二）经济面向

经济面向教育需要关注消除贫困，强化企业和大学的社会责任、强化市场经济效能等问题，其目的在于认识经济增长的局限和潜力，以及经济增长对于社会、环境、文化的影响，从环境、文化和社会公正面上，正确评估个人和社会的消费行为是否符合可持续发展的目标。

（三）社会面向

社会面向教育需要包括关注人权、和平与人类安全、自由、性别平等、文化多样性与跨文化理解，以及着重社会健康和个人健康，强化政府管理和人民治理等问题。其目的在于了解社会制度在环境变化发展中的作用，以及强化民主参与典范和制度。民主参与制度提供了发表意见、调适冲突、政府分权、凝聚共识以及解决分歧的机会。此外，需要强化社会中的文化评估，进行社会、环境、经济与可持续发展相互联系的文化基础。也就是说，可持续发展强调通过文化而相互联系，在可持续发展的教育过程中，特别需要关注文化和民族的多样性，各族群相互包容、尊重和理解，以塑造平等尊严的价值观念。

从以上论述可以知道，从环境教育探索可持续发展教育，探讨议题可以是一种重叠圆模型，这是一种交会系统（intersecting system）（请见图1-5）。这个模型承认经济、环境和社会因素的交叉状态。根据我们的研究，我们重新调整圆圈的大小，以显示其中一个因素比另外两个因素更具有优势。在经济学者眼中，经济胜过社会，社会胜过环境，这种模型意味着经济可以独立于社会和环境而存在。因此，我们运用下一个更准确的图 1 - 6 嵌套系统模型来进行说明。

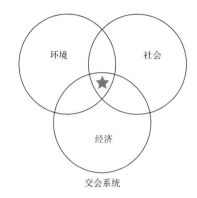

图 1 - 5　环境面向、经济面向、社会面向的交会系统
（UN，1992；Purvis et al.，2019）

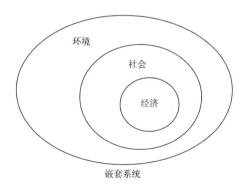

图 1 - 6　环境面向、经济面向、社会面向的嵌套系统
（UN，1992；Purvis et al.，2019）

图 1 - 6 是一种嵌套依赖模型（nested - dependencies model）（UN，1992；Purvis et al.，2019）。因为人类不能自外于环境而生存。人类没有环境，如同鱼类没有水而难以生存。如果我们询问海上渔民，渔业的过渔是一种环境灾难、社会灾难还是经济灾难，渔民会说，以上皆是。因此，嵌套依赖模型反映了这种共同依存的现实。也就是说，人类社会是环境的孕育物（wholly - owned subsidary）。当经济社会之中，没有足够的食物、清洁的水、新鲜的空气、肥沃的土壤以及其他自然资源，我们就"人间蒸发了"（cooked）。

小　结

环境教育（Environmental Education，EE）在 21 世纪已经和可持续发展教育（Education for Sustainable Development，ESD），一同被世人认为是重新建构生态责任公民（ecologically responsible citizens）的锁钥。总体而言，环境教育的目的是培养了解生物物理环境及其相关议题的公民，了解如何协助解决问题，并且积极理解解决问题之途径（Stapp et al.，1969；林素华，2013）。到了现代，环境教育的目的更是为人类提供更广泛的服务、强化欣赏人类周遭的多元文化和环境系统，确保人类社会之可持续发展。在本书撰写之初，我总是在心中告诉自己："环境和生态是极弱势，也只有我们这些不计名利的环境学者，会帮无言的环境讲话了。"有鉴于当今社会的消费主义留白，环境、社会、经济三方面都产生了不平等的现象。我们从教育系统内，强化创意共享，以共享社会想象力（shared social imagination）。依据融入式环境教育的构想，传达环境和教育的概念。所以，本章列举的环境教育概念、实施过程、教育政策，通过教学、研究和实务，我们实现了环境教育在各种领域的可行性。环境教育不仅仅是提供工具、技术，还应该培养学习者的环境素养。所以，环境教育的教学，除了要教授知识，还需要启发学生的社会责任。本章提出理论和实践架构，从多重角度和定位，论述研究和实践的架构。根据教师所处不同的文化、社会背景，探索环境教育的深度领域。由此，我们依据问题的批判性分析方法，重视学习的过程，而非结果。

📎 关键词

《二十一世纪议程》（Agenda 21）

《贝尔格莱德宪章》（Belgrade Charter）

深层生态学（deep ecology）

生态责任公民（ecologically responsible
  citizens）

有关环境的教育（Education about the
  Environment）

在环境中的教育（Education in or from
  the Environment）

环境教育（Environmental Education，

EE）

环境完整性（environmental integrity）

认识论（epistemology）

盖娅假说（Gaia hypothesis）

《2030 年全球教育议程》（Global Education 2030 Agenda）

全球河流环境教育计划（Global Rivers Environmental Education Network，GREEN）

融入式（infusion）

内化（internalization）

公正社会（just society）

美狄亚假说（Medea hypothesis）

嵌套依赖模型（nested-dependencies model）

本体论（ontology）

《我们共同的未来》（Our Common Future）

教学内容知识（pedagogical content knowledge）

感知介质（perceptual medium）

专业学习会议（professional learning session）

项目学习树（Project Learning Tree，PLT）

野外项目（Project Wild）

生活质量（Quality of Life，QOL）

科学、技术、社会（Science-Technology-Society，STS）

社会情绪学习（social emotional learning）

可持续发展（sustainable development）

可持续性潮流（Sustainability Current）

理型论（theory of Ideas）

价值澄清（values clarification）

《世界自然宪章》（World Charter for Nature）

取径（approach）

保护教育（Conservation Education）

领域知识（domain knowledge）

经济可行性（economic viability）

为了环境的教育（Education for the Environment）

可持续发展教育（Education for Sustainable Development，ESD）

环境觉知（environmental awareness）

环境素养（environmental literacy）

正规教育（formal education）

可持续发展教育全球行动计划（Global Action Programme on ESD，GAP）

全球教育监测报告（Global Education Monitoring Report，GEMR）

稳态机制（homeostatic mechanism）

代际的（intergenerational）

交会系统（intersecting system）

习得无助（learned helpless）

北美环境教育协会（North American Association for Environmental Education，NAAEE）

非正规教育（non-formal education）

开放式游戏（open-ended play）

平行趋势（parallel trend）

教学知识（pedagogical knowledge）

地方本位教育（place-based education）

项目课程（projects curricula）

湿地项目（Project Wet）

目的式游戏（purposefully‐framed play）

资源保护（resource conservation）

共享社会想象力（shared social ima-
gination）

内容知识（subject matter knowledge）

可持续发展目标（Sustainable Deve-
lopment Goals，SDGs）

默会知识（tacit knowledge）

可持续发展教育十年（UN Decade of
Education for Sustainable Development，
DESD，2005 – 2014）

荒野保存（wilderness preservation）

世界自然保护策略（World Conservation
Strategy）

第二章
环境教育研究方法

Environmental education is the process of recognizing values and clarifying concepts in order to develop skills and attitudes necessary to understand and appreciate the interrelatedness among man, his culture and his biophysical surroundings. Environmental education also entails practice in decision – making and self – formulating of a code of behavior about issues concerning environmental quality.

环境教育是认识价值和澄清概念的过程，以培养理解和了解人类、文化、生态环境之间相互关联所必须拥有的技能和态度。环境教育还需要针对环境质量问题的行为准则，进行自我规范和实践。

——第一届国际环境教育学校课程工作会议《内华达宣言》（International Working Meeting on Environmental Education in the School Curriculum，1970）（UNESCO，1970）

学习重点

研究方法是指研究的计划、策略、手段、工具、步骤以及过程的总和。本章通过了解环境教育的"研究"本质，界定研究范畴，通过系统化的调查过程，借由理解过去的事实，通过实查、实验和验证方法，发现新的事实，来增加或修改当代的环境知识。经过环境教育历史研究探讨，进入环境教育量化研究、环境教育质性研究，我们借由本章提升环境教育理论的思考层次，运用布仑（Benjamin S. Bloom）学习方法、杭格佛（Harold R. Hungerford）学习方法，以及 ABC 情绪理论学习之比较，理解环境教育后设学习的价值，强化我们对于事物认知的超然性，以客观的立场来看待事物，并且对于人类环境行为具有更为普遍与成熟的看法。

第一节　环境教育研究什么？

在第一章中，我们提到环境教育者必须提出新的知识和技术，以满足不断变化的社会、经济和文化方面的需求，同时也要确保能够通过社区需求和利益团体的共识，强化以环境知识服务社群的基础。因此，环境教育面临的这些挑战，通常要求我们重新审查，研究和培训环境教育专业人员和教育工作者的方式，是否和这个社会脱节，是否符合现代环境的要求，是否可以运用方法获得环境信息，是否可以正确地传达给社会大众。因此，在界定环境教育的目标方面，我们应该要努力建立环境教育的专业机制，以强化环境教育的标准（Hudson，2001）。

所以，在基础学习方面，需要了解环境教育的"研究"是什么。当我们界定好研究的范畴之后，通过系统化的调查过程，借由理解过去的事实，依据实查、实验和验证方法，发现新的事实，来增加或修改当代的环境知识（方伟达，2018）。因此，我们需要通过社会科学的调查方法，了解环境中的人事、组织、材料，以分析所有年龄层在环境中学习的情况，将这些资料纳入基础广泛的环境教育研究工作之中，以满足不同年龄层的教育研究的需求。

作为科学家和教育工作者，我们有机会和责任来拓展环境教育的资源基础。因为，针对环境的公共教育（public education），将会对未来的生活产生正面和积极的影响。所以，依据可持续发展的概念来说，如果我们和后代子孙要享有大自然遗产的益处，我们必须认真看待环境教育。在面对日益繁杂的 21 世纪时，环境问题越来越难以理解和进行评估，而如何解决环境问题，更是治丝益棼；更多社会争议现象纷纷扰扰呈现在"众声喧哗"之嘈杂声浪之中（Bakhtin，1981；1994；Guez，2010），也不是仅仅通过合理的科学推理，进行理性的解释和分析，就可以解决环境问题。

此外，对于环境问题的运作方式，人类往往针对经济发展，采取了非可持续性的资源开采方式进行处理。我们的环境质量，往往成为政治既得利益者在公共议程中的牺牲品。因此，目前我们的挑战，在于如何通过可以理解的方式，用简单易懂的教育方法，表达现代环境问题的复杂性，同时确保环境科学在解释和评估环境问题中准确有效，并且在解决环境问题的过程中，得到大多数权益关系人（stakeholder）和权益持有人（rightsholder）的合意，发挥有效的沟通价值。

因此，在环境的研究中，除了要建立科学性的文献回顾，列举需要解决的问题，提出我们新的创见，阐释具体实际的步骤，以及了解各种方案是否合理可行，更重要的是，我们观察环境，是对社会中发生的事实进行观察，不是靠着理论推估，也不是靠着臆测而来。环境教育的研究，当然要有理论为依据，需要依据实务分析进行佐证，并且进行归纳综合整理。所以，进行研究法的梳理，需要强调下列事项（Estabrooks，2001）。

一 运用工具性研究（instrumental research utilization）

工具性研究意味着运用具体的研究成果，并且将这些成果转化为环境教育的材料。

二 运用概念性研究（conceptual research utilization）

研究可能会改变一个人的思考，但是不一定改变一个人的行动。在这种情况之下，需要将研究知会决策者，让决策者深思，为何环境教育没有效果。

三 运用象征性研究（symbolic research utilization）

通常环境教育研究很抽象。这是一种具有说服力，或是以政策工具规范人类的环境行为。因此，需要通过政策说服的程序，启发决策者。

环境教育的研究，第一，需要强调研究议题重要性方面，包含博士学位论文和硕士学位论文在研究和撰写阶段，需要考虑累积研究的进一步价值。此外，我们需要开发国内外新的议题，留心国际学界讨论的重要议题。第二，环境教育研究需要深入分析争论点。为了进行逻辑辩证，我们需要提出初步的分析架构，反复地思量，展现对于研究对象的掌控能力。第三，在研究中，研究目标应该尽量具体化，避免过于空泛的描述。此外，在研究绩效方面，则需要强调学术研究成果的质量、个人重要贡献、人才的培育，以及研究团队为学术社群之建立与服务提供的经验（Estabrooks，2001）。

从上述学者的论述中，我们了解到环境教育是一种"从实务发展理论"的教育活动。当实质环境指涉人类自身以外的事物之时，需要界定何谓环境。我们可以考虑采用脑力激荡的方式进行讨论。再者，环境教育强调专业团队与地方民众之间的紧密合作，进行面对面的沟通。因此，这些地方参与被认定为比书面的文件更为有效的活动。此外，针对自然环境，环境教育主张适度的规划，依据新颖的构想进行环境保护的推动。在教育过程中，持续改进教学技巧，并且鼓励灵活地面对环境的快速变化，以因应教学环境之发展。因此，个人和环境之间的互动也好，个人爱护环境与否也好，我们必须掌握到人类受惠于环境的"初心"。

《大方广佛华严经》卷第十七："三世一切诸如来，靡不护念初发心。"《大方广佛华严经》卷第十九："如菩萨初心，不与后心俱。"后人将初心归纳，说明了"不忘初心，方得始终；初心易得，始终难守"。在环境教育过程中，难免感到寂寞，因为这是一项寂寞的工作。做任何有益环境保护的工作，最难得的是坚持，希冀努力沟通、不屈不挠；忍受煎熬，方能百战百胜。所以在团队教育之中，需要建立良好的沟通和协作的开发课程团队。在课程开发的初步阶段，当学习者的需求无法完全搜集之际，需要在课程反馈之基础上，有耐性地逐步检讨和调整课程之需求，以上考虑，专注于事实求真的实务过程。研究贵在独立，贵在发抒人之不敢言、不曾言。因此，在研究的过程之中，即使遭到冷落和孤立，也不要为任何困境改变自己对于研究之专注，更不应放弃初衷。在理论的建构过程之中，需要考虑设计想法的思考阵痛期，除了需要详加观察、分析、讨论和不断自我批判之外，还需要通过个人绝佳的洞察能力，运用理论原型之修改，使环境教育实务工作相互钩稽契合，以达到可持续发展的目标。详细流程，请见图 2-1。

当我们谈到环境教育研究的时候，我们想到需要破题。也就是，环境教育研究，到底是什么？环境教育研究的使命，是促进对于环境教育和可持续发展教育的研究和学术理解。在国际环境教育学术期刊中，通

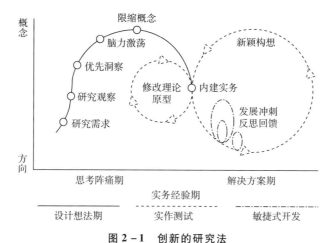

图 2 - 1 创新的研究法

引用自 http://i3.waitematadhb.govt.nz/about/research - innovation/。

过发表同行评审的研究来实现此一目标，这些国际的研究来自全球各地，在环境教育中，拥有许多卓越的教育思想和实践学派。因此，如何对环境教育和可持续发展教育的哲学、实践经验，或是政府政策之原创性调查进行梳理，以创造高质量的创新论文，相当重要。

四 运用国际期刊

环境教育的研究，在国际上主要是以 Taylor&Francis 出版集团所出版的《环境教育期刊》（*Journal of Environmental Education*，*JEE*）和《环境教育研究》（*Environmental Education Research*，*EER*）为主。

1969 年，美国威斯康星麦迪逊校区环境传播与教育研究中心主任施费德（Clay Sch oenfeld，1918～1996）创立了《环境教育期刊》（*Journal of Environmental Education*，*JEE*）。在创刊初期，称为《环境教育》（*Environmental Education*）（1969～1971），第一期刊登了史戴普的环境教育定义的文章（Stapp，1969：30 - 31）。1971 年改名为《环境教育期刊》（*JEE*）。这一致力于环境保护传播研究和发展的期刊，突出了媒体吸引大众关注环境情况的契机。《环境教育期刊》（*JEE*）是一个以研究为导向的期刊，其宗旨在于为环境与可持续教育（sustainability education，SE）的研究、理论以及实践，提供批判性和建设性论述的期刊环境。

英国巴斯大学教育学系教授史考特（William Scott）是《环境教育研究》的创刊编辑，他曾经担任联合国教科文组织可持续发展教育十年协调小组的英国国家委员会主席，也曾担任英国全国环境教育协会的主席。《环境教育研究》于1995年创刊，这一期刊的主要读者，以在教育研究、环境研究以及相关的跨学科领域工作的人士为主。

《环境教育研究》和《环境教育期刊》这两本期刊，目前都是环境教育研究的典范，为国际读者提供环境教育理论、研究方法论以及环境教育方法的观点。其宗旨在于提高环境教育（EE）和可持续教育（SE）领域的研究和实践取径。因此，相关研究都在鼓励文章的方法论问题，以及对于现有理论对话的挑战。新的文章对于理论与实践，都进行了深入的联系，强化了跨越学科界限的概念性工作。两本期刊都欢迎读者回应刊登的论文，从而吸引推动环境与可持续教育研究理论和实践的想法。

在研究论文方面，JEE刊登环境教育经验和理论分析的文章，包括关于环境或可持续相关教育的批判性、概念性或是政策分析文章，其中包含了文献综述和计划评估。其中刊登的文章属于跨学科的研究，并涉及从幼儿期到高等教育，以及任何教育部门从正规（formal）、非正规（non-formal），到非正式（informal）教育的研究。

在EER中，引用次数最多、阅读次数最多的论文，往往是文献综述方面的论文，或是创新实证和理论研究，以及对于环境教育和可持续发展教育的关键概念和方法进行分析的论文。EER的使命和目标相当宏大，投稿期刊，就是产生一种学术对话，EER期刊编辑委员会希望鼓励作者在进行文章定位和衍生论证之时，多参考EER和同源领域的学术文献，例如JEE。我们检视EER和JEE，所有研究文章对于问题的陈述，依据国际文献为基础佐证。实证性文章包括了对于研究方法、研究结果之批判性分析和讨论的描述。在文章的结论与建议之中，针对教育政策和教育实践，提出针砭之道。所以依据JEE及EER期刊论文内容，我们可以了解环境教育和可持续发展教育研究内容很广，包含了教育政策、哲学、理论、历史观点等相关的批判性文章和分析，并且在量化分析中遵循统计分析方法。此外，在质性分析中，同样依据信度（reliability）和效度（validity）的分析方法，进行验证。在计划评估类型的文章中，展现了该领域的创新进展，说明目标，记录了背景、过程、结果，并且转移研究的成果。这些成果，依据论点的一致性和实证性，可以拓展到其他教育和文化背景中。本书阅读了 *JEE* 及 *EER* 研究论文（research articles）及论述（essays），进行仔细的检视、翻译，以及参采引用在本书之中。

五　运用台湾地区期刊

以上我们谈论的是国际期刊，在华人世界，以环境教育研究为主的中文期刊不多。其中，台湾环境教育学会出版的期刊《环境教育研究》值得一提。这本期刊创刊于 2003 年，出版文章包含了评论，评论涵盖多种形式，包括教育论述、环境哲学论著，主要内容包括以下几方面。

（一）研究论文（research articles）：学理探讨之研究报告。

（二）学术评论（review articles）：关于环境教育研究与实务的专题学术评论。

（三）论述（essays and analyses）：有关环境教育的历史发展、理念、实务，或哲学观等的论述。

《环境教育研究》中所界定的"环境教育"，非常广泛。从教育体系的观点而言，涵盖"正规"与"非正规"的环境教育。教育的议题可涵盖各种与环境相关的学科领域，例如：环境伦理、环境哲学、环境社会学、环境心理学、环境解说、环境传播、环境经济学、环境规划设计与管理、环境科学与工程、观光休闲与游憩、自然资源管理、地理学、文化与历史、可持续发展、公共卫生、食品与农业等，从多元角度提出环境教育政策、课程规划或教与学的理论与实践。本书参考了《环境教育研究》研究论文及论述，进行了仔细阅读及参采引用。

六　环境教育的研究

从以上论述中，我们可以看到国际环境教育的发展，如同学者帕尔默（Joy Palmer）以一棵树来比喻环境教育内涵与发展方向所显示的。他认为 21 世纪的环境教育，是采用树的根基，比喻为形成影响（formative influences）。帕尔默认为在课程中，需要安排基础内涵，在这个基础之上，让学生产生对于环境的了解、获得技能和培养价值观，并且培养能力，以力行爱护环境的行为（Tibury，1995；Palmer，1998）。

（一）环境教育的主题

1974 年英国实施的环境方案（Project Environment），提到了三个主题，分别是：有关环境的教育（education about the environment）、在环境中的教育（education in/from the environment）、为了环境的教育（education for the environment）（Tilbury，1995；Palmer，1998）。然而，一位称职的学校老师，如何让学生在环境教育的养成过程中，以怀疑、好奇和探索的精神，运用不同的假设情境进行生态调查，而老师则以循循善诱的方式，帮助学生达成目标，让学生以批判性思考法（critical thinking）和创造性思维，综合过去的经验和正在进行的课程学习内容，以教育及研究养成的过程，进行户外教学项目呢？目前在教育及研究的教学养成的过程中，主要是通过指导主义、建构主义、解构主义和整合主义，进行下列四个方向讨论。

1. 有关环境的教育

环境教育是指教导学生有关环境的知识，让学生了解与环境相关的概念，同时让学生进行议题批判。这种教育的方式需要通过觉知（awareness）、知识建构，产生批判能力。因此，环境教育是要寻求发现环境研究领域的本质，进而产生研究的感觉。这种目标取径是一种认知（cognitive），可以在教师的指导之下，搜集有关环境的信息（林采薇、靳知勤，2018），因此环境教育是一种指导主义下的环境教育。

2. 在环境中的教育

环境教育的场域非常重要。因此，在环境中的教育强调户外教育。教师教导学生利用自然环境进行学习，大自然就是一种教室。以人类自身所处的环境作为教学媒介（medium），可以用来进行探讨（inquiring）和发现，借以加强学习过程。在学习过程之中，从融入环境，到觉知环境。从环境中研究和解决问题，运用个人经验发展觉知。这是一种对于教学现场的建构，从环境中积累第一手经验，建构对于环境的认识，以产生觉知效果。

3. 为了环境的教育

在这个阶段，我们产生了环境是因、人类是果，或是人类是因、环境是果的经验。从解构方法，教师可以鼓励学生研究个人和环境之间的关系，通过环境议题的筛选和讨论，了解环境污染产生的原因，并且鼓励学生融入他们对于环境的责任感（responsibility）和行动（action）。

4. 整合式环境教育（education about，in，and for the environment）

环境教育的重点，还是需要进行整合。因为多数的教育过程，从知识（knowledge）到能力（competence）建构，充满了鸿沟。也就是说，图 2 - 2 的虚线部分，都是所谓的联结断裂，无法借由教育达到正向循环回馈的目标。也就是说，环境教育的立意甚高，但是在学生接受了环境教育之后，还要能够产生对于环境的伦理价值，培养正确的知识、建构环境改善的能力、融入对于环境的责任感，产生行动力量，从而产生更强的环境觉知。这是一种整合式环境教育的终极理想。我们从图 2 - 2 可以看到整合式环境教育的学习和研究，可以培养出行动导向，掌握解决问题的技能知识，形成正确的环境态度和价值观，进而形成负责任的环境行为。因此，整合式环境教育就是要发展学生的环境态度、价值、道德伦理，要教育学生朝向爱护环境、亲近环境以及保护环境的方向发展。

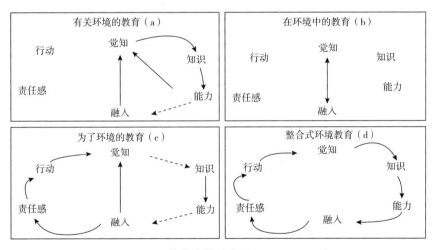

图 2 - 2　环境教育的重点（Tilbury，1995）

（二）环境教育的主张

环境教育强调自我学习（self - learning），在学术上以自我导向学习（self - directed learning）为主，简称"自导式学习"，进入学习场域，依据学习方法、学习情境的互动，进行深入的自由选择学习（free - choice learning）（Falk et al.，2009；Falk，2017）。学习者通过自主学习（autodidacticism），根据所处的环境，自由地设计个人教育计划。然而，因为人都有好逸恶劳的惰性，以上所说的，都是一种理想性的社会环境教育的学习法；那么，对于幼儿园、小学、中学以及大学阶段，要如何在正规环境教育之下，让学习者了解环境，如何通过知识与经验，了解环境的资源呢？以下进行说明（方伟达，2010）。

1. 指导主义（Instructivism）

"指导主义"是在环境教育课程学习的初期所主张的方式。主要是教师为学生建立好学习的资源和课程要求，为学生设定好学习目标，让学生了解什么是环境教育，并且进行教学法的设计，强调专业知识的学习在课程目标中的重要性。

"指导主义"在教授有关环境的教育时，强调的是因为环境教育属于一种学科专业，一旦误解专业知识的内涵，学生可能会在专业领域中做出错误的判断；因此，教师必须以课程要求的方式，指定学习内容，并以适度的测验，鉴别学者学习到的观念、知识和能力。在指导主义的观念之下，沟通仍然可以发生，但是沟通的范围将会随着知识领域的扩大，而让学者逐步了解自身的能力和视野。在指导主义的学习基础之下，强调学习是师生双向的契约学习，而非单向的教师施展其教学权威。学习契约是一种在自主学习的精神下，容许学习者自主接受双向契约，师生互相接受约定。在指导主义融入学习中，依据"刺激和反应"（S - R）之间的联系，鼓励学者尝试错误，由教师纠正错误，并且借由指导的过程进行正确答案的解题。

2. 建构主义（Constructivism）

建构主义也可以翻译成"结构主义"，最早提出的学者可追溯到瑞士的皮亚杰（Jean Piaget，1896 ~ 1980）。建构主义的学习，是学者在累积指导主义学习基础功夫之后，所应建立的自主学习理论。建构主义和指导主义同样是在帮助学生撷取知识，但是建构主义采取的是开放式（open - ended）的学习方法，指导主义采取的是解题式的学习方法，其教育的理念不同。建构主义者认为，环境教育的学习方式，趋近于大自然中，学生可以"自导式学习"（self - directed learning），从环境的行动里建立知识（周儒等译，2003：64）。因此，对于大自然生态知识的学习，是一种在环境中的教育，针对环境情境进行体验和了解。

建构主义是由认知主义衍生出来的哲学理念，采用"非客观主义"的哲学立场。建构主义认为，知识产生的能力，需要通过实际的场域。所谓环境教育场域的生态环境，虽然是客观存在的；但是人类对于生态的理解和赋予生态的意义，都是个人所决定的。所以，人类以自身的经验来构建"环境"的概念。因此，建构主义者认为，人类为自己选择，并且为这些选择负责。这一种赋予人类更大的自由，但是也必须接受更大的责任的思维，接近于存在主义者的思考模式。存在主义（existentialism）认为，人类存在的意义，无法经由理性思考而得到答案。因此，我们从"非客观主义"的哲学思考中，了解环境中的学习（learning in/from the environment）是个人的、独立自主的，以及主观经验所学到的自我体悟，这些都不是教师所能够教会的。

建构主义鼓励学习者通过"亲自及直接参与生态环境"的方法，在生态环境中积极地试验、体验及采取进一步的行动，完成教育的学习过程。环境教育中的知识，是由"观察自然中学习"，而非依赖教师在课堂上教导学者"应该"及"不应该"做什么。因此，建构主义希望学者面对理论和实务冲突时实际介入（involvement），形成对于生存环境中的责任感，并且自行去寻求解决办法。

3. 解构主义（Deconstructism）

解构主义是在课程进阶及成长教育之中，主张学习的一种批判方式。解构主义是由法国哲学家德里达（Jacques Derrida，1930～2004）所创立的批评学派。我们观察有关环境的教育，只进行教导什么是环境，无法产生环境行动，只是一种能知不能行的状态。在环境中的教育融入大自然的情境之中，对于自然联结（nature connectedness）产生效应，但是否因此可以产生知识和行动，学者依然存疑（Tilbury，1995）。依据德里达的看法，我们需要阅读研究。解读上述各种冲突发生的"二元对立"的不同观点，从这些观点中寻找冲突的原因。当处理经典叙述结构时，最好进行文本（context）解读。例如，从任何环境教育论述的解构（deconstruction）中，都需要某类原型的建构（construction）的存在。然而，即使建构的过程非常完美，意思是我们在研究中看到对于大自然强而有力的自然联结，甚至达到了天人合一的美妙境地；但是从批评者的眼光来看，还是有不足的地方，这些不足需要由解构性批判得以弥补。在此，我们引用古代庄子（369~286 BC）的《齐物论》："天下莫大于秋毫之末，而大山为小；莫寿乎殇子，而彭祖为夭""天地与我并生，而万物与我为一"。也就是说，在物我两忘之下，所谓环境之中，以庄子的解构方式来看：所有的大小没有绝对的标准；所有时间的长短，也没有绝对的标准。从庄子对于自然环境时间和空间的解构方法来看，针对"环境教育"教材和教法的解构过程中，教室中的"指导主义"和在环境中的"建构主义"，一直是处于对立和紧张的关系。

"指导主义"被形容成"死记硬背的功夫，而且生态知识是明确的，也是不容学生置疑的"；然而，在环境中学习的"建构主义"，被形容成"教师和学生都不知要干什么，只关照到学生在学习知识时的心理活动，不热衷测验学生是否真正了解及记诵环境中所需的知识"。

解构主义者在讨论"环境教育"的教学模式时，以引导质疑、建构批判性思想和理论，使个别学生针对争议性的环境议题，提出进一步调查和研究，并且产生更多的问题。然而，解构主义者有时候发现太多的问题，空有批判能力，又无法参与实际的环境改善工作。在失意激愤的状态之下，教师和学生只能像网络酸民（hater）一样在网络上书空咄咄，形成乡民式凡事批判的犬儒主义（Cynicism），只是针对社会失望和不满在网络上进行谩骂讽刺（troll），甚至以网络霸凌（cyberbullying），只会指责别人不懂环保，但是自身缺乏所有对于环境改善的能力，亦无法融入主流的实际社会之中。因此，我们需要的是第四种主义，也就是环境教育的整合主义。

4. 整合主义（Synthetic Corporatism）

第四种主义谈到的是整合式环境教育的整合主义。因为上述三种教育方式，对于环境、经济和社会的不公义，不会进行积极对抗，甚至还会纵容现况，即使进行批判，也仅止于匿名批评，不敢公开进行建设性的环境教育理论和实务贡献；因此，从西方学术的本体论，谈到对于环境的认识论，我们需要的是一种整合主义。因为，"自然"不是一种绝对条件，而是一种相对价值。在解构主义的二元对立架构中，学者批评解构主义虽然可以用来进行学术批判，但是难以理解其真实的定义，而且经常属于政治批评。因此，我们需要以更严谨的学术和实务基础，探索环境中真实的复杂互动模式。

学者在投入"解构主义"研究时，应该学习法国哲学家德里达对世界的关怀和反省技巧，通过自我反思与团体评鉴，借由批判性思考，由虚拟情境转变为现实环境的扩大体认，通过反思与镜照，才能改善自我成见与观念，以行动强化地球公民的责任。近年来，由于对可持续发展的重视，伴随着可持续发展教育的推动，教育研究范式产生转移，从纯粹经验的范式（empirical paradigm）转向真实世界中生态的范式（ecological paradigm），并且从实证论（positivism）转向批判论（critical theory）和诠释论（hermeneutics），因此环境教育的内涵日益增大。也就是说，需要以更多的社会实证、论述、批判、诠释、对话以及社会参与，因应时代的变化趋势（请见表2-1）。

（三）环境教育的研究方向

1. 环境教育政策

环境教育系以"地球唯一、环境正义、世代福祉、可持续发展"为理念；所以，如何提升全民环境素养，实践负责任环境行为，是国家环境政策和环境治理重要的发展方向。

表2-1 环境教育及研究养成的理论过程

主张	主题	学习架构	学习过程
指导主义	有关环境的教育（education about the environment）	导师必以课程要求的方式，指定学习内容，并以适度的测验，鉴别学生学习到的观念、知识和行为能力	运用学习中"刺激和反应"（S-R）之间的联系，鼓励学生尝试错误，并由导师纠正错误
建构主义	在环境中的教育（education in/from the environment）	采取学生开放式及自导式的学习方式，通过亲自及直接参与生态学习的方法，去完成户外环境中的学习过程	让观察的经验意义化，并与其他知识配合形成新的概念及行动策略。面对理论和实务冲突时实际介入，并且由学生自行去寻求解决办法
解构主义	为了环境的教育（education for the environment）	导师引导质疑、建构批判性思想和理论，使个别学生针对争议性话题，提出进一步调查和研究，并且产生更多的问题	以阅读理解文本中的"弦外之音"，并解读各种冲突发生的"二元对立"的观点，从这些观点中寻找冲突的原因

主张	主题	学习架构	学习过程
整合主义	整合式环境教育 （education about, in, and for the environment）	近年来，由于对可持续发展的重视，伴随着可持续发展教育的推动，教育研究范式产生转移，从纯粹经验的范式，转向真实世界中生态的范式，并且从实证论转向批判论和诠释论，因此环境教育的内涵日益增大	通过自我反思与团体评鉴，借由批判性思考，由虚拟情境转变为现实环境的扩大体认，通过反思与镜照，才能改善自我成见与观念，以行动强化地球公民的责任

修改自：方伟达，2010。

2. 学校环境教育

学校环境教育系通过学校系统（从幼儿园、小学、初中、高中到大学本科、研究所），以教室和户外环境，通过教师为中心讲授环境教育课程，强化国民在学阶段奠立环境相关的知识、态度、技能与价值观等的基本环境素养。

3. 企业环境教育

公司行号、产业界及政府投资企业为增进企业社会责任，减少环境污染，推动生产者产品使用完毕后之回收、再生或有效利用，提倡工作假期的环境保护工作，提升员工环境素养的培训与教育过程。

4. 环境科学教育

为提高全民环境科学素养，强化环境化学、生态学、地质学、地理学、保育生物学、资源技术、环境工程、环境心理、环境政治、环境社会、环境文化、环境经济，以及环境微生物等跨领域的科学学习活动。环境科学教育包含人类、有机体以及无机体等相互影响之综合学科内涵。

5. 社会环境教育

社会环境教育系一种在社会中传播环境知识和技能的过程，在传播过程中，在博物馆、社教中心、环境教育设施场所等学习场域学习环境知识，通过生态旅游、社区导览以及参访活动强化社区居民环境素养内涵。

6. 环境哲学

环境哲学是哲学的一个分支，环境哲学探讨自然环境价值、人类尊严、动物福利，以及人与自然界交互作用的关系。环境哲学包括环境伦理、环境道德，以及可持续发展的意义。环境哲学研究地球资源、人类损耗、环境保护，以及哲学实践的土地伦理内涵。

7. 环境解说

环境解说适用于非正规环境教育，通过环境户外场域的策略，并学习户外生态基础的解说规划与执行活动，以生态旅游、生态导览以及户外教育方法进行知识沟通，强化人类和自然环境互动的机会，用以启发学习者对于环境生态的知识、态度与活动技能的提升。

8. 环境传播

环境传播是通过传播媒体进行传递环境科学与环保知识、方法、思维的内容，培养全民环境素养的传播活动。环境传播传达环境事件的现状和问题，以及通过媒体载具所产生的文字、声音、图像、动画、影像等多媒体形式的创作过程，产生环境保护的意义建构。环境传播探讨环境议题的符号、话语以及情境关系。通过书籍、影音、传播媒体、社会网络平台的环境信息传播，引起受众对于环境知识的兴趣，并且从媒体报道的事件，体会社会环境事件。

第二节 环境教育历史研究

环境教育的历史研究，可以追溯到正规教育（formal education）和教育研究（educational research）领域的出现（Gough，2012）。如果我们研究环境教育的历史，可以采用课程史（curriculum history）或人物谱系（genealogy）的研究方法。

一般来说，环境教育的历史研究，是一种档案研究。档案研究首先要寻找档案中的客观知识，可以在图书馆、文献资料馆以及计算机网络搜寻中，找到和主题相关的题材。如何通过档案检索系统，探索档案的体系脉络，成为思考档案研究时关键的因素。在档案中，我们了解环境教育系地球环境遭到威胁，通过联合国等机构举办国际会议，动员科学家思考如何拯救地球，免遭沉沦之祸。所以，环境教育的历史，阐释了人类为求生存发展的努力过程，从历史的轨迹中，研究人类集体行为的改变，甚至运用了"结构主义方法""后结构主义方法"进行史料研究。

　　1972 年的联合国人类环境会议（United Nations Conference on the Human Environment）主张"教育的重要性"。会议中指出"针对环境问题的教育和培训，对于环境政策的长期成功非常重要，因为教育是推动文明和负责任人口（enlightened and responsible population），以及确保人力资源的实际需要"。1977 年联合国教科文组织和联合国环境规划署在伯利西举办跨政府国际环境教育会议（Tbilisi UNESCO – UNEP Intergovernmental Conference），在会议中所讨论的《伯利西宣言》，让环境教育领域正式化（Knapp，1995）。1992 年 6 月在巴西的里约热内卢举行地球高峰会（Earth Summit），又称为联合国环境与发展会议，为《二十一世纪议程》中的全球行动计划提供了关于促进教育、民众意识和培训的基本原则。然而，在环境与发展会议中，环境教育着重于促进可持续发展和提高人民解决环境与发展问题的能力，后来环境教育被称为"可持续发展教育"。

　　2009 年在德国波恩，讨论联合国教科文组织世界可持续发展教育大会可持续发展教育十年（2005 ~ 2014），提出《波恩宣言》（Bonn Declaration）。

　　《波恩宣言》描述了可持续发展教育，并规定了正规（formal）、非正规（non - formal）、非正式（informal）、职业（vocational）和教师教育（teacher education）的行动。在国外，环境教育和可持续发展教育的发展历程不同。有些学者认为"环境教育"被"可持续发展教育"稀释化，印第安纳大学（Indiana University Bloomington）公卫学院教授卡纳普（Doug Knapp）研究从环境教育到可持续发展教育这一名称的蜕变过程，他论述此一过程被环境教育学者认为"不符合环境教育稳定的最佳利益"（Knapp，1995：9）。但是整体来说，因为环境教育拓展到经济和社会领域，环境教育得以在世界上更深化了推动效果。2002 年联合国在南非约翰内斯堡举行可持续发展高峰会议，列入联合国 2005 ~ 2014 年"可持续发展教育十年"及其相关活动，让可持续发展教育得以在近年来迅速推动。欧洲研究环境教育的学者将环境教育研究纳入可持续发展教育的一环。如果我们以上述的历史分析方法进行推论，可以了解到环境教育的萌芽和茁壮，源自 20 世纪 60 年代。

一 环境教育的兴起

环境教育的兴起源于 20 世纪 60 年代，由于地球环境日益恶化，威胁人类的发展。在 20 世纪 60 年代科学家越来越关注环境日益增加的科学问题和生态问题，以及民众对这些问题的认识需要。这些问题包含了土地、空气和水的污染日益严重，以及世界人口增长和自然资源的持续枯竭。1972 年《联合国人类环境宣言》（United Nations Declaration on the Human Environment）中阐释："我们在世界许多地区看到越来越多的人为（man - made）伤害的证据；水、空气、土壤和生物中的污染危险，造成对生物圈生态平衡的重大不利的干扰（disturbances），破坏和消耗不可替代的资源（irreplaceable resources），产生人类聚落中人为环境之严重缺陷（gross deficiencies）"。

如果教育居于环境改善的首位，教育研究可以有效激发人类面临环境问题时的思考和讨论（Carson，1962）。美国学者卡森（Rachel Carson，1907～1964）、哈丁（Garrett J. Hardin，1915～2003）、埃利希（Paul R. Ehrlich，1932～　）等人大声疾呼，希望将教育纳入环境议程（environmental agenda）。然而，环境教育不仅仅是社会议题，更是教育问题。此外，科学教育与环境教育之间的关系是隐含的（implicit）。鉴于环境问题的严重性，20 世纪 70 年代的学者希望以科学和技术解决环境问题。但是少数的科学家认为，仅仅靠自然科学和技术是不够的。因为通过环境化学、生态学、地质学、地理学、保育生物学、资源技术、环境工程，亦无法解决纷纷扰扰的环境危害问题。人类生态学者博伊登（Stephen Boyden）在 1970 年说（Boyden，1970：18）："通过进一步的科学研究，以解决我们所有问题的建议，不仅仅是愚蠢的，而且实际上是危险的。"他又说："我们时代的环境变迁源自文化和自然过程之间相互剧烈的激化作用。这些问题既不能单独留给自然科学家解决，也不能作为文化现象学者可以独立解决的问题。因此，人类社会各部门应该发挥作用，某些关键族群，也可以参与这些特殊的责任。"

二 环境教育领域建构

如果说，20 世纪 70 年代西方国家对于环境教育开始重视，自当时起学校教育将生态和环境的内容运用融入式教学，纳入各级学校的教育课程。1968 年联合国教科文组织生物圈会议，以及 1970 年的澳大利亚科学院会议，都建议学校纳入环境教育。在第一章中，我们曾经提到 1969 年美国密歇根大学教授史戴普（William Stapp，1929～2001）在《环境教育》（*Environmental Education*）期刊定义环境教育，以有效地教育人们关于人类和环境的关系。史戴普等强调环境教育有以下四个目标（Stapp et al.，1969：31）。

其一，清楚地认识到人类系由人类、文化和生态环境组成的（Boyden，1970：18）。生态环境（biophysical environment）是组成系统中不可分割的一部分，而且人类有能力改变这个系统的相互关系。

其二，广泛了解自然和人为的生物物理环境及其在当代社会中的作用。

其三，基本了解人类面临的生态环境问题，如何解决这些问题，以及公民和政府为解决问题需要努力之责任。

其四，关心生物物理环境质量的态度，这将激励公民参与生态环境问题之解决。

史戴普等人认为，这种教育方法不同于保护教育（conservation education）（Boyden，1970：18）。保护教育基本上关注于自然资源，而非关注于社区环境及其相关问题。因此，环境教育除了关注于自然环境，还关心工作环境，以及人类福祉（well-being）的问题（Stapp et al.，1969：30）。1970 年史戴普受邀参加澳大利亚科学院会议，提出了课程开发模式。这个模式强调课程开发程序、行政策略，而不是专业哲学分析。史戴普的实验方向，主导了环境教育的实用发展。

对环境教育的定义和目标构成了该领域其他一些概念的基础。例如，1970 年 9 月，联合国教科文组织（UNESCO）及国际自然保护联盟（IUCN）于 1970 年在美国内华达州举办的"第一届国际环境教育学校课程工作会议"，接受了环境教育的定义如下（UNESCO，1970）：环境教育是认识价值（recognizing values）和澄清概念（clarifying concepts）的过程，以培养理解和了解人类、文化、生态环境之间相互关联所需拥有的技能和态度（skills and attitudes）。环境教育还需要针对环境质量问题的行为准则（code of behavior）进行自我规范（self-formulating）和实践。

三 环境教育宣言的意识形态

上述的环境教育的定义类型，采用了人类、生态系统，以及生态学原理等术语。而且，科学教育被引进了环境教育的场域。环境科学教育，通常以生态概念的形式，被纳入学校课程。但是，真正的环境教育学习，并未被教育部门视为教育的优先事项，因为在西方，环境教育受到科学家、环境保护主义者以及学者的重视，但是并没有受到政府单位的重视。

另外，环境教育宣言的起草者都是男性，虽然环境教育是架构在新颖的观念之上，但是在落笔的时候，没有注意到性别的平等问题。举例来说，1975 年是国际妇女年，联合国发布了非性别歧视写作指南，希望在国际宣言中，尽量用两性平权的方式处理书写。例如，尽量用中性的人们（people），取代男人（man）对于宣言的描述。但是，1977 年联合国教科文组织和联合国环境规划署在苏联伯利西举办跨政府国际环境教育会议所发布的《伯利西宣言》，对于环境教育的陈述中使用的语言，都是有性别歧视的。因为《伯利西宣言》用了男人（man）和他（he），排除了女人（woman）和她（she）。因为英文在西方的语言用法中，具有性别意识，如果要强化两性，应该要用中性的人们（people）或是他们（they）。虽然有些女性可能认为人类的男性活动，是环境恶化的主要因素；但是，重要的是所有人类都应该受环境教育声明的规范。有趣的是我们检视 1975 年联合国教科文组织在南斯拉夫贝尔格莱德举办的国际环境教育研讨会中，提出《贝尔格莱德宪章》（Belgrade Charter），在会议之中使用了非性别歧视语言。《贝尔格莱德宪章》没有采用男人（man）和他（he），意思是男人（man）和他（he）都没有出现在声明之中。可是，1977 年的《伯利西宣言》中重新出现了男人（man）和他（he）这些性别术语，其中《伯利西宣言》开宗明义地说"在过去的几十年里，人类（man）通过他的（his）力量改造他的环境，加速了自然平衡的变化"。如果我们检视西方文化，由于现代主义科学将男人（man）和自然分开，并且将女人一词和自然联系，那么在《伯利西宣言》中，男性科学家采用话语的性别霸权，不自觉地渗透到他们的认识论之中。这是 20 世纪 70 年代宣言的普遍问题，他们没有想象到非男性的观点，此外，这些科学家的认识论和现代主义科学一致，过于强调知识的普遍性、一致性以及单一性，没有考虑到知识的特殊性、多元性以及复杂性。

四 环境教育的实践力量

在环境教育的历史论证当中，环境教育的实践力量需要通过实证研究，进行循证实践（evidence - based practice）。在科学教育之中，实证研究就是需要实验组和对照组，以干预（intervention）的做法，进行证据推论。但是，环境教育不是知识的教育，而是实践的教育。也就是说，实践的教育需要行为改变，但是这一种行为改变，是出自内心真诚的变化，而不是在教室型的实验室中可以操弄的短期计划。因此，环境教育的实验限制，其研究成果遭到了相当多的批评。近年来，环境教育研究，主要以"实证主义""后实证主义""结构主义"，或是以"诠释学"和"批判理论"进行论述。

法兰克福学派学者哈贝马斯（Jürgen Habermas，1929 ~   ）曾经批判启蒙运动以来工具理性（instrumental rationality）的问题。他在知识论上的主张，认为人类知识可以分成三种类型（Habermas，1971）。

其一，经验：分析的科学研究，包含了技术的认知旨趣（knowledge interest）。

其二，历史：解释学的科学研究，包含了实践的认知旨趣。

其三，具有批判倾向的科学（critically oriented）的研究，包含了解放的认知旨趣。

台湾中山大学教授刘淑秋和讲座教授林焕祥认为，对技术科学（techno - science）主张至上的大学生，往往并不关心环境（Liu and Lin，2018）。因此，如果环境教育是一种工具性研究的利用（instrumental research utilization），意思是通过人为的操弄和干预，可以改变一个人的思考方式，这就是实证；但是改变一个人思考方式，不一定会改变一个人的行动实践。因此，我们需要采用概念研究（conceptual research），这就是以哈贝马斯的"诠释学"和"批判理论"进行研究。概念研究需要运用到社会实践的力量，其目的是确认社会情境中实践与情境脉络（context）之间的关系。在社会实践中，研究者强调是改变的承诺。这一种承诺有两种形式：一种是活动（activity），另一种是探究（inquiry）。也就是说，社会实践通常在人类发展的背景下应用，涉及知识生产（knowledge production）以及理论分析，这些知识都是经过实践之后所产生的知识。所以，如何从物质世界运用研究产生意义，需要经过研究的程序。也就是说，我们要将研究作为一种具有说服力的工具，需要时间和成本。我们的研究，如何随着时间的推移而继续成长，需要通过长期观察，提出行为意图假设，并且可以正确地衡量他人的反应。在社会实践中，环境素养（environmental literacy）被视为人类成长的关键因素（详见本书第三章），我们以人类世界的物质、意义以及程序说明产生环境素养的实践因素。以上的研究，都必须确认在"本体论/认识论/方法论"方面，都各有不同的假设，建构出来的世界观也不一样（请见图 2-3）。

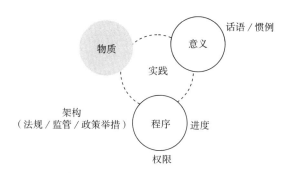

图 2-3 社会实践的元素（Darnton et al.，2011：51）

五 反思环境教育

环境教育的实践力量在于行动研究，而行动研究是一种集体行动下的自我批判。探究了解实践者在社会情境之下如何处理事务，其目的在于改善全民公共利益，产生社会正义，并且了解实践的意义（Kemmis and McTaggart，1982）。澳大利亚查尔斯特大学（Charles Sturt University）教育学院荣誉教授金米斯（Stephen Kemmis，1946~ ）的观念来自勒温（Kurt Lewin，1890~1947），他采用了自我反思（self-reflective）螺旋设计，将行动研究进行螺旋推演，分成计划、行动、观察、反思四个元素，并且将计划延伸，继续采用计划、行动、观察、反思进行修正。在金米斯的规划中，根据行动研究螺旋循环的历程概念，设计极为详细的研究指引与实验设计参考手册（Kemmis and McTaggart，1982）。金米斯的计划、行动、观察、反思，通过修订改进计划，产生再行动之螺旋模式，形成国内环境教育场域推动环境教育的发展特色（请见图2-4）。

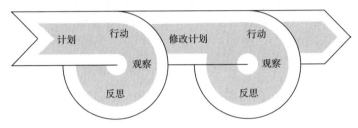

图2-4 研究指引与实验设计的元素（Kemmis and McTaggart，1982）

⦿ 个案分析

台湾20世纪90年代环境行动研究实例

金米斯采用了自我反思螺旋设计，分成计划、行动、观察、反思四个元素，并且将计划延伸，继续采用计划、行动、观察、反思进行修正。所以，依据台湾地区"行政院"环境保护署计划，推动校园生态保护和社区环境保护，我们举出下列台湾环保小署长"小小环境规划师"的案例进行分析（台湾地区"行政院"环境保护署，1998）。

一 计划依据

为推动学校环境教育，加强环保教育向下扎根工作，1990年台湾地区"行政院"环境保护署开始举办台湾儿童环境保护会议，并于1991年扩大举办，更名为"台湾环保小署长会议"。该会议从1991年至1997年，共计有4500名台湾小学学童参加会议活动。会议内容包括：如何通过环保小署长活动，关注环境问题；当校园环境发生问题，或在实施环境教育的过程当中遭遇问题之时，如何保护环境。例如：校园的水池严重优养化，变成蚊虫的滋生源，如何处理呢？

二 参考方法（台湾地区"行政院"环境保护署，1997：1-2）

（1）欧美国家环境规划方法、规划理论、公民参与、个案研究、圆桌会议讨论、电脑辅助绘图、报告发布会、有益于环境的全球性学习与观察计划（The Global Learning and Observations to Benefit the Environment，The GLOBE Program）。

（2）日本造町计划、舒适环境地图的绘制、户外参访等。

（3）台湾乡土教材教法、校外教学、科学展览等。

三 研拟策略

思考构想解决方案，这个计划可以在校外或是校内进行。如果是校外，从街坊邻里开始，进行环境调查，绘制环境地图，进行城乡问题的探讨，发表研究心得。在校园碰到环境问题，首先我们可以进行任务编组，利用各种科学方法搜集和议题相关的信息，包括专家访问、资料查询、现场探勘、问卷调查等方式，在资料进行搜集之后，进行初步汇整，然后以各种民主程序进行辩论、讨论以及决策，决定出最佳的议题解决方式，以作为后续行动准绳，或提供给行政单位做参考。

四 采取行动

依据上述所拟定之解决策略，采取行动，也就是"我们如何设法动手来解决"。因此，在1997年台湾小小环境规划师的计划推动之下，通过学校老师辅导、大专院校学生社团辅导，影响社区妈妈及全体社区居民，进行推动。

五 反省思考

借由"评估"，以检验策略的实际执行成果，并且反省思考成果。该计划推动之初，1997年美国科罗拉多大学建筑规划学院教授郝立克曾经称赞该计划是"台湾地区史无前例的环境教育计划"（台湾地区"行政院"环境保护署，1997：4），并且对于计划中从邻里街坊（neighborhood）开始，充满了兴趣，因为美国的规划，都是从市镇（town and city）和社区（community）开始。

六 当局行动

（1）为评鉴各县市环保小署长推动环境保护之绩效，台湾地区"行政院"环境保护署选拔第一届（1996年）台湾绩优环保小署长，并安排至台湾当局领导人办公场所录制电视节目。1997年推动"小小环境规划师"活动，运用计划、行动、观察、反思四个元素，因应社会环境变迁及环境教育实际需要，由环保署举办"'台湾'环保小署长会议"及各县市举办"环保小局长会议"，以实际推动环境保护工作为教育重点，符合"生活环境总体改造"的理念，讨论举办形式。依据环保署和"教育部"编纂"86年度全国绩优环保小署长实录"《环保小种子》（台湾地区"行政院"环境保护署，1998），环保小署长寻找地方环境议题，利用各种科学方法搜集相关的信息，在进行资料搜集之后，绘制环境地图，撰写小论文，推动各地环境改善，包含土城工业区的河川研究、新丰乡海岸保护研究、台中市南区环境保护研究、校园噪音分贝器的研究、山内小学周遭环境研究、大兴路街道规划研究等作品，共计有79份小小环境规划师报告，成果丰硕。

（2）台湾地区教育改革经过20余年，台湾地区"教育部"推动十二年民众教育，将素养导向教育，列为环境教育的重点，以"小论文"取代填鸭式的教育。何昕家等（2019）认为，学校教育与社区发展合作推动台湾地区"教育部"规划的"偏乡中小学特色游学"，建议以跨域文化、深根脉络、生态土地以及社区观点，提出学校与社区合作观点。环境教育经历一个世代的教育改革，从邻里街坊教育推广到跨域文化之整合，形成了崭新的局面。从父母辈的环境教育，经过学理和实践的奋斗，产生了下一代的环境教育。

第三节　环境教育量化研究

环境教育量化研究，以"实证主义"为主，在研究之中，重视搜集证据，进行资料分析，运用效度与信度来强化数据的可靠性，并且以变项操作、控制变项，进行统计分析，用以描述所要探讨的人事地物等现象。

一　问卷及测验的编制及量测

量表和问卷和在编制架构上的差异，包含了量表需要理论依据，问卷则只要符合主题就可以了。因此，量表的编制都是根据学者所提出的理论来决定其编制的内容。研究者在编制问卷时，依据下列三个步骤进行：确定主题、搜集资料、编制题目。编制问卷者在搜集资料之后，将各项资料整理并编拟题目。题目分为人口统计变项和问卷题目。从人口统计变项了解参与环境教育活动人员的年龄、性别、婚姻、职业、学历、收入等基本资料，问卷的主要内容包括参与环境教育活动的原因、参加的次数、时间、经费，以及参加的方式。为了强化问卷/量表的效度，建议找三位环境教育学者专家帮忙审查问卷，讨论问卷/量表题目是否需要增修，或是调整文字说明。在问卷调查中，举例来说，态度测量最常见的形式是李克特（Likert）五点量表。

二　环境教育实验研究法

实验法（experimental approaches）是可以重复的，不同的实验者在前提一致、操作步骤一致的情况下，能够得到相同的结果。通常实验最终以实验报告的形式发表。由于实验需要经费支持，在降低实验失败的概率，以及降低实验成本的考量之下，量化实验要将实验对象分割成小现象；此外，因为实相（reality）无法被实验者认知，需要切割成一个一个的实验加以分析。在量化实验研究中，包含了环境教育科学实验，其方法说明如下（方伟达，2017；2018）：

主题的观察和形成（Observations and formation of the topic）：研究者在思考感兴趣的环境教育主题之后，进行该项主题的研究。上述的主题领域，不应该随性挑选，应该基于本身有兴趣的议题进行，因为在选择之后，还需要阅读大量文献，完全理解目前这个领域所有的文献状况，以减少对于相关文献的理解差距。所以，应该谨慎挑选主题，将该主题的知识进行联结。

形成假设（Forming of hypothesis）：指定两个或多个变量之间的假设关系，以兹测试，并且进行预测。

概念定义（Conceptual definition）：进行概念的描述，并且和其他概念产生关联性。

操作型定义（Operational definition）：设定定义参数变量，以及说明如何在研究中测量及进行参数评估。

搜集资料（Gathering of data）：包括确定母体空间大小，其中母体参数（parameter）为统计测量数，为未知。选择样本空间进行参数抽样分配（sampling distribution），采用特定的研究仪器，从这些样本搜集信息。用于进行信息数据采集的仪器，必须安全可靠。

资料分析（Analysis of data）：分析数据，并且通过解释，以汇整结论。

资料诠释（Data interpretation）：运用表格、图形，或是照片来表示，然后进行文字描述。

测试及修改假设（Test，revising of hypothesis）。

得出结论，必要时可以重复操作（Conclusion，reiteration if necessary）。

承上所述，"科学教育"实证研究需要建立实验组和对照组，以干预（intervention）的做法，进行证据推论。但是，"环境教育"不是一种知识性的教育，而是实践性的教育。也就是说，环境教育很难在教室型的实验室中，经过短期计划进行心理实验，得到我们想要的答案。因此，环境教育的"实验成果"，需要细心检视"实证"的结果，小心求证。

三 环境教育准实验研究法

社会科学要采取"实验研究"非常困难，因此，绝大多数的研究属于"准实验研究"（quasi-experimental design）。当研究者无法在教育情境中以随机取样方法分派研究对象，并且严格控制实验情境时，比较理想的实验设计是使用"准实验设计"。举例来说，环境教育研究者如果新编了"环境教育教材"，要了解这份教材是否优于传统的"环境教育"教材。研究者无法从小学中随机抽取受试者，并随机分派为实验组和对照组。但是与学校接洽的时候，以原来班级作为实验的对象，研究者就须采用准实验研究法。因此，"准实验研究"设计的原则，就是"不等组前后测设计"。实验组和对照组的分类如下。

实验组：前测（在实验之前进行量测）、试验（实验教学，或是进行实验"环境教育教材"新式教学）、后测（在实验之后进行量测）、延宕测（在实验之后三个月进行量测）。

对照组：前测（在实验之前进行量测）、试验（不进行实验教学，或进行实验"环境教育教材"传统教学）、后测（在实验之后进行量测）、延宕测（在实验之后三个月进行量测）。

以上的准实验设计，虽然无法像真正实验设计一样，控制所有影响实验内在效度的因素，却可以控制其中多数的因素，并且可以避免环境教育的实验情境过于人工化所导致的实验缺失。在教育研究中，最常采用的准实验设计有四种：不相等对照组设计；相等时间样本设计；对抗平衡设计；时间序列设计。

四　信度、效度分析

（一）信度

信度（reliability）分析的目的，主要在于分析施测结果的一致性。信度是指根据测验工具（问卷/量表）所得到的结果的一致性或稳定性，反映受测特征真实程度的一种指标，信度分析的方法主要有以下四种方式。

1. 重测信度法

重测信度法是采用相同的问卷，针对同一组参与者，间隔一定时间重复施测，以计算两次施测结果的相关系数。因为重测信度法需要针对同一样本试测两次，问卷调查容易受到事件、活动以及受测者的影响，而且间隔时间长短也有一定限制，因此在实施中有一定困难。

2. 复本信度法

复本信度法是让同一组参与者一次填答两份问卷复本，计算两种复本的相关系数。复本信度希望两种复本除表述方法不同之外，在内容、格式、难度和对应题项的方向等方面要完全一致，而在实际调查中，调查问卷很难达到这种要求，因此采用这种方法比较少。

3. 折半信度法

折半信度法是将调查项目分为两部分，计算两部分得分的相关系数，进而估计整个量表的信度。折半信度用于态度、意见式问卷的信度分析。进行折半信度分析时，如果量表中含有反向的题项，应先将反向题项的得分进行逆向处理，以保证各题项得分方向的一致性，然后将全部题项按奇数或是偶数，分成尽可能相等的两部分，计算二者的相关系数，最后求出整个量表的信度系数。

4.α信度系数法

Cronbach α信度系数是目前最常使用的信度系数，用于测量量表中各题项得分间的一致性，属于内在一致性系数。这种方法适用于环境教育态度、意见式问卷（或是量表）的信度分析。

（二）内容效度（Content validity）

内容效度指的是测验题目对有关内容取样之适当性，也就是某个测量值测量出来之后，是否可以代表一个事件所有的部分内容。内容效度测量越高，越能测量环境教育教材内容，以及越能测量教学目标是否和原来计划相符。内容效度验证的内容，需要针对施测的内容进行详细的逻辑分析，所以又称为逻辑效度（logical validity）。

（三）效标关联效度（Criterion-related validity）

如果我们研究环境态度和行为之间的关系，效标关联效度就是在检验测量分数与实际态度和行为之间效力的关系，因为效标效度需要有实际证据，所以又叫实证效度。

（四）建构效度（Construct validity）

建构效度指的是测量结果，亦称为构念效度，指可以和理论的概念相符的程度。这一种效度主要测量某一种环境心理的理论的建构程度，又称为理论的概念效度。

（五）难度

问卷的难度指的是问项的难易程度。一般针对知识、能力测验来讲，可以说明考题的难易程度，但是对于环境教育动机、态度和人格特质这些倾向的施测来说，难度指的是回答这个题目的比例高低。

（六）鉴别度

鉴别度是指试题，主要是环境知识题，是否可以区别参与者能力高低的程度，采取内部一致性的方式，将参与者依据总分高低排列序，取最高分的前 25% 为高分组，取最低分的后 25% 为低分组，然后分别求出高分组与低分组在每一个试题的答对率，用 PH 及 PL 表示，以 D = PH – PL 表示试题的鉴别度指数（item discrimination index）。D 值介于 – 1.00 到 + 1.00 之间。D 的绝对值越大，表示鉴别度越大；D 的绝对值越小，表示鉴别度越小；D 值为 0，表示没有鉴别度。

五　事后回溯研究法（ex post facto research）

事后回溯研究法以事后探究变项，找出可能的关系或效应。事后回溯研究法和实验研究法比较，这两种研究方法都是要找寻自变量与因变量二者之间的关系。但是事后回溯研究的自变量要事先确定，才能搜集资料，探索与被观察变量之间的关系。通常使用统计记录、个人文件、大众传播的报道进行分析。因此，事后回溯研究又称解释观察研究（explanatory observational studies），或因果比较研究（causal comparative research）。

六　相关性研究

相关性的定义为，两个（或以上）事物之间的关系共同改变的数值。而统计上相关性，则指两组事物之间的关系程度，或是变项之间共同出现，且相互作用的关系。统计方法中，可以使用皮尔逊相关技术计算变项之间关系的强度和方向，我们采用相关系数表示。正相关（positive correlation）与负相关（reverse causation），分别代表当某数值增加时，与其相关的值随之增加或者减少的情况。

七　资料分析、解释及应用，研究结果之呈现

在研究中，我们会确定研究假设，资料分析主要是应用统计方法，计算数据之间存在的关系，并绘制出统计图说，借以解释资料中的内涵意义。资料分析解释数据中最有用的部分，通过研究结果的呈现，将研究结果的应用进行价值转化，以进行环境教育推广。

八 德尔菲专家研究法

量化方式除了要确定假设进行收敛，当然也可以用其他客观的方法，处理环境指标的建构，例如采用"德尔菲专家研究法"进行建构。

德尔菲法（Delphi method），是一种结构化的决策支持技术，在信息搜集过程中，通过专家们的独立主观判断，以建构相对客观的意见和建议，所以专家的组成效度特别重要。"德尔菲研究法"以专家们彼此不会面的方式，一直调查到意见收敛为止。

第四节 环境教育质性研究

环境教育的质性研究，可以应用在跨学科的环境社会科学领域（方伟达，2017；2018）。质性研究系一种多重现实的探究和建构过程。质性研究的方式有很多种，迄今仍有崭新的方法不断被研究及发掘。质性研究工具主要系由研究者本身，通过研究区域，对研究对象进行在地的长期观察。质性研究需要进行访谈，了解参与研究者的日常生活型态，分析其所处的社会文化环境，以及这些环境对其思想和行为的影响。

因此，环境教育质性研究的主要目的，是针对在一定的环境之下，了解研究对象的个人经验、自身意义建构，以及针对整体的情境脉络进行"解释性理解"。研究者通过自己的亲身体验，对被研究对象的生活故事和意义建构做出诠释。除此之外，研究者需要对自己是否因为资料限制的关系产生研究偏见，经常进行研究反思。在实际研究过程中，研究者是社会现实的拼凑者，如果仅对一定时空发生的事情进行拼凑，产生的结果会导致偏见。因此，质性研究结果主观成分很大，仅适用于特定的情境和条件，不能推论到研究地区和研究样本以外的范围。也就是说，质性研究的重点是理解特定社会情境下的社会和环境事件，而不是对与该事件类似的情形进行推论。在环境教育研究中，质性研究常用访谈法（interview）、观察法、扎根理论、行动研究（action research）、民族志、内容分析进行研究（方伟达，2018）。

当然，以上的方法都不是独立的，比如，在扎根理论研究中，也会用到访谈法、观察法和其他的方法，质性研究的方法丰富多元，而且相互影响，交替不竭。

一 访谈法

质性研究中的访谈是一个对话的过程，对受访者提出问题，并引导出对于研究、提出的问题有意义的讯息。访谈是一种研究性交谈，是研究者通过口头谈话的方式从被研究者那里搜集第一手资料的一种研究方式（陈向明，2002）。访谈法通常是由受过训练的研究员执行，对受访者提出问题，进行一连串的交互诘答的方式。在现象学或民族志研究中，访谈通常用于从受访者本人的角度，揭示生活中心的意义。由于社会科学研究涉及人的想法与意念，因此访谈成为社会科学研究中一个十分常见且有用的研究方式。以下为访谈法常用的方式。

（一）非结构式访谈（Non – structured interview）

没有提出预先确定的访谈纲要，以便尽可能保持开放和顺应受访者性质的优先事项。在访谈中，研究者采取"顺其自然"的方式。

（二）结构式访谈（Structured interview）

这种方法的目的是确保每次访谈都可以以相同的顺序，呈现相同的问题。这使得访谈的资料可以轻易并可靠地汇整，并且可以在不同受访者之间，或不同调查日期之间进行比较。

（三）半结构式访谈（Semi – structured interview）

有别于结构式访谈有一套严谨、制式的访谈大纲，不允许受访者轻易转移焦点，半结构式的访谈是开放的，虽仍有初步访谈大纲，但允许在访谈过程中提出新的问题及想法。

（四）焦点团体（Focus group）访谈

这是一种质性研究形式，可以分为环境专家访谈法及焦点团体晤谈法。焦点团体访谈系一个群体的成员被问及他们对某事或某物的看法、观点，或是态度等。焦点团体访谈时，参与者可以自由地彼此交谈或询问问题。在此过程中，研究人员要记录参与者在谈话中所提及的重点。此外，研究人员应仔细选择焦点团体访谈成员，以获得较有效的回应。焦点团体访谈有许多个别访谈所没有的优势，因此可以在研究上发挥一些比较特殊的作用。其中包括："访谈"本身就作为研究的对象；对研究问题进行集体性探究；以集体的方式建构知识（陈向明，2002）。

二　观察法

观察法可以是量化研究，也可以是质性研究。观察法是一种通过观察人物、事件，或自然环境，并记录其特征来搜集数据的方法。观察是人类的感觉器官感知事物的一种过程，亦是人类的大脑积极思维的过程。在质性研究中，观察不只是对于事物的感知，还取决于观察的视角。观察可以是质性研究相当直接的一种研究方法，人类即是研究工具，对于被研究的对象进行第一手的探究。观察者所选择的研究问题、个人的经历和假设，与所观察事物之间的关系等，都会影响到观察的实施和结果。因此，观察法又可以分为以下几种。

（一）参与式观察（Participant observation）

研究者成为被观察之文化或其背景的参与者。研究者成为被观察情境组织，以及文化脉络的一部分，以便取得成功的观察。研究者欲使用参与观察法，必须在研究初期，即取得观察对象的同意，才能进入场域进行观察。研究者是资料搜集与分析的主要工具。因此，研究者必须取得被观察者的信任，参与观察期间更必须与被观察者维持友好关系。更重要的是，研究者对于所处的环境必须能够领会和反思，才能取得丰富的研究资料，所搜集的资料才得以回应研究问题。

（二）直接观察（Direct observation）

研究者必须尽量不要引人注意，以免偏差影响观察结果。善用科技是很好的一个办法，如针对访谈者直接录像和录音，但是要征得访谈者的同意。

（三）间接观察（Indirect observation）

观察个体之间的相互作用，例如过程或行为的结果，例如：观察学生在学校自助餐厅留下的厨余，以确定他们是否在用餐时，养成适度取量的良好用餐习惯。

三 扎根理论（Grounded theory）

扎根理论是社会科学中的一种系统性的方法论，通过有条理的数据收集和分析来构建理论（Martin and Turner，1986）。扎根理论可以说是一种研究方法，或者可以诠释为一种质性研究的风格（Strauss，1987）。研究者在研究开始之前，并没有理论或是假设，而是直接从原始资料中归纳出概念和命题，然后上升到理论的层面。因此，扎根理论与"假设 – 演绎"（hypothetico – deductive）法相反，是以归纳的方式进行研究。使用扎根理论进行研究的开始，可能研究者心目中会先有问题意识，或是只有所搜集来的初步质性资料。随着研究人员检视收集的数据，在反复思考理念之后，概念或元素将逐渐变得清晰，并且用编码（code）将这些概念或元素进行分类，然而这些编码是从质性资料中萃取出来的。随着越来越多的资料搜集和重新检视，编码可以先将概念进行整理，然后再进行分类。因此，扎根理论与传统的研究模式有很大的不同，传统的研究模式选择现有的理论框架，然后只搜集数据来说明理论是否适用于研究中的现象（Allan，2003）。

扎根理论为了防止理论停滞不前，将研究领域之观察展现出来，基于理论创新的根源，以为理论发展奠定完善的科学基础。因此，扎根理论这种方法能产生新的理论，并且从数据中得到假设和概念、类别以及命题。概念在扎根理论中为分析资料的基本单位；类别则是比概念更高的层次，也比概念抽象，是发展理论的基础；命题是类别和概念，或是概念与概念之间的类化，可说是来自基本的假设，只不过命题偏重于概念之间的关系，而假设则偏重于测量资料彼此之间的关系。扎根理论包含如下五个阶段（方伟达，2018）。

（1）研究设计阶段：包括文献探讨即选定研究样本。

（2）资料搜集阶段：发展搜集资料的方法，以及进入田野。

（3）资料编排阶段：依时间年代发生先后顺序的事件排列。

（4）资料分析阶段：采用开放式编码，将资料转化为概念、类别和命题，以及撰写资料备忘录。

（5）资料比较阶段：将最初建立的理论与现有文献进行比较，找出相同或相异之处，作为修正最初建立理论的依据。

不断变化是真实的社会生活中一个恒久不变的特征。我们需要对于变化的具体方向以及社会互动的过程进行探究。因此，扎根理论特别强调从行动中产生理论，从行动者的角度建构理论。扎根理论的理论必须来自资料，并与资料之间有紧密的联系。扎根理论在社会科学研究理论的发展中扮演着非常重要的角色，各种层次的理论对深入理解社会现象，都是不可或缺的（Glaser, 1978）。

四 行动研究

行动研究可以是解决眼前问题的研究，也可以是由团队的成员或是与其他人共同合作以领导实践社群，并反思问题解决过程，以作为改善问题、解决问题，或是处理问题的一种方式（Stringer, 2013）。行动研究是在实践社群的理论基础之下，共同展开研究与参与工作，即"研究者本身是参与者，亦是研究者"。行动研究的重点是探讨群体解决问题的过程，以及解决问题的方式，并且反思解决问题的过程。行动研究是以螺旋的过程搜集数据，以确立目标与行动，并且介入问题，以评估目标及了解最后结果。行动研究策略的目的是解决特定问题，并为有效实践历程制定指南（Denscombe, 2010）。

行动研究通常涉及通过现有的组织，积极参与以及改变现况，同时进行研究。行动研究可以于大型组织或机构进行，由专业研究人员协助或指导，意旨在于改进他们所处环境的策略、实务以及知识。研究设计者、权益关系人以及研究人员彼此间互相合作，提出新的行动方案，以帮助他们的群体改善其工作或是实务内容。行动研究是一种交互式的调查过程，可以平衡合作环境中所实施的解决行动，以及数据导向的合作分析或研究，以了解可能导致个人和组织改变的根本原因。举例来说，"行动研究"可以是教师一人领导一个班级（行动研究重心在学生），或是几位教师领导一个学年或数个班级同学的行动研究（教师及学生同为行动研究的重心），也可以是教师们组成一个行动研究团队（行动研究重心在教师）。

在分析方面，行动研究通过超越外部抽样变量，创造了反思性知识，借以挑战传统社会科学。在过程之中，主动依据一个步骤接着一个步骤地将理论概念化，进行资料搜集，可以了解在结构中发生的实时变化。因此行动研究是不断发现问题、解决问题，接着又发现新的问题，持续产生回路的过程。

"环境教育行动研究教学"对学生的环境教育认知之影响，与传统教学法其实相差无几；但是环境行动课程经过计划、行动、检讨、反省以及再行动过程，对于学生的环境态度及行为影响则有显著的功效。知识的增加是一个行动接着一个行动的连续体（continuum），需要以这个角度为出发点。因此，我们质疑社会科学的知识，是发展真正明智的行动，而不只是发展关于行动的反思而已。研究人员仅仅沟通知识是不足的，在行动研究中，调查结果暗藏意涵。我们需要学习如何使用行动研究发现，在不同的实践和概念背景下，进行科学共识之提升。因此，参与行动研究是实践者对于该实践的一种以问题为基础的调查形式，这是一种实证过程。而行动研究最终的目的，是要创造以及分享社会科学知识。

五　民族志（Ethnography）

民族志知识的产生，基本上依赖两种文化经验的对照。民族志方法论强调研究者必须"刻意的无知"，在田野调查的过程中研究者不能只通过"问"的方式取得研究信息，更要生活在当下，以自身的感官，包括视觉、味觉、听觉、触觉等多种感官，作为搜集研究资料的渠道。同时，研究者在研究过程中必须时刻自省，必须充分意识到自身的文化背景、研究者身份等对于被研究者的影响。另外，采用民族志作为研究方法，资料的取得是研究者与被研究者间互动产生的，在双方或多方的互动过程中，研究者必须能够发掘事件或行动所隐含的社会意义、文化价值。总之，民族志的研究方法代表研究者进入被研究者的日常生活世界，试图理解被研究者所处的世界，翻转过去被研究者被动的角色，让被研究者的"在地观点"得以被听见或看见。

从过去至今，民族志的研究取径不断地丰富化。过去民族志强调观察社群中人与人间的互动，例如以民族志的环境个案研究法来说，可以用环保抗争事件的重要生命经验为例，进行分析。例如，分析 20 世纪 90 年代的滨南工业区、关西工业区、新竹客雅溪口绿牡蛎事件，21 世纪初的 RCA 事件、麦寮工业区，21 世纪 10 年代的国光石化、大埔工业区拆迁等，都是环境事件民族志研究很好的题材，可以深刻描写田野现场的环境以及人们之间互动的细节。此外，晚近的人类学研究，更将非人物种（nonhuman beings）加入田野的书写中，发展出多物种民族志，强调社会的组成不只有人类，还有许多非人类的参与，如猫、狗、昆虫、细菌、机器等。例如：*Insectopedia*、*The Mushroom at the End of the World*，即这类多物种民族志的作品（Raffles, 2010；Tsing, 2015）。

六　内容分析（Content analysis）

内容分析是研究文件、档案，或是通信信件的研究方法，研究素材可能包含各种格式，如图片、录音档、文字档、文本，或是影像。内容分析的一大好处是，它是一种非侵入式的方式，可以自然地研究存在于档案中特定时间及特定地点之社会现象。内容分析的实质和概念会因为不同学科而有差异，不过都涉及系统地阅读或观察文本内容，并且在有意义或有趣的文件、档案内容上进行编码。借由系统地编码一系列的文本内容，研究者可以利用量化方法分析大数据内容的趋势，或使用质性方法分析文本内涵。

第五节　环境教育理论提升

环境教育系由实务方面的技术知识，借由强化教育、学习环境的方法，通过不断地参与和认知活动，解决环境问题，以强化人类社会的发展。本节我们讨论环境教育理论扩充和实践、学科整合，以及学习方法的比较。

一　理论扩充与实践

环境教育的理论提升，与其说是线性自上而下方法（linear "top −

down" approaches）的技术转移（transfer of technology），不如说是参与式由下而上的方法（participatory "bottom - up" approaches）（Black，2000）。在教育的过程之中，通过双边建议咨询（one - to - oneadvice）或信息交流，并且依据环境教育正规教育，运用组织化的教育和培训方法，进行上述正规教育、非正规教育，以及非正式教育的活动（请见图 2 - 5）。

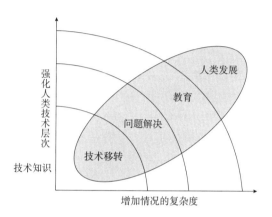

图 2 - 5　理论扩充与实践（Black，2000）

因此，我们的结论是，环境教育借由单一模型的教学策略并不可行。尽管我们对于上述线性技术移转模型提出了批评，但是我们仍然需要依据可靠的科学信息，借由积极参与研究和开发过程，从环境教育学者专家到第一线的现场教师，通过双边的信息交流，呈现教育发展趋势。在学生方面，通过正规教育和计划培训，提升知识、态度和行为模式。此外，崭新的学习技术，将促进某些形式的教育方法、培训课程以及信息交流，借由推广策略加以弥补应用之不足。

二　环境学科的整合

我们知道环境教育学科跨越传统的学科界限，特别是在自然科学和社会科学之间，在环境科学、自然科学、人文学科之间，充满着纠结纷扰的关系，但是我们仍然需要耐心进行更进一步的整合。对图 2 - 6 进行分析，我们可以运用达尔文生态学，进行环境教育的演化学和生态学的科学整合。在图 2 - 6（a）中，环境思想家通常认为自然科学和人文学科是完全脱节的，环境科学、自然科学以及人文学科之间重叠不

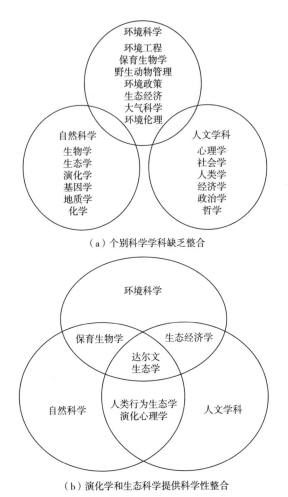

（a）个别科学学科缺乏整合

（b）演化学和生态科学提供科学性整合

图2-6 运用达尔文生态学进行演化学和生态学的科学整合
（改编自：Meffe and Carroll, 1994；Penn, 2003。）

大。然而，现今处在纷繁复杂的多重社会关系下的学科领域，我们从图2-6（b）中，观察新兴跨学科领域，如保育生物学、生态经济学、人类行为生态学以及演化心理学，我们知道自然科学和社会科学壁垒分明的障碍，已经在消融之中。跨领域的学者，正在协助整合生物科学和人文科学之间应用领域的关系。我们正需要一种崭新的科学，这种科学被称为人类行为生态学或是达尔文生态学，来完成这种综合的学说组成。

三 环境教育学科的整合

环境教育的学习模式，主要是借用教育学的方法，进行环境的认知、感应，以及改善人类行为模式。科学教育的养成，是以大脑科学、生命科学以及宇宙科学为基础，说明人类学习科学的本质和价值，探讨哲学终极思维中"人类是什么""我为什么在这里""宇宙的终极目标是什么"三大问题；而环境教育涉及人类行为的养成，接上了地球的"地气"，从虚无缥缈的哲学探究，落实到人间凡世的现实思考。

"环境教育"和人类认知改善、陶冶心性，形成态度的关系是什么？我们通过"环境学习"，改善人类对于环境的价值观和责任感，环境学习真的可以达到效果吗？自20世纪50年代以来，教育学者通过学习理论，思考以上的问题；这些问题需要通过教育心理学的探讨。我们借由图2-7的说明，了解到美国学界影响全世界相当广泛的三大学习理论对于以上论点的看法，其中包含了布仑式学习方法、杭格佛式学习方法，以及ABC情绪理论学习方法。

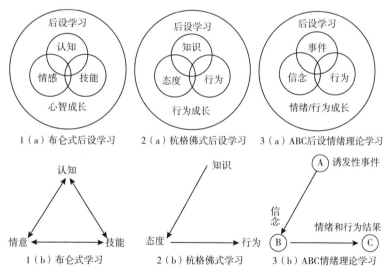

图2-7 运用布仑式学习方法、杭格佛式学习方法以及ABC情绪理论学习之比较
[1（a）：布仑式后设学习；1（b）：布仑式学习（改编自：Bloom et al., 1956；Krathwohl et al., 1964）。2（a）：杭格佛式后设学习；2（b）：杭格佛式学习（改编自：Hungerford and Volk, 1990）。3（a）：ABC后设情绪理论学习；3（b）：ABC情绪理论学习（改编自：Ellis, 1957；1962）]

（一）布仑式学习方法

美国教育学者布仑（Benjamin S. Bloom，1913~1999）将教育目标分成三大领域：认知层面（Cognitive Domain）、情感层面（Affective Domain），以及技能层面（Psychomotor Domain）（Bloom et al.，1956；Krathwohl et al.，1964）。

1. 认知层面

认知型的知识，主要是针对知识、概念、原则、应用以及问题解决能力的学习所需要的知识。认知的特征系为知识的获得与应用。

2. 情感层面

情感主要是指对外界刺激所产生的肯定或否定的心理反应，例如爱好、讨厌等情绪反应，进而影响在行为上所采取的意向。

3. 技能层面

动作技巧是一种学习产生的能力，在这个基础之上产生的行为结果表现，为身体动作的精确表达。因此，在教学目标让学习者通过知识或技能的学习之后，产生应有的行为反应。

（二）杭格佛式学习方法

美国环境教育学者、南伊利诺伊大学（Southern Illinois University）教授杭格佛（Harold R. Hungerford，1928~　）等将环境教育目标分成三大领域：知识、态度以及行为（Hungerford and Volk，1990）。其非常注重环境教育课程规划，认为"知识"影响到"态度"，"态度"影响到"行为"理论，换言之，即相信环境教育最终可以影响到人类环境友善的行为，提升人类环境素养。因此，当人类具有知识、态度和技能之后，能参与各项环境问题的解决活动。

1. 知识（Knowledge）

知识可以协助我们针对我们想要了解事物对象的相关讯息，建立对象和环境之间的关系，这个关系需要通过认知模式（schema）来了解事物。

2. 态度（Attitude）

态度系一种心理和神经的预备状态，指个人对某一对象所持有的评断状况，这是一种经由经验组织起来的看法。个人的态度通过深思熟虑的决策过程，进而通过心理反应，影响行为意图。

3. 行为（Behavior）

人类行为系指在适应不断变化的复杂环境中，人类所产生自发性或是被动性的举止行动，或是对于所处环境与其他生物体或无机体之间互动的身体反应。

（三）ABC 情绪理论学习方法

ABC 情绪理论（ABC Theory of Emotion）是由美国心理学家埃利斯（Albert Ellis，1913~2007）创建的（Ellis，1957；1962）。A 就是人为诱发事件（activating event）的第一个英文字母，B 是信念（belief）的第一个英文字母，C 是引发情绪和行为后果（consequence）的第一个英文字母。

1. A 诱发事件

诱发事件 A 是产生 C 的间接原因，而引起 C 的直接原因则是个体对诱发事件 A 的认知和评价而产生的信念 B。

2. B 信念

人类的情绪和行为（C 后果）不是直接由生活事件（A 诱发事件）所决定的，而是由这些事件的认知处理和评估方式决定的。也就是说，因为经由此一事件的个体对其不正确的认知而产生的错误（B 信念）所直接引起。

3. C 引发情绪和行为后果

人类的消极情绪和行为障碍结果（C），不是由于某一诱发性事件（A）直接引发的。诱发性事件、信念、情绪和行为的结果情绪是伴随人们的思维而产生的，情绪上或心理上的困扰是不合理的、不合逻辑的思维所造成。ABC 情绪理论模型背后的基本思想是外部事件（A）不会引起情绪（C）；但信念（B），特别是错误信念，也称为非理性信念所产生不良情绪之结果（C）。埃利斯在 1955 年发展了理性情绪行为疗法，成为认知行为治疗（cognitive behavioral therapy）的一环。人类会因为情绪问题，产生不好的行为。此外，愤怒会让人无法做出清楚的分析，因为情绪记忆在不同的未来之间进行选择，而不是理性所产生的行为

(Sapolsky，2017）。

最初，埃利斯认为他的理论和宗教信仰不兼容，或者至少与绝对的宗教信仰不兼容，尽管他已经接受某些类型的宗教信仰和他的理论是兼容的（Ellis，2000）。具体而言，根据埃利斯的观点，对于爱上帝的信仰可以导致积极的心理健康结果；而对愤怒上帝的信仰，会导致消极的心理健康结果，显示了埃利斯关于 ABC 情绪理论模型的思想的演变，特别是与宗教的关系。

依据上述三个模型，我们可以绘出三个国外著名模型，其中在布仑式学习方法、杭格佛式学习方法，以及 ABC 情绪理论学习方法中，都是三元模式（见图 2 - 7），三种模型有异曲同工之妙。

如果我们以人类拥有生物学和社会学的倾向性来说，人类在有限理性的合理思维和无理性的不合理思维之中摆荡。人类在恐惧和慌乱的情绪之下，都会产生出不合理的思维模式。也就是说，我们除了要理解 ABC 情绪理论模型对于杭格佛式模型"知识"影响到"态度"，"态度"影响到"行为"理论之冲击之外，我们改编以上的三元模型，认为从后设（meta）的行为模式来看，三元模型中对于人类行为动机的切割，似乎我们对于事物认知的"绝对认知"，应该更为超然。建议环境教育者（environmental educator）应以客观的立场来看待事物，并且对于人类环境行为，具有更为普遍与成熟的看法（Ellis，2000；Hug，1977）。

所以，我们评估人类环境行为，统合认知功能运作过程，通过学习表征人类智慧系统扮演的中介角色，觉察"后设认知"，理解环境保护意义的形成过程，并加以指导，改编了三种模型的"后设学习模式"。

我们从"后设认知"的学习模式中，了解个人对于自身的认知历程，能够进行自我掌握、监控、评鉴、支配等，以符合自我意志的管理，同时能针对目标自我调整，以达成驾驭不合理的思维模式。也就是说，环境教育通过心性成长，产生成熟的心智，通过情绪成长，冶炼出成熟的个人特质和"负责任的环境行为"模式，进行"友善大地"的付出和理念升华。因此，本章希望环境教育的研究，在研究意义的形成过程中，能对环境教育进行理论校正及调整，以达成解决人类环境问题的真实目的。

小 结

我们从《内华达宣言》中，了解到环境教育是体认价值、澄清观念，以发展技能与态度，以理解、欣赏以及感谢个人与文化及环境之互动关系，以及我们了解到如何进入场域进行实践，以利于知晓良好的环境态度、技能、关怀、决策、行为准则的产生方式。因此，环境教育研究就是专注于态度、技能、关怀、决策、行为准则研究方法的探讨。我们可以从不同层面进行探讨，包含方法论、研究方法，或是研究方式，以及讨论出具体的环境改善技术和教育技巧。因此，环境教育研究问题的形成方式包括：理解如何思考与学习环境的觉察力，以及通过后设认知的能力，培养环境敏感度，以能体会更高层次之思维能力。因此，对于研究的发展，我们需要成功判断自己认知历程是否增长，以能判断改变行为的能力是否强化。再者，研究者和研究题材之间的关系非常重要。我们关心研究成果的良窳，针对研究事物本质掌握得当，此外，通过研究者和研究题材之间的互动，进行深入细致的体验，进而解释阐明文献，解决文献中所存在的争议，激发思考，并且启动变革，这是环境教育研究者和从业者（practitioner）都需要认识到的崭新挑战。

📎 关键词

ABC 情绪理论（ABC Theory of Emotion）

诱发事件（activating event）

自主学习（autodidacticism）

因果比较研究（causal comparative research）

认知层面（Cognitive Domain）

概念研究（conceptual research）

建构主义（Constructivism）

内容效度（content validity）

效标关联效度（criterion - related validity）

批判性思考法（critical thinking）

犬儒主义（Cynicism）

解构主义（Deconstructism）

直接观察（direct observation）

经验范式（empirical paradigm）

环境教育者（environmental educator）

存在主义（existentialism）

解释观察研究（explanatory observational studies）

焦点团体（focus group）

自由选择学习（free - choice learning）

扎根理论（Grounded theory）

假设 - 演绎（hypothetico - deductive）

指导主义（Instructivism）

认知旨趣（knowledge interest）

逻辑效度（logical validity）

自然联结（nature connectedness）

非结构式访谈（non - structured interview）

操作型定义（operational definition）

技能层面（Psychomotor Domain）

后结构主义方法（poststructuralist approaches）

准实验研究（quasi - experimental design）

权益持有人（rightsholder）

模式（schema）

自我学习（self - learning）

权益关系人（stakeholder）

可持续教育（sustainability education）

效度（validity）

行动研究（action research）

情感层面（Affective Domain）

生态环境（biophysical environment）

认知行为治疗（cognitive behavioral therapy）

概念定义（conceptual definition）

建构效度（construct validity）

内容分析（content analysis）

文本（context）

批判论（critical theory）

课程史（curriculum history）

资料诠释（data interpretation）

德尔菲法（Delphi method）

生态范式（ecological paradigm）

环境议程（environmental agenda）

环境素养（environmental literacy）

实验法（experimental approaches）

事后回溯研究法（ex post facto research）

正规教育（formal education）

人物谱系（genealogy）

诠释论（hermeneutics）

间接观察（indirect observation）

访谈法（interview）

知识生产（knowledge production）

后设（meta）

非人物种（nonhuman beings）

双边建议咨询（one - to - one advice）

参与式观察（participant observation）

实证论（positivism）

公共教育（public education）

信度（reliability）

抽样分配（sampling distribution）

自导式学习（self - directed learning）

半结构式访谈（semi - structured interview）

结构式访谈（structured interview）

整合主义（Synthetic Corporatism）

福祉（well - being）

第三章
环境素养

Environmental education is aimed at producing a citizenry that is knowledgeable concerning the biophysical environment and its associated problems, aware of how to help these problems, and motivated to work toward their solution (Stapp et al., 1969).

环境教育是在培养了解生态环境及其相关议题的公民，了解如何协助解决问题，并且积极理解解决问题之途径。

——史戴普（William Stapp, 1929~2001）

学习重点

随着全球化的污染与环境问题日趋严重，环境相关的议题逐渐受到重视，台湾地区自 2010 年 6 月公布有关"环境教育法规"，并于 2011 年 6 月开始实施后，环境教育更成为台湾民众都该落实的基本课程。我们都知道环境教育的基本精神在于"教育过程""价值澄清""知识、态度与技能""解决问题"等几项特质，简单来说，环境教育的成效在于最后我们是否可以提升民众的环境素养，付出环境行动，以解决环境问题。本章探讨了环境教育学习动机、环境觉知与敏感度、环境价值观与态度、环境行动经验和亲环境行为，并且希望通过环境美学素养，产生民众正确的认知、情感，以及行动技能。环境素养的养成，不是一朝一夕所能达成；而是需要经过数代的辛勤努力，形成一股爱护环境、疼惜乡土的集体意识，才能毕其功于一役。这些环境意识，通过教育的形式，累积学习效果，产生亲环境行为，将形成沛然莫御的集体社会力量。

第一节　绪　论

环境教育的最终目标，是在保护环境、提升生活质量，朝向可持续发展目标迈进。因此，需要通过教育过程，进行个人觉察，以增进个人及公民环境行动，迈向可持续社会。国际自然保护联盟（IUCN）在 1976 年出版的《环境教育手册》（*Handbook of Environmental Education with International Case Studies*）中引用环境教育专家赛洛斯基（Jan Cerovsky，1930~2017）对于环境教育的界定中认为："环境教育是认知价值与澄清概念的过程，借以发展了解和赞赏介于人类、文化和其生物、物理环境之间相互关系，所必须拥有的技能和态度"。赛洛斯基曾经担任世界自然保护联盟教育委员会（现为教育和传播委员会）副主席、自然保护联盟副主席，是捷克植物学家和自然保护主义者，他认为"环境教育也需要应用在环境质量问题的决策，以及自我定位的行为规范"。因此，环境教育是一种由内而外的自省功夫，需要发自内心进行决定。这是一种自由意志（free will）的自由决定，而非被强迫要求才做的教育工作。缘是之故，本章探索环境素养（environmental literacy），定义环境素养是个人"环境价值"，以及"解决环境问题的能力"的养成过程。

"素养"来自英文"识字"（literacy）一词，狭义的意义系指会识字和书写之人，广义的意义则包含了个人受教的状况及普通技能。英文"素养"一词，并未牵涉道德或价值判断，但是"环境素养"一词，则拥有价值判断和环境伦理的意义。

"环境素养"由俄亥俄州立大学教授罗斯（Charles E. Roth，1934~　）创始于 1968 年（Roth，1968），罗斯教授关于环境科学，有 20 本著作，他身兼马萨诸塞州奥杜邦社团教育执行长多年，得过不少奖，包括美国环保署颁发的环保有功奖。"环境素养"后由杭格佛和佩顿进行定义诠释（Hungerford and Peyton，1976）。杭格佛等人采用罗斯之名词，认为环境素养包括认知的知识（cognitive knowledge）、认知的过程（cognitive process）以及情感（affective）三部分。环境素养是指一个人在环境相关知识、态度、技能等环境教育内涵中，具有相当的内化及外显之表现能力。1977 年联合国教科文组织（UNESCO）在苏联伯利西（Tbilisi）召开跨政府国际环境教育会议，提出"环境素养"的五项特质，包含：对整体环境觉知及敏感度；对环境问题了解并具有经验；具备价值观及关怀环境的情感；具有辨认和解决环境问题的技能；参与各阶层解决环境问题。1985 年杭格佛等人创立环境素养模型（Environmental Literacy Model），认为具有负责的环境行为的公民也就是具有环境素养的公民（Hungerford and Tomera，1985）。该模型以布仑等在分类学中认知、情感、技能为核心（Bloom et al.，1956）：属于认知领域的有"（环境）问题的知识"、"生态学概念（认识）"以及"环境敏感度"；属于情感领域的有"态度"、"价值观"、"信念"与"控制观"；属于技能领域的则为采取"环境行动策略（技能）"。以上八个变项存在相互联系的关系。此后，环境素养统合了"认知（知识）""情感（态度）"以及"技能（行为）"领域。1990 年被联合国定为"环境素养年"（Environmental Literacy Year），呼吁提高"人类环境素养"，强化基础的知识、技能以及学习动机，以强化可持续发展。

在民众强调可持续发展与世代正义之际，对于环境的正确态度、控制观、个人责任感，产生强烈的环境友善行为意图，其中涉及环境教育学习动机、环境觉知与敏感度、环境价值观与态度、环境行动技能、环境行动经验，以及环境美学素养，成为近年来重要的研究课题。本章借由态度、个人责任感，产生行为意图的假设，精准确认及了解个人心理层面的环境价值观、环境关怀，以理解如何产生环境责任感和环境友善行为，为本章需要了解的内涵。

第二节　环境教育学习动机

环境教育需要通过教育的过程，传播环境的概念、技能、态度、伦理及价值观，让民众了解资源可持续利用，维护环境质量，以达到生态平衡的教育。近年来，因为全球环境受到人类发展的威胁，环境承载量（carrying capacity）有限，超越地球之负荷量，人类将不能可持续生存。从人类自发性的体悟来说，因为环境受到威胁，人类感到来自生活环境的窘迫，产生了解决环境问题的意识动机。

从学理来说，我们拥有了内在的动机，产生了学习环境课题的动机，这就是学习动机。学习动机（learning motivation）系为推动活动，学习满足知识需求的内部状态，也是人类行为的直接原因和内部动力。因此，环境教育的学习动机，主要由内部的驱动力和外部诱因两个基本因素所构成。这些因素，受到"自我历程"的驱使，成为人类不断求知上进的一种动力。斯坦福大学心理学系教授班杜拉（Albert Bandura，1925~　）致力于探讨"自我历程"，研究个人目标、自我评价、自我表现能力信念的思考历程，将人看成自己的"代理人"，也就是我们能够影响自身的发展，且不单只分析个体，他同时也强调社会的影响，例如社会经济状况如何影响人类对于自己能够改变事物的信念。

20世纪50年代班杜拉以"社会学习"（social learning）认知到人类学习动机，源于"行为/学习论"，他开始将注意力从实验室的动物转向人类行为，他在社会学习论中认为人类的学习系为个人与社会环境持续交互作用的历程。因此，人类的行为大都经由学习过程而来；个体自出生之后，就无时无刻、不知不觉中学习他人的行为。随着年龄和经验的增长，在外在环境因素的催促力之下，人类行动、思想、感觉日趋成熟，终于变成为家庭及社会所接受的社会人。从图3-1来看，这一连串的学习活动，所涉及的刺激反应，都是社会性的，所以被称为社会学习，而这种学习又是个人习得社会行为的主要途径。后来，班杜拉之后的研究者逐渐改采"社会认知"这个名称，主要是强调两个重要特征：首先，人类思考历程应该在性格分析中扮演核心角色；其次，思考历程必须在社会脉络中发生，也就是人类通过人际互动了解自己与周遭环境的关系。

在国内外学者的行为研究中，小学生的环境保护行为最好，中学生其次，大学生到成人之后，越来越差（梁世武等，2013）。在大学生之中，大学参加社团女生的环保行为，比大学不参加社团男生的环保行为要好（Liang et al.，2018）。此外，在公务人员的研究中，中央机关公务人员的环保行为，比地方公务人员要好。地方公务人员对于环境危机没有感觉，也没有责任感，这些因素与公务人员的年龄和资历相关（Fang et al.，2019）。这些研究所代表的含义，不是人类环境知识拥有

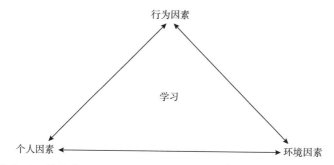

图 3 - 1 社会学习动机，又称为三元互惠决定论（Bandura，1977）

的多少，而是在学习到环境知识之后，遇到情境不同时，个人环境行为经不起考验，导致环境行为反而越来越不友善。因此，环境教育和其他教育一样，都属于生活教育的一环。如何教导学习者拥有环境素养，比教学习者记诵更重要。

因此，在教学模式方面，环境教育需要采用融入式的教学方式，并且从动机理论、觉知、知识、态度以及行动技能方面强化教学模式。此外，环境教育需要通过教学策略，以学生为教学中心，强调学生主动学习，强化其动机与生活之联结感，通过学生实际的环境行动经验，以建立教师和学生的交互决定关系（Bandura，1977）。意思是，学生成就教师在教学上的成就感。也就是说，以学生为主体的学习方法，教师需要采用分析学习行为的成因进行评量。运用学习行为、学生性格以及学习环境三者之间互为因果的关系，练习班杜拉所称的"社会认知论"。如果我们从学生成长的发展观点来看，学生获得知识及技巧的方法，需要通过学生自身的观察学习、自我控制以及调节个人行为及情绪来实现。所以，在学习动机理论当中，需要通过学生自身观察学习，引起仿效，进行被观察者的楷模仿效历程，通过观察学习的过程，学习到普遍亲环境行为的原则。当学习者学习而且习得（acquisition）之后，我们可以获得复杂环境友善行为的学习楷模。

当环境教育学习动机借由教育方法强化之后，我们开始了解环境素养中的环境觉知与敏感度、环境价值观与态度、环境行动技能、环境行动经验以及环境美学素养，以强化环境整体素养。

环境素养中相近名词

在环境素养中，我们经常可以看到相近的名词，包含了态度（attitude）、觉知（awareness）、关怀（concern）、意识（consciousness）、情绪（emotion）、感知（perception），以及情感（sentiments）等，以下是这些名词的介绍。

一　态度

态度是个人对于他人、事物或是情境的感觉或是产生行为意图的方式，也是一种思考或感受的既定方式。态度基本上包括心态（mindset）、观点（viewpoint）、信念（beliefs）、规范（norms）、情意面向（affective dimension），以及欲求面向（conative dimension）。我们在逻辑上假设认知和情感态度之间存在正相关。例如，以环境科学来说，如果人类认知酸性沉积（acid deposition）会破坏森林环境，但是人类自身对于森林遭受破坏并不关心，即使在课本中学到酸性沉积的知识，也并不会关心森林的命运。也就是说，环境知识不会形成环境态度，因为态度涉及情感（emotional）评价因素，即使是理性的认知，也不一定会导致积极的环境态度。在环境态度中，区分为积极态度（positive attitude）、否定态度（negative attitude），以及中立态度（neutral attitude）。

（一）积极态度

对于环境变迁，采取积极的态度有两种成分。一种思考环境的变化所带来的威胁，积极采取防御模式，以进行调适。另外一种积极的态度，强调心态的健康，不管自然环境有多么恶劣，都需要以正面的心态面对环境的挑战，以解决环境问题。

（二）否定态度

对于环境变迁，采取否定的态度有两种成分。一种是完全否定，采取鸵鸟心态面对气候变迁的环境议题。另外一种心态属于消极的态度。这两种都是我们应该避免的。对于环境变化，一般来说，人们会消极逃避，否定气候变迁所带来的挑战，他们无法摆脱困境，寻找不到可以解决问题的方法，也没有办法解决环境问题。

（三）中立态度

对于环境变化抱持中立态度，是另外一种常见的态度。毫无疑问，保持中立态度的人们，也不会怀抱任何的希望去解决环境问题。人类经常倾向忽视生活环境中的问题，并且保持着"船到桥头自然直"的苟且居安的心态。他们等待其他人解决他们所面临的环境问题。他们对于生活环境改善并不关心，毫不考虑复杂的生命现象，也没有丝毫感情关怀他人。他们心性慵懒，从不觉得有必要改变自己；因为他们认为，可以采用简单自我的生活方式过活。

二　觉知

觉知是一种意识，也是对于周遭事物的感知、感觉，或是意识到事件、物体，或是以感官模式可以察觉的状态或能力。在这种意识水平中，感知经验通过观察者确认，而不必加以暗示理解。更广泛地说，觉知是了解某件事物的状态或质量（state or quality）。环境觉知（environmental awareness）通常用于公共环境知识，或针对环境社会或政治问题的理解程度。环境觉知是环保运动中，市民大众是否愿意投入参与环境运动，或是是否同意共同倡导环境保护的同义词。

三　关怀

关怀又翻译为关切，涉及社会大众关心环境保护的成果，或是关心影响或涉及环境公共事务的利益。环境关怀（environmental concern）在于引起社会大众对于环境的关注程度。因此，环境关怀系为针对人类意识到环境问题，并且愿意支持解决这些问题的程度，或者是指人类为了解决这些问题而愿意做出个人努力的程度。

四　意识

意识是人类觉察自身存在的一种状态，这种状态可以延伸到察觉人类知觉中，识别外部对象，或是体察自身思维的潜在直觉（underlying intuition）。意识拥有感知（sentience）、主观性（subjectivity），以及体验或感觉能力（the ability to experience or to feel）的特征。因此，环境意识是指人类身处环境之中，身体系由心灵产生的执行控制系统，所产生的自我拥有身躯等存在于大自然之中的感觉。

五　情绪

情绪是指人类对于生理和心理主观产生认知经验的精神状态，系由与思想、情感、行为反应，以及一定程度的愉悦或不悦等相关的身体和心理状况所产生。情绪是一种多重感觉，和心情（mood）、气质（temperament）、性格（personality）、性情（disposition），以及动机（motivation）交错，产生的一种心理和生理状态。情绪包含喜、怒、哀、惊、恐、爱、嫉妒、惭愧、羞耻、自豪等。以上的情绪表现涉及外界的情绪刺激（emotional stimuli），由人类认知过程所产生主观过程中具有意识的体验，其中涉及生理、文化以及情境（contexts）因素，借由身体动作表达情绪的反应。

六　感知

感知又称为识觉、知觉，系由环境刺激于感官时，大脑对外界环境的整体讯息的看法和解释，这些解释不仅是通过外界讯号的接收之后，大脑产生的知觉，而且还受到接收者的学习、记忆、期望以及注意力的影响，所产生的构建信息。感知和感动（sensation）的定义不同，感知反映的是由对象的属性及关系构成的整体感，而感动用于有意识的主观情绪体验。对于物理世界的感知，并不一定导致接收者之间的普遍反应［见情绪（emotion）］，但是取决于一个人处理情况的倾向（tendency）。处理情况如何，和接收者过去的经历有关。感觉（feelings）也被称为意识状态（state of consciousness），例如由情绪、情感，或是欲望（desires）引起的状态。

七　情感

情感是一种情绪和感觉的综合表征。情感分析（sentiment analysis）用于生物识别技术来系统地研究情感状态和主观信息。情感分析广泛应用于顾客评论、问卷调查、社交媒体等语调等文本分析。

第三节　环境觉知与环境敏感度

环境教育的课程目标，在于提升环境觉知与环境敏感度，那么，什么是环境觉知与环境敏感度呢？所谓环境觉知与环境敏感度，是经由感官觉知能力的训练，例如强化观察、分类、排序、空间关系、测量、推论、预测、分析与诠释，培养学生对各种环境破坏及污染的觉知，以及对自然环境与人为环境美的欣赏与敏感程度。本节我们说明环境觉知与环境敏感度的内涵。

一 环境觉知（Environmental awareness）

所谓的环境觉知，是指个人通过对于整体环境及环境问题的认识，了解我们环境的脆弱性（fragility），以及保护环境的重要性。那么，为什么要关心环境觉知？这和我们关心的生活环境又有什么联系？对于经常接触大自然的人们来说，环境联结（environmental connection）像是轻松地在树林里散步，或是在校园中嬉戏一样地容易。但是对于从小居住在城市中的人们来说，找到生活在大自然的机会可能并不容易。如果我们从小没有接触过大自然，没有与自然界取得沟通和联系，产生自然界的感知，可能相当困难。

在环境教育史中，环境觉知在20世纪下半叶开始为世人所重视。环境教育学者认为强化户外游戏，对幼儿健康发展很重要。人类因为对于植物、动物，或是昆虫的兴趣，因为幼儿的高度好奇心而加强了环境的认识。幼儿倾向于在自然中寻找昆虫，在自然界成长，发展神经网络的可塑性，强化他们的环境保护意识。在户外玩耍的孩子，在自然界中感觉更加地舒服，因为他们不认为自己与大自然是隔离的，同时孩子的环境行为表现更好（Fang et al.，2017b）。

随着幼儿年龄的增长，人类形成了对于全世界运作方式的具体认识，开始形成了一种"心态"（mindset）。我们从幼年的感觉化，变得更加理性化，并且发展我们对于这个世界的种种定义，从而产生和限制了我们的固定观念。我们有意识决定什么是真实的，我们的注意力也有意选择环境讯号，并且过滤掉我们不关心的部分。环境觉知的产生，是因为我们意识到环境中的种种信息。

对于生活环境的认识，仰赖人类的经验。实际上，当人类靠近环境时，感觉与周围的生物有关。当人类能够感受自然界和自己的生活交织在一起的时候，我们可以说人类产生环境觉知，是为了寻找正确的亲和感（right affinities）。也许这一种和自然界联系的亲和感，强化了大脑感知中的神经网络系统。人类希望了解大自然，获得更多的安全感，也需要和环境沟通，以培养环境保护意识。

当人类居住在环境之中，对于周遭生活产生满意感觉，会更加关心环境。也许是关心家庭植物，或是关心饲养的宠物；或是为了生活空间，创造了屋顶庭园。我们为生活中的一些植物腾出空间，用于种植可食地景，增加生活情趣，或是只是观察植物的生长，获得简单的快乐。我们可能会种植或购买新鲜的香草植物当作意大利食物的佐料。我们在中学的时候，会到户外露营和远足，或是和家人在近郊散步，体验农村的生活。

从经验上，生活决定了自然中的陶冶成分；然而从理智上来说，学校的课程学习地球科学、物理学、生物学、地理学，以及景观庭园和自然资源保护的书籍。这些都是对于环境经验的理论说明，最后我们凭借更多的生活经验，依据环境行动，采取补救措施来实践可持续农业，修复社区的生态系统，并且思考如何保护脆弱的生态环境。上述的作为，是为了要弥平斯诺（Charles Percy Snow，1905～1980）对于自然科学和社会科学之间产生鸿沟的不满（Snow，1959，2001）。他谈到两种文化，提到科学家与文化知识分子（literary intellectuals）之间的鸿沟，为此感到悲痛。

1959年，斯诺发表了一篇名为《两种文化》（"The Two Cultures"）的演讲，引发了广泛而激烈的辩论。接着他以《两种文化》（"The Two Cultures"）和《科学革命》（"Scientific Revolution"），探讨现代社会中的两种文化——科学与人文（the sciences and the humanities）之间的沟通产生崩溃，系为世界发生问题的主要障碍。特别是，斯诺认为全球的教育质量正在下降。他写道："我出席很多次聚会，按照传统文化的标准，参会的人被认为受过高等教育，并且有相当的热情表达他们对科学文盲（illiteracy of scientists）的怀疑。有一两次我受到挑衅，我问过他们，请问公司有多少人可以描述热力学第二定律（Second Law of Thermodynamics）。回应很冷，也是消极的。""然而，我在问一些与科学相当的东西：你读过莎士比亚的作品吗？""我现在相信，如果我问过一个更简单的问题，比如说，你的意思是借由质量（mass），还是加速度（acceleration），这与科学中等同（scientific equivalent）地说，你能读懂吗？不超过1/10受过高等教育的人，会觉得我说的是同一种语言。"斯诺嘲讽政界的领导人物："当现代物理学的大厦不断增高时，西方世界中大部分最聪明的人对物理学的洞察，也正如他们新石器时代的祖先一样"。

自 1959 年开炮以来，斯诺的讲座尤其谴责英国的教育体系，因为维多利亚时代以牺牲科学教育为代价，过度奖励人文学科（特别是拉丁语和希腊语）。他认为，在实践中，这些被剥夺权利的英国精英（尤其是政治、行政，以及工业界）为管理现代科学世界进行了充分的准备。斯诺认为，相较之下德国和美国的学校，都试图在推动自然科学和人文学科中，以平等的方式，为公民社会的思考方式进行准备，更棒的科学教学方法，使这些国家的统治者能够在科学时代更有效地进行竞争。后来斯诺对于"两种文化"的讨论倾向于关注英国学校教育和社会阶层系统，以此了解国家竞争系统之间的差异。

如果斯诺当初担心的为物理基本学科的理解，那么现代政治人物对于全球气候变迁的理解，例如美国总统特朗普（Donald Trump，1946～　）认知偏误（cognitive bias）的言论，可能就像现代版的"两种文化"中科学与人文（the sciences and the humanities）之间的沟通，产生崩溃的现象。美国第 45 任总统特朗普曾经在 2019 年 7 月 10 日推进美国肾脏健康（Advancing American Kidney Health）活动上，再度语出惊人。他说"肾脏在心脏中有一个很特别的位置"，让所有在场的学者和白宫幕僚差一点崩溃。这是美国健康科学教育，同时也是环境教育的彻底失败。我们以特朗普这位美国前总统为例，说明环境的认知偏误。

个案分析

环境认知偏误

第 45 任美国总统特朗普相信美国拥有"清洁的气候"（clean climate），他在 2019 年 6 月 5 日联合国世界环境日，告诉早安英国（ITV's Good Morning Britain）的记者摩根（Piers Morgan），说他曾经在和查尔斯王子 90 分钟的谈话中，向查尔斯王子炫耀说"美国现在处于最干净的气候，拥有最好与最干净的水"。在同一个月的 29 日，欧陆的法国有如地狱，法国南部加尔省小镇加拉尔盖莱蒙蒂厄（Gallargues‐le‐Montueux）气温曾经高达 45.9℃，突破历史高温纪录。特朗普在为美国环境修改清洁卫生法案（A Clean Bill of Health）时，可能忽略了美国恣意浪费能源造成南部法国高温的共业效应。这也是一种蝴蝶效应（butterfly effect）。在动态气候系统中，即使刚开始只有微小变化，也将带动整体气候系统长期的连锁反应现象。以下我们谈论特朗普忽略的美国和全球环境中重要的细节。

一 温室气体排放

美国是世界上第二大温室气体排放国，在十多年前被中国超越。然而，依据人均计算，美国却远远超过中国，尽管仍然低于人口稀少且生产化石燃料产业的中东国家。虽然美国碳排放量一直在下降——部分原因是因为由煤炭发电转向由天然气发电，但是气候追踪报告（Climate Tracker）估计美国将无法达到其第 44 任总统奥巴马（Barack Obama，1961～   ）设定的碳减排目标——到 2025 年将排放量减少 26% 至 2005 年的水平。

二 水力压裂（Fracking）

由于水力压裂技术，美国现在是世界上最大的天然气生产国之一，现在大约一半的石油生产采用高压水力压裂技术，以掺入化学物质的水（压裂液）灌入页岩层，进行液压碎裂释放出微小的化石泡沫，以释放天然气。这种方法产生的污染物，包括了重金属、化学物质以及不明的颗粒物。在进行水力压裂工程的时候，释出了甲烷，也是气候产生暖化的重要原因。一旦经过气体释出之后，这些有毒物质将影响人类的生存。影响人类大脑的问题，将从人类的记忆力、学习力，以及孕妇生产畸形胎儿的智商缺陷到行为问题不一而足。

三 化石燃料勘探

因为美国现有的常态石油储备，以及通过水力压裂，扩大石油和天然气的产出，美国化石燃料行业正在寻求新的能源来源，那就是探勘阿拉斯加荒野的石油。在阿拉斯加野生动物保护区进行钻探，是特朗普政府的一项关键政策。

四 燃油效率标准

特朗普政府已经放宽了对于汽车和货车燃油效率的规定。这些措施已经不如许多其他国家那么严格。反对者担心这将增加温室气体排放和空气污染。

五 国际合作

特朗普总统退出 2015 年巴黎气候协议，直到下次总统大选之后，才能合法生效。然而，考虑撤出协议，已经可以看到这种严重的影响。

六 气候否认（Climate denial）

根据 You Gov 与卫报合作进行的民意调查，特朗普声称气候变化是一项"中国的恶作剧"（Chinese hoax）。美国民众对于气候变迁的接受率最低可能就不足为奇了。尽管如此，将近 60% 的美国民众仍然同意应对气候变化的科学，并且支持采取行动，以避免最严重的后果。

七 水

尽管特朗普向摩根（Piers Morgan）宣称"我们想要最好的水，最干净的水。水是晶莹剔透的，但必须清澈透明"，但是他一直试图推翻美国《清洁水法》（Clean Water Act）的规定。例如他宣布计划取消或削弱联邦法规，这些法规都是在保护数百万英亩的湿地和数千英里的河流免受杀虫剂流失和其他污染物的影响。

八 空气

根据减少发电厂温室气体排放的奥巴马时代的措施，特朗普政府威胁要增加空气污染，他反对美国环境保护署的计划，这和中国及印度形成鲜明对比。亚洲国家正试图通过对发电厂和其他行业可以生产的产品进行更严格的限制来清除空气污染。

从以上个案分析，我们只有了解环境相关问题，才能促进对于环境的敏感度，培养正确的环境伦理和价值观。环境觉知是环境教育的根本，让学生具有环境觉知的教学能力，内容包括以下方面。

（1）感官觉知能力的训练（观察、分类、排序、空间关系、测量、推论、预测、分析与诠释）。

（2）自然环境与人为美的欣赏与敏感度。

（3）各种环境破坏及污染的觉知。

（4）觉知环境的变迁（包含了自然环境与人文社会环境）。

（5）觉知人类行为对自然与人文社会环境造成的冲击。

（6）觉知人类与环境、自然资源与社会文化都息息相关。

（7）觉知人类应负起的相关环境责任。

（8）觉知人类社会的正常运行是来自自然资源的供给。

二　环境敏感度（Environmental sensitivity）

环境敏感度是人类或其他生物对于环境产生同理性感受程度。所谓敏感（sensitivity），系指人类身体或是心灵接触到环境容易产生生理和心理感知的一种反应。在环境敏感度的量测当中，如果是从生态和社会环境中感知，进行刺激感受的处理方式，称为"感觉程序敏感度"（Sensory-Processing Sensitivity，SPS）。"感觉程序敏感度"很强的人，因为感知信息传递到大脑处理时发生的情况，容易对于环境微妙的刺激特别敏感，产生过度刺激的状态，容易暂停检查环境的变化，并且在经历环境变化之后，修改对于环境的认知。所以人类处于环境敏感状态的时候，会因为环境敏感因素，产生过度反应的状态。

（一）定向敏感度（Orienting sensitivity）

定向敏感度也称为"认知敏感性"（cognitive sensitivity）。定向敏感度包括感知和思想周围环境的变化，灵敏者能够意识到来自周围环境的刺激，例如说，较低强度（low intensity）的环境变化，或是察觉他人的情绪刺激（emotional stimuli），或者是由于自身的联想，产生与周围环境无关的自发性想法（spontaneous idea）。这些关系都是来自感觉和意识。相对于不敏感的人来说，定向敏感度较强的人，可以感知细微的环境因子，并且触发联想及反应。

（二）化学敏感度（Chemical sensitivity）

化学敏感度包括多种化学敏感性。当人类对于日常环境中的物质或现象敏感，其可以接受的水平远低于一般人可以接受的水平时，就会发生环境敏感性。这些化学元素包含了食品、油漆、宠物、植物、燃料、霉菌、杀虫剂、洗涤剂、化石产品、电磁辐射、香烟烟雾、香味产品以及清洁产品，它们都可以引发过敏反应。

（三）美学敏感度（Aesthetic sensitivity）

美学敏感度又称为"审美敏感性"，是人类针对外在环境产生的情感反应或是整体印象的模式，用于判断美感品味。美学概念的重要性，很难进行讨论；因为美学敏感度是一种非语言性的表露，只可意会，不可言传。因此，人类对于美感品味，会有不同的观点。此外，人类艺术品位系为天生倾向，甚至形诸个人欣赏艺术建筑、景观，或是作品中的价值，这些价值难以用价格进行评估。

从以上定向敏感度、化学敏感度以及美学敏感度来看，环境敏感度强调个人对于情感的归属感，以及对于环境的关怀和尊重。当人类对于地方环境拥有情感关注，就会针对当地产生关心的感觉。也就是说，因为环境产生了不良的影响，例如说环境污染、灾害及人为开发对于生物栖息环境产生破坏，影响了物种生活和繁衍，人类将会自发性产生环境友善行为。科罗拉多大学环境心理学荣誉教授刹拉（Louise Chawla，1949～　）认为，环境敏感度和环境觉知，都是人类采取负责任的环境行动的原因（Chawla，1998）。当人类拥有环境敏感意识，人类社会对于环境保障要求更高，希望政府针对环境问题，采取更多的补救措施。因此，提高人类环境觉知和敏感度，系为人类妥善参与环境管理（environmental steward）和创造更美好未来的途径。通过环境教育唤起人类尊重大自然的责任和义务，了解生态环境的脆弱性，人类开始解决环境受到威胁的问题。同时通过讨论和沟通，让更多的人对于环境产生共识，同时也为未来灌输希望，以鼓舞人心（请见图3-2）。

第四节　环境价值观与环境态度

在环境素养中，环境价值观和环境议题的决策态度，也是构成环境态度的重要的一环。在环境哲学的领域，价值（value）是一种伦理观

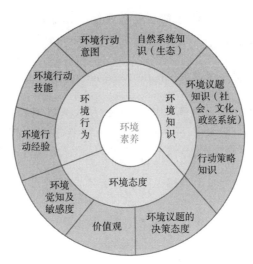

图 3-2 在环境行为量表研究中，也需要考虑到环境知识和环境态度的量表，统称为环境素养（environmental literacy）研究（Hungerford and Volk，1990；Liu et al.，2015；梁世武等，2013）

念，是由社会群体共享的观念、制度、法律以及符号形成的信念。如果我们谈到环境价值观（environmental value），那是一种对于在人类意识之下的心灵状态，针对环境这一自然生态和人类文化交织之下的产物，所形成个人和社会中衡量判断环境与行为的标准。

一　环境价值观

环境价值观是人类对于环境的存在的价值判断标准。环境价值在西方哲学中被赋予了环境伦理的内在价值争论，以及环境道德的判断；因为，环境伦理学不是要探索内在价值（intrinsic values）的有效性，而是需要观察我们拥有的所有价值观，这种价值观衍生出价值生态学（ecology of values）的领域。到了近代，人类文明汇集了哲学、经济学、政治学、社会学、地理学、人类学、生态学以及其他学科的贡献，这些学科涉及人类和其他物种的过去、现在，以及对于未来环境的责任感。在这个过程中，环境价值观的澄清，实际上通过基本学科的验证，处理环境转换为货币（currency），以及公共问责（public accountability）基本原则之间的关系。因此，环境价值观随着社会经济的发展，建立了新的"人与地的关系"。

耶鲁大学社会生态学名誉教授柯勒（Stephen R. Kellert），在其著作《生命的价值》（*The Value of Life*：*Biological Diversity and Human Society*）一书中，从社会生态学的角度切入，探索生物多样性对人类社会的实际重要性。他将自然界及野生动植物对人类重要的价值，分为十种基本类型，用以评量人类对于生态环境普遍所持的态度（Kellert，1996）。柯勒认为，人类不是自然界存在的唯一生物，判别自然不能仅仅以人类的需要为基准，同时应当考虑自然界发展的规律，这些规律不一定以人类发展为依归，但是这些规律对于生态环境系统的稳定生存和发展，有着极关紧要的关系。然而，人类决策依据经济或社会环境的考量，产生了许多严重的环境影响，例如大量通勤人口产生的空气污染，城市建筑环境的恶化，以及环境不公平的问题。有鉴于此，柯勒发展了十种基本生命价值观，他将这些价值观描述为基于生物学（biologically based）的价值观，采用人类固有价值倾向（inherent human tendencies），并且依据人类文化、学习和经验的影响进行调整。柯勒运用 20 年的原创研究，阐述了以下问题：人类如何通过性别、年龄、种族、职业，以及所在不同的地理位置中，评估这些价值观中的自然差异；在生态环境中的人类活动，如何影响物种之间的价值观的变化，如何展现不同文化政策在生态管理中的意义。柯勒主张生物多样性的保护，和人类福祉有着根本密切的联系。他阐明了生物多样性对于人类社会文化和生态心理学的重要性，举其十大主张如下。

（一）审美的价值（Aesthetic value）

自然具有审美价值，因为自然之美无所不在，如朝晖夕阴、山峦峰月、林木蓊郁、湖光山色、秋水长天、波涛汹涌、呦呦鹿鸣、落霞孤鹜，都是大自然丰富奥妙的美学经验。从环境美学中遥望山川大地，经过审美观照，望见自然中的一景一物，强烈感受大自然的美感，领略大自然强烈的悸动，产生喜悦和敬畏之心。

（二）支配的价值（Dominionistic value）

人类自古以来就希望支配大自然。人类运用自然，掌握和控制动物的物种多样性，出自自然营生的价值观。人类希望"人定胜天"，拥有自然界的主宰权利，系由《圣经》赋予人类的主控权，例如《圣经·创世纪》中曾说："我们要照着我们的形象，按着我们的样式造人；使他们管理海里的鱼、空中的鸟、地上的牲畜，以及全地，和地上所有爬行的生物。"其中的"管理"（Dominion）一词存在争议，很多圣经学者认为《圣经》真意，是要人类照顾地球及其上众生，认为上帝拥有所谓人类对众生的照顾义务。因此，因为支配产生照顾的种种挑战，使人类在面对生物多样性日益减少的现代社会，需要跳脱以"人定胜天"的人造方法支配和管理大自然的狭隘价值观。

（三）生态科学的价值（Ecologistic – scientific value）

科学与生态学的观点都是以自然界的生态结构、功能以及时间序列为主的观察，生态科学在更大的整体环境中，揭示人类和物种的位置。生态基础价值系为物种之间相互依存的关系。如果我们以更周全的态度来观察大自然，考虑物种之间的关系，那么，我们将能够超越科学观点的认知，从人类的观点，进步到生态的观点，重视有机体和生态体系的群体和谐发展。

（四）人性的价值（Humanistic value）

价值观取决于我们生活的文化和经验。人类文化保存了人性的价值观，包含了公平与正义，同情与慈善，义务与权利，以及保护物种生存和人类福祉等价值。人类因为相处产生感情、同理心，以及相互依偎、相知相惜之感应。在进行环境价值观的选择之时，我们会更多地考虑经济或社会环境之舒适度和便利性，这也是人性的一环。

（五）道德的价值（Moralistic value）

价值系以行为为基础的道德规范。人类与自然界产生精神联系，实际上是和伦理责任有关，也就是宗教、哲学、艺术所说的道德情操。道德的价值观彰显了群体中的忠诚感和隶属感。但是人类面临环境伦理的时候，通常不愿意采取代价昂贵的行动，而是采取便利、快捷、省事以及自私的行动。即使环境保护是良善的事业，但是面临许多对于个人有利的事业在抢夺私人的时间、精力和资源，让自私的人类仍无法面对环境进行有效的贡献。因此，保护生态的行动因为有坚定的道德主张为后盾，需要牺牲人类的便利，而产生积极性的意义。这种新的道德行为理论说明了如果个人因为依照自己的利益行事，而让环境变得更糟，个人也不会因此得到利益时，更需要鼓励大家付诸道德良知，倡导利他主义，进一步选择采取有效的行动。

（六）自然主义的价值（Naturalistic value）

价值来自估值（valuing），而价值为我们是否关心大自然的态度。人类对于大自然的尊重来自关心大自然。自然主义的价值观，即是将人类对于大自然感情加诸动植物上。因此，在欣赏大自然的时候，人类因为直接接触大自然而享有视觉、听觉、嗅觉、味觉以及触觉五种感官的感知满足。

（七）否定论的价值（Negativistic value）

自然界引发人类开发者的厌恶、恐惧、憎恨等负面情绪。一方面，经济和社会条件发展，可能导致大量人类忽视自然，并且损害其环境价值。另一方面，缺乏对环境影响的了解，否定自然的价值，导致环境产生累积负面问题，进而产生破坏环境的行为。

（八）精神的价值（Spiritual value）

大自然的精神价值，系为人类体验到与自然的精神联系之处。庄子的《齐物论》点出一种"自得其乐"的观念，也是"齐物"的境界，人与万物没有差等、贵贱。他以大自然的精神力量，说明了"天地与我并生，而万物与我为一"的物我两忘的精神阶段。人类关系的基本结构，最终系以人类进化过程中对自然界的适应为最终目标。从大自然的主观意识之中，建立我与世界相通的一体的精神领域，正是因为对于一切生态的认知、判断以及评价的根本，都是以自然与灵性精神信仰为基础。

（九）象征的价值（Symbolic value）

自然界中的符号的象征意涵，衍生出体验中的隐喻符号。也许我们采用这种简单的符号，经常认为是理所当然。但是自然界中的象征意义相当微妙。我们可以从隐藏在自然界中的符号，找到更为深层的意义。但是我们必须花时间找寻，并且承诺接受大自然的象征信息。当我们借用自然界的万物，表达思想和情感之时，也就是我们在内心中，将自然当作象征意义的转化和升华。

（十）实用主义的价值（Utilitarian value）

人类从生物界取得有形的实质利益，这些价值观的基础似乎是人类的生物实用的本质。这些价值观受到人类学习和经验的影响，如果不是通过与自然的联系而发展，则可能会损害人类可持续发展目标。因此，人类应当承认并尊重环境的这种自然实用价值，并且转变一些不利于环境的传统价值观念，例如认为环境资源是"取之不尽，用之不竭"的错误观念。

对以上十大价值的总结请见表 3 - 1。

表 3 - 1　柯勒（Stephen R. Kellert）《生命的价值》中的十大生态价值

类别	英语原意	定义
审美的价值	Aesthetic value	欣赏自然魅力和自然美感
支配的价值	Dominionistic value	主导（mastery）、物理控制（physical control）、自然支配（dominance of nature）
生态科学的价值	Ecologistic - scientific value	欣赏自然界中结构、功能和关系
人性的价值	Humanistic value	对自然界的强烈情感依附和爱恋
道德的价值	Moralistic value	以土地伦理原则关怀自然
自然主义的价值	Naturalistic value	享受沉浸在大自然之中
否定论的价值	Negativistic value	恐惧、厌恶（aversion）以及自然的异化（alienation）
精神的价值	Spiritual value	超越的情怀；对自然的崇敬
象征的价值	Symbolic value	依据人类语言和思想，对自然的象征启示
实用主义的价值	Utilitarian value	从实际利用和对自然的物质运用之中获得利益

Kellert, 1996。

二　环境态度（Environmental Attitudes，EA）

环境态度被定义为一种心理倾向，表现出来的是一种对自然环境一定程度的偏好，或是一种不满的评价反应。环境态度是一种人类潜在的构念，因此，我们无法直接观察。我们只能从人类的反应中，推断环境态度的好坏。针对环境态度的调查，我们还可以使用直接自我报告方法（self - report methods）进行量测，或是用隐藏式测量技术，例如观察法进行测量。

（一）环境态度量表（Environmental Attitude Scales）

目前有许多测量的量表，可用于测量环境态度。较为广泛使用的如：生态量表（Maloney and Ward，1973；Maloney et al.，1975）、环境关怀量表（Weigel and Weigel，1978），以及新环境范式量表（Dunlap and Van Liere，1978；Dunlap et al.，2000）。

环境态度常被认为和环境关怀是一样的。本节采用环境态度，系因环境关怀被视为更为广泛的心理层面。本书在第五章中将探讨新环境范式量表，环境态度是借由关心或不关心等一阶成分（one - order constituent）来测量的。此外，环境态度采取多元成分的观念，在许多研究中被采用。在本单元中，我们先介绍如表 3 - 2 所示的二极量表。

表 3 - 2　"主流范式"和"环境范式"二极量表

	主流范式	环境范式
核心价值	物质（经济增长）	非物质（自我实现）
	自然资源的实质价值	自然环境的内在价值
	控制自然	与自然和谐
经济	市场力量	公共利益
	风险与报酬	安全
	成就报酬	需求收入
	阶级差异	平等主义
	个人自助型	团体/社会准备型
政治	权威式结构（专家影响力）	参与式结构（包含市民与劳工）
	等级制度的	非等级制度的
	法律与秩序	自由解放

续表

	主流范式	环境范式
社会	中央集权 大规模 组织的 秩序化的	去中央集权 小规模 公共的 灵活的
自然	丰富的储藏 与自然敌对/中立 可控制的环境	地球的资源有限 亲近自然 脆弱的自然平衡
知识	科学与科技的信赖 方法的合理性（Rationality of mean） 分离：事实/价值、想法/感觉	科学的限制 目标的合理性（Rationality of ends） 综合：事实/价值、想法/感觉

Bipolar Scale，Cotgrove，1982。

1982 年，卡特葛罗提出环境态度的等级结构由两个二阶因子组成的二极量表（Bipolar Scale）构成（Cotgrove，1982），包含"主流社会范式"（Dominant Social Paradigm，DSP）和"新环境范式"（New Environmental Paradigm，NEP）。主流社会范式系由"人类特殊主义范式"（Human Exceptionalism Paradigm，HEP）所衍生，是指自工业革命以来，在科技与经济迅速发展时，人类对自然环境和社会环境所持有的共同的价值、信念与知识所组合而成的一种态度（张子超，1995；2013）。这一范式，强调物质和经济增长，主张控制自然，强调人类对自然资源的控制以促进经济发展。社会学学者唐拉普（Riley Dunlap）认知到了"人类特殊主义范式"的限制，提出新环境范式，认为环境典范之中，需要考虑与自然和谐的非物质自我实现。在此，卡特葛罗简化了"主流社会范式"和"新环境范式"，成为"主流范式"和"环境范式"，形成了二极量表。

有关"主流社会范式"和"新环境范式"，本书第五章有详细的介绍。

（二）环境态度的二元对立

从以上的量表来看，环境态度的维度有很多。卡特葛罗提出环境态度的等级结构，由两个二阶因子组成的二极量表构成（Bipolar Scale，Cotgrove，1982）。后来，怀思门和波格纳提出环境态度的等级结构，由两个二阶因子组成：保护（preservation）和利用（utilization）（Wiseman and Bogner，2003）。此外，他们又采用关怀（concern）和冷漠（apathy）这两种二阶因子进行对立假设。保护系以生物为中心的面向，反映了对环境的保护。具有这种环境态度的个人，优先考虑在其原始状态下保护自然。这些人经常热衷于保护自然免受任何人类滥用或改变。利用是一种人类中心主义的面向，反映了自然资源的利用。具有这种环境保护态度的个人认为，人类使用和改造自然资源，是正确和适当的抉择。

威斯康星大学环境社会学荣誉教授赫伯莱（Thomas Heberlein，1945~　）认为，价值观和态度，是针对某一事物的向往程度、重要性评估，或是正确与否的看法。因此，解决环境问题，需要科学地了解社会大众的态度，尤其是要了解他们的态度是站在天秤的哪一端。在2012年出版的《环境态度领航》（Navigating Environmental Attitudes）一书中，赫伯莱试图解释人类的态度，人类如何改变态度，并且影响行为（Heberlein，2012）。赫伯莱在该书中说："解决环境问题，需要的是科学的知识与客观的态度""态度是什么？它既没有质量，也不能用金钱来买卖，更不能用任何事物来给予衡量"。他认为推动环境保护，不是试图改变社会大众的态度，而是需要设计解决方案来强化环保政策。

赫伯莱通过追踪著名环保主义者李奥波德（Aldo Leopold，1887~1948）的态度，来阐述这些观点。故事是这样的，李奥波德在其经典著作《沙郡年纪》（A Sand County Almanac）（Leopold，1949）中提到一位环保人士的故事，他从使用猎枪猎狼，到保护狼群的过程，中间经过相当漫长的岁月。他从对狼群的认知改变，进而影响到保护狼的态度，直到最后态度转变之后，进而改变保护行为。虽然李奥波德改变对野性狼群的看法，因而转变态度去保护狼群；但是在州政府最后的法案决议中，他却没有选择废除猎狼的法案。对于狼群的刻板印象，从整个故事可以发现，他认为人类态度对照于人类行为，就像湍急河流中的岩石一样，态度通常就像位于水平面之下的礁石。我们很难观察到人类的态度，甚至"江山易改，本性难移"，我们更难移动或是改变人类的态度。

过去社会心理学家与环境经济学家争论，环境态度是否和保护行为有关（李永展，1991）。然而，影响态度的因素很多，包括社会观、宗教观、社会规范、媒体传播、生长环境，以及自身产生的刻板印象等，加上环境态度又是个无法具体化呈现的心理因素，种种错综复杂的纠结情境因素，让我们不得不去思考，人类态度的存在内涵到底是什么。

因此，我们需要将理论和实务结合起来，理解为什么在解决环境问题时，了解态度非常重要。通过自然与社会科学的实践，我们可以从错误的假设中觉醒，努力促进有效的环境保护行动。

耶鲁大学社会生态学名誉教授柯勒，在其著作《生命的价值》一书中，同时探讨西方国家人民对待环境态度的二元论。柯勒描述的人文主义和道德价值观类型，涉及与自然的联系和利他主义（Altruism）。柯勒认为宗教成为西方国家人民在日常生活中，形成环境态度的基础（Kellert，1996）。《圣经》将人类视为至高无上的创造，基督教的教义是以上帝的形象创造人类的宗教，形塑了环境伦理。这一种环境伦理将自然，甚至所有创造物，都看作人与环境之间的不同，而不是将人类看作自然的一部分。另外，世界上其他古代宗教和传统习俗，将自然视为我们的守护者，将人类视为自然的一部分。这些古老的宗教主要是讲述生活的哲学，也就是生命和生活在地球上的智慧，这些原则源于将人类视为自然的一部分。古老宗教赋予人类自然权利，但是也规定了人类对于自然的义务，甚至是环境的价值观和态度。因此，在西方世界观中被认为是泛神论的印度教和美国本土的萨满宗教，赋予了自然界神圣的品质，将自然界的每一个元素均定义为"神"。

柯勒认为，犹太－基督教和其他以人类为中心的宗教相信一个单一的、全能的上帝，他以他的形象造人，并给予人统治地球的恩典。然而，"二元论"（Dualism）的对立架构，是指人类和自然的解离，也就是人类不属于自然的一环，是超越自然之外的存在；这一种二元论认为世界由两种力量统治：善与恶。善是精神，是灵魂；而恶是物质，是肉体。这两种力量对抗着，共同支配世界。这一思想由琐罗亚斯德（Zoroaster，? ～583 BC）所创，属于西方理论定义下的二元论，对于后世犹太教、基督教以及伊斯兰教影响深远。在基督教中，人类的灵与肉体的感受高度结合，其中人的"魂"附属于"灵"，通过魂对于灵的影响，将肉体的感受，反映在"灵"的改变。

柯勒批判了善恶对立的二元论，他认为分裂主义和还原论，都是因为长久以来的二元对立产生的问题，例如，理性（rational）与情感

（emotional）的对立，存在（presence）与缺少（absence）的对立，男性与女性的对立，这些对立原则都受到严重的质疑。二元论长期以来对男性/女性、文明/野蛮、白种人/有色人种的二分思维方式，为西方文明的霸权主义提供了借口，成为西方文明一个群体统治另一个群体的方便结构。虽然《生命的价值》一书的主题是环境，但是如果我们探讨人类与自然界属于对立的二元架构，尤其是和社会达尔文主义结合，"优胜劣汰、适者生存"，则二元论一直是其他类型统治背后的基础，将化约成不公平的统治结构，例如男性/女性、文明/野蛮、白种人/有色人种、入侵者/原住民、教徒/异教徒、有钱人/穷人等二元论之支配群体的划分。

西方二元论具备对于他者（others）刻板印象（stereotype）的特征，并用于证明排除"异教徒"的合理性。历史学家怀特（Lynn T. White Jr.，1907～1987）认为，人类的生态危机的历史根源，归因于滥用这种人类统治所产生的对自然的现代剥削。他认为信仰也产生了二元论，即人类与自然的分离（White，1967）。这种二元论，导致偏差的态度和价值判断，甚至由于心理上的刻板印象，排斥其他群体为"原始"、"落伍"、"不文明"对应"现代"、"先进"、"文明"等歧误性的二元观。

◉ 个案分析

东方二元论的探讨

在中国，传统思想中二元对立并不明显。道教认为存在阴阳二元，但并不是绝对的对立关系。老子（约 571/601 BC～471 BC）《道德经》第四十二章："道生一，一生二，二生三，三生万物"，老子又说："万物负阴而抱阳，冲气以为和"。传统东方思想，阴和阳代表的事物和精神互相转化调和，生出万有。

佛教反对二元论，称之为"一边论"，倡导中道。释迦牟尼佛（Gautama Sakyamuni Buddha，约 563/480～483/400 BC）在佛教当中更进一步否定了二元论，认为万物"非一非二"，是众生各自所缘所受，生出感官，都是相对的概念，人类不过是执着其所有，万事万物并没有真正的对立，并以盲人摸象比喻来说明人类执着于世间诸象的偏执。《般若波罗蜜多心经》中，释迦牟尼佛告诉舍利子"色不异空，空不异色，色即是空，空即是色"，否定了二元论。《华严经》说"破一微尘，出大千经卷"。佛教对于自己的身体以及世界，都可以放下。不再追求享受，随缘而不攀缘，顺境不起高兴，逆境不起痛苦，一切均可放下。印度教吠檀多学派（Vedanta）在《奥义书》（Upanisad）和《薄伽梵歌》（Bhagavad Gita）中，认为"梵"（Brahman）是无限、无所不在、永恒不灭的精神实体，不可用言语来表达，超越人类感觉经验的永恒存在。印度教有二元论、不二论、胜二元论的不同学说，但也不是西方的二元论。

这些东方学说，不容易理解，也不容易界定科学的对立假说，玄而又玄，也不容易用言语解说。如果古人将真理说得玄而又玄，例如元朝耶律楚材（1190～1244）《琴道喻五十韵以勉忘忧进道》说："知是圣人道，安得形言诠！"则是对于言语和文字的一种歧视。又如《花月痕》第十五回："采秋说道：人之相知，贵相知心，落了言诠，已非上乘。"宋朝的严羽在《沧浪诗话·诗辨》中也说："不涉理路，不落言荃者，上也。"

"历来禅宗不落语言文字，名为禅宗；如果一落言诠，就是教下。"这是古人对于真理传播的保留，也是一种敝帚自珍的虚妄。吕澂在《中国佛学源流略讲》第六讲说："真谛本身是无相，谈不上什么区别，但真谛之说为真谛，仍需要言诠。"（吕澂，1985）。如果圣人言语不可言传，神神秘秘，造成了东方学术成为"神话"般不明所以，造成了莫名的诡辩和真理的失传，才是一种被后代子孙遗弃的"下乘"做法。

（三）环境态度的调整和转换

从以上叙述来说，环境态度是借由感性（sensibility）和理性（rationality）二者进行交互思维、感知，以及辩证之后的观点。所谓的感性，是指人类经由感官进行体悟，对于事件产生感觉、好恶的情绪反应。如果这些经验仅通过主观认知，产生情绪反应，都是感性经验。所谓理性，是人类运用理智的方法，进行思辨的能力。这一种能力，相对于感性的概念，指人类在审慎推理之后，进行抽象思维的决策观点。这种思考方式称为理性思维。

从理性主义的观点来说，环境教育应该是"理性的教育"。我们从黑格尔（Georg W. F. Hegel，1770～1831）的《逻辑学》来看，第一章谈到"环境的存在"和"环境的本质"，第二章到第五章，都是采用概念论在谈论环境心理的"概念体系"。概念体系是抽象的，本来就不好理解，也不是环境科学家感兴趣的。从康德（Immanuel Kant，1724～1804）《纯粹理性批判》的观点来看，他们都想要通过"独立于经验"以外而得出知识，甚至在纯粹逻辑中，得到与时间无关的理性本质。当然，超脱于环境的环境教育，就是一种理性思辨所达到的效果，是一种"计量性、无感情"的教育，也就是衍生成为一种没有人性的机器时钟的准确效果。

然而，教育不是在"教导真理"；真正的"环境真理"，也不是单纯通过教师和学生单向传输的教育就可以达到真正的完全领悟真理的学习境界。从休谟（David Hume，1711～1776）的经验论（empiricism）来说，环境教育其实和经验论息息相关。经验论是希望通过现代科学方法，从证据中建立理论，而不是通过单纯的逻辑推理得到答案，也不能够从康德所说的"独立于经验"以外求得答案。我们应该要探讨休谟《人类理解论》一书中所谈的，运用理性（rationality）追求智性"观念的联结"（relation of Ideas），这一种做法是要下演绎的功夫的。此外，"实际的真相"（matters of fact）要靠实证，这要经过对于大自然的观察、归纳以及理解才能够达到。不知道在我们有生之年，是否会学到宇宙一统"自然一致原则"（uniformity of nature）。这当然是科学家的目标，但不是教育家的目标。因为，环境教育除了要学习抽象理性的逻辑概念与数学，还需尽可能以感性的了解，查察现实世界，通过对于世界的感知，了解世界的变化。

所以，环境教育的特殊性，在于矛盾对立之后的统一性。我们了解自身对于"环境、经济，以及社会"具有剪不断、理还乱的个人态度，这种自身内心挣扎的自我斗争，刚好是自我成长的开始。当经济发展和环境保护产生斗争，当人类利益侵略物种利益，当人类左脑理性思维和右脑感性思维产生纷扰，我们就要和自己的情感产生斗争，而不是和他人产生斗争。和自己斗争，是在求取自我成长；和他人、社会、国家斗争，只会产生永远无法统一的纷乱性。

俗话说："天下本无事，庸人自扰之。"就是这一种道理。印度教吠檀多学派哲学家商羯罗（Sankara，686～718）认为将自己的主观思维，也就是说将"我"强加在真理之上，形成一种人世间的幻觉，同时产生了痛苦。

休谟曾经谈到，人类通常会假设现在的"我"，和五年前的"我"一样。但是，人的态度会转变。"我"一直在流转，"我"也不是一种固定的形式。在寻寻觅觅的自省过程中，刹那间，突然惊觉宋朝词人辛弃疾（1140～1207）在《青玉案·元夕》一词中说："众里寻他千百度，蓦然回首，那人却在灯火阑珊处。"

众里寻他，就是在追求一辈子的自我价值。蓦然回首，自我不假他求，而是就在近处。

休谟认为，人类从来都是在流动中，突然感觉到自我，而那一种自我，是由许多不同的感觉累积而成的一个集合体。"蓦然回首，感觉自己都是在快速的流转速度中，递嬗和绵延。"

也就是说，态度总是在变化，长期态度的变化过程，通过思想改变，同时感觉也改变了。随着长时间培养的习惯，也改变了思考方式，产生了新的想法。当我们了解了一切都有递嬗，一切都有绵延，便无须执着僵化的环境态度，而是需要与时俱进，产生"灵与肉""理性/感性""演绎/归纳""理想/现实""逻辑/实证""平和/情绪"的调整和转换。没有绝对，没有一统，只有落英缤纷，只有灿烂芳华，也只有俄罗斯文学批评理论家巴赫金（Mikhail Bakhtin，1895～1975）所说的"众声喧哗"（heteroglossia），可以完整地呈现环境中多样性的角色对话（Bakhtin，1981，1994；Guez，2010）。

第五节　认知、情感以及行动技能

我们在前四节中，谈到了环境教育学习动机、环境觉知与环境敏感度，以及环境价值观与环境态度，以上都是内隐（implicit）性质的环境驱力，但在认知行为学派兴起后，外显（explicit）性的学习，成为环境教育的主流。环境教育在于有意识地将问题解决，并且积极进行努力，学习技能，产生清楚的学习过程。布仑（Benjamin Bloom，1913 ~ 1999）在教育的内隐阶段，描述了"认知领域"（Cognitive Domain）和"情感领域"（Affective Domain）的教育，克拉斯沃尔（David R. Krathwohl，1921 ~ 2016）和布仑在 1964 年发布的"情感领域"描述，其实在 2001 年由克拉斯沃尔进行了修订。从布仑和克拉斯沃尔关于学习的三个主要领域进行课程建构，从认知思考，到情感感受，到技能（身体/动觉）活动，都有关联性的分类。根据布仑等人 1956 年的著作《教育目标认知分类认知领域手册》，将认知领域分成六个层次（Bloom et al.，1956）。到了 1964 年，情感领域在《教育目标认知分类情感领域手册》中开始进行分类（Krathwohl et al. 1964）。但是技能领域直到 20 世纪 70 年代才被完全描述。以下叙述认知、情感，以及行动技能领域的内容。

一　认知领域

（1）知识（Knowledge）

包含了记忆、认识，能回忆重要名词、事实、方法、规范、原理以及原则等。

（2）理解（Comprehension）

针对重要名词、概念之意义可以掌握并且能转译、解释。

（3）应用（Application）

可以将所学到的抽象知识，包括知识概念、方法、步骤、原则以及通则等，实际应用于特殊或具体的情境之中。例如，学到资源回收，便可以知道资源分类的方法。

（4）分析（Analysis）

可以用以沟通的讯息。其中包含成分、元素、关系、组织原理，对其加以分析解释，使他人更能理解其中含义，并且可以进一步说明这些讯息的组织原则以及传达的效果。

（5）综合（Synthesis）

指能够将学习到的零碎知识综合起来，构成自我完整的知识体系，或是可以呈现其中的关系。

（6）评鉴（价）（Evaluation）

可以在学习之后，对所学到的知识或方法，依据个人的观点给予价值判断。例如，评价自备餐具或是自备水壶的优缺点。

二　情感领域

（1）接受（Receiving）

在学习时或学习之后，对其所从事的学习活动自愿接受，并且给予注意的心态。接受包含了觉知情境的存在、主动接受的意愿，以及有意识地加以注意。

（2）反应（Responding）

主动地参与学习的活动，并且从参与的活动或是工作之中得到满足。例如在资源回收之中，可以默默地从事工作，这些反应包含了自愿性反应和满足的反应。

（3）评价（Valuing）

指对于在环境教育之中所学的内容，在态度和信念中，表达正面的肯定。这些内容包含了价值接受、价值肯定以及价值之实践。

（4）组织（Organizing）

对于学习的内容进行概念化之后，纳入个人的人格特质之中，成为个人的价值观，形成价值概念化，并且组成个人的价值系统。

（5）内化/价值描述（Characterizing by value set）

综合个人对所学习的内涵进行接受、反应、评价、组织等内化过程之后，所获得的知识或观念形成个人品格，这是环境教育品格形成态度的最终实践。

三　行动技能领域（Psychomotor Domain）

认知和情感的内涵经过讨论之后，20 世纪 70 年代才有关于技能领域的讨论，其中包括了范畴界定的讨论（Dave，1970；Simpson，1972）。哈洛（Anita Harrow）在 1972 年提出意识活动的学习领域（Psychomotor Domain）的内涵，内容如下。

（1）反射运动：反射运动涉及脊柱运动、肌肉收缩。

（2）基础动作：基础运动包含了步行、跑步、跳跃、推动、拉动，以及操纵相关的技能、动作或是行为。人类简单基础动作，是形成复杂行动的组合部分。

（3）感知能力：知觉能力涉及身体的机能，包含了视觉、听觉、触觉，或是肌肉协调能力等相关的技能。这些技能会从环境中获得信息，并进行反应。

（4）肢体行动：肢体行动和耐力、灵活性、敏捷性、力量、反应时间有关。

（5）熟练动作：在游戏、体育、舞蹈、表演，或是艺术中学习的技能和动作。

（6）非话语传播：通过姿势、手势、脸部表情，进行创造性肢体表达动作。这些动作在于了解大脑如何通过学习，经过身体运动，强化记忆，有助于协助体现式学习（embodied learning）的正面记忆。

认知、情感以及行动技能领域的内容请见图 3 - 3。

图 3 - 3 认知、情感、行动技能领域的内容
（Bloom et al.，1956；Krathwohl et al.，1964）

四 修正认知领域

2001 年，布仑的学生安德森（Lorin W. Anderson，1945 ~ ）和克拉斯沃尔进行认知领域修订。原有版本中，从简单到最复杂的功能的列表，排序为知识、理解、应用、分析、综合、评鉴。在 2001 年版本中，步骤更改为动词，并依据回忆、理解、应用、分析、评估、创造进行排列（Anderson et al.，2001）。其中知识与学习保留（retention）有关，其余五者和学习移转（transfer）有关。

（1）回忆（Remember）：从长期记忆中提取相关的知识。

（2）理解（Understand）：从学习讯息之中创造意义，建立所学新的知识，并且与旧的经验进行联结。

（3）应用（Apply）：经过使用程序和步骤，执行作业或解决问题，并且和程序知识紧密结合。

（4）分析（Analyze）：牵涉分解材料成为局部材料，指出局部之间和整体结构的关联性。

（5）评估（Evaluate）：根据规则（criteria）和标准（standards）进行判断。

（6）创造（Create）：将各种元素组合形成一个完整的创造构想、成本，或是计划。

安德森和克拉斯沃尔修正版的认知领域，绘制了学习金字塔中的不同学习模式（Lalley and Miller，2007）。图3－4中的学习金字塔，强调积极的形式，对于长期学习更有成效。如果说人类记得阅读的内容为10%，则观看和听到的内容约为20%，多达90%的人通过教学，教导别人环境保护，借以理解知识。当然，有些人比起其他人更善于学习。虽然在大多数情况之下，学习金字塔的建构理念是有道理的，但是仍然面临着批评。

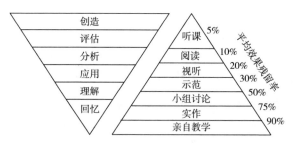

图3－4 各种类型环境教育方法效果残留比率（Anderson et al.，2001；Lalley and Miller，2007；National Training Laboratories，Bethel，Maine）

五 修正技能领域

由辛普森（Elizabeth Simpson）在1972年提出的修正技能领域中的行为目标（Simpson，1972），除了动作技能（motor skill），还涵括了在产生动作之前的程序和进阶动作，可能更为符合教育所需要的学习技能。

（1）感知（知觉）作用（Perception）：个体运用感官获取所需要动作技能的线索。可用于刺激辨别，进行线索选择，以及学习动作转换。

（2）心向作用（Set）：在动作技能学习之前，已经完成心理上的准备。这一阶段是属于心理倾向、动作倾向以及情绪倾向的行动准备。

（3）引导反应（Guided Response）：在示范者引导下，跟着做出反应的行为。这一阶段是跟随模仿和尝试错误。

（4）机械反应（Mechanism）：这一阶段是指技能学习达到相当程度，学习手眼协调的动作，以达到习惯化的程度。

（5）复杂反应（Complex Overt Response）：在复杂反应中，学习多样化的动作技能，已经可以达到学习熟稔的地步。在这一阶段，学习动作定位和自动作业。

（6）技能调适（Adaptation）：在学习技能达到精熟的地步之后，可以配合情境的需要，随时改变技能，以解决问题。

（7）创作表现（Origination）：从创新的表现之中，进一步运用技能，以超越个人经验，达到创新设计的效果。

哈洛或是辛普森在 1972 年提出不同的技能领域，她们都希望学习者达到精熟学习（mastery learning）的地步。也就是通过学习，达到熟练，并且进入安德森和辛普森共同推崇的"创造"。通过学习情境，根据学习者的年龄、环境教育类型、学习方法以及学习过程而有所不同。尽管学者对于学习金字塔提出批评，但是学习金字塔仍然存在于学界，并且目前没有更为合适的理论取而代之。因此，在环境素养的学习过程中，我们应该认识到环境教育学习是一个持续的过程，而且并不排除采用更为直接的方法，进行更进一步的学习。

第六节　环境行动经验和亲环境行为

在第五节我们讨论了学习行为的技能，指的是通过练习，产生的行动方式。在日常生活中，人类的行动（action）是由一系列动作所组成的。本节讨论环境素养中的环境行动经验和亲环境行为，其中探讨行动和行为之不同，并且针对人类为什么要采取亲环境行为进行诠释。

一 行动和行为

一般说来，行为（behavior）与行动（action）并没有明显的区别。事实上，行为和行动之间的区别，是一种现代行为才会区分的动物事件。过去人类将所有的行为，甚至是物理对象（physical objects）的行为，都解释为是有意的，这些就是行动。

（一）行动

在社会学的观点中，社会行动是指考虑到个人的行动，以及面对外界反应所产生的行动。坎贝尔（Tom Campbell，1944～　）在他的著作《人类社会的七个理论》（*Seven Theories of Human Society*）中写道："行动是一种有意图的活动，需要行动者的觉知或意识"（Campbell，1981：178）。但是舒茨（Alfred Schütz）解释说，个人的行动是与众不同的。所以，行动是不断流动的移动（flow of movements），也是一种过程（process）。

韦伯（Max Weber，1864～1920）所描述的行动，和舒茨所说的有所不同。他解释了"行动"和"社会行动"（social action）之间的区别。他认为当行动者将其他人的行为考虑在内，并且因此导向于其行为之时，这一种"行动"就是一种"社交"（social）活动。因此，韦伯发现行动是社会学中有趣而重要的概念。他解释了"行动"这个词的意义，这是一种人类经历的动机（motives）和感觉（feelings）的历程，也是涉及个人觉知（awareness）的活动，这种活动是有其目的，也是以某种方式行事的活动。

（二）行为

韦伯认为"行为"是一种纯粹的机械身体运动，行为没有意图，对个人也没有特殊的意义，这是一种对于特定冲动的自动反应的行为和行动的区别。在20世纪，"行为"被视为不是人类的专属名称。我们可以看一下维基百科的英文解释："行为是生物体、系统，或是人工实体与其环境相结合的行动和习惯的范畴名称。其中，包括周围的其他系统或生物体以及物理环境。行为是系统或生物体对各种环境的反应。当刺激输入之时，无论是系统内部还是外部，具有意识或是潜意识，自愿或非自愿产生反应，都称为行为反应。"（http://en.wikipedia.org/wiki/Behavior）根据坎贝尔的看法，行为只是一种"反射"，是对所发生的事情的回应，所以坎贝尔认为，物体产生行为，需要刺激（Campbell，1981：173）。

二 行动和行为的研究

我们整理了韦伯、坎贝尔以及舒茨对于行动和行为之间区别的观点如下。

"行动"是一种有意识的活动。行动对于所涉及的环境和人类，具有主观意义或目标。

如果我们说，一个男孩在回收桶前正确回收塑胶瓶——这是一种行动。如果我们说，一个男孩拿着一罐饮料——这是一种行为。

当行为是一种无意识反应的结果时，我们认为这些行为根本没有意义，也无无法估量（uncountable）。在此，我们针对"行为"，指的是未经解释的（uninterpreted），或是最低限度解释（minimally interpreted）对于事件的描述。

查阅环境保护的相关研究，较少探讨行动与行为之间之差异。行为定义了个人如何行动（act）；而行动是个人所做的任何事情，以及他们如何做到这些事情的心理想法，这和动机有关。相对于社会规范的人类行为，"行动"是为了达到目标而完成的事件。

三 亲环境行为

在社会学者针对行为和行动进行语意区隔的时候，行为的单词用法，加上了"环境行为"（environmental behavior），成为副词，甚至形成了"亲环境行为"（pro‐environmental behavior），这些都是因应时代的需要，改变无意识的行为，成为有意识的环境行为。

20世纪70年代之后，学者从不同的角度分析了环境问题产生的原因，并且试图验证可能影响环境问题的人类因素。虽然关怀（concern）

可能是环境行为的诱导因素，但这种关系并不是线性的。当其可行性（feasibility）、重要性以及必要性具有相当的确定性时，人类就会产生行动。因此，在有效的环境行动之前，会有一种积极的环境态度的发展作为前兆。从环境态度到环境行动，这都被定义为一种心理倾向（psychological disposition）。

史登最早提出亲环境行为（Stern，1978）。他以心理实验研究，了解增加回收中心，减少家庭取暖燃料的使用，以促进环境保护的亲环境行为。就在同年，盖勒（Edward Scott Geller，1942~ ）以《亲环境行为：应用行为分析的政策内涵》为题发表于美国心理学会在加拿大多伦多召开的年会（Geller，1987）。后来熊费德等人提出亲环境倾向（pro - environmental trends）的概念（Schoenfeld et al.，1979）。但是亲环境行为到了20世纪80年代之后，才逐渐受到重视（Dunlap et al.，1983）。根据亲环境行为的定义："人们直觉地去找寻对于自然与人为环境中，最小负面冲击的一种行动"（Kollmuss and Agyeman，2002）。在亲环境行为的定义之中，"行为"和"行动"这两个概念的定义，已经不是泾渭分明，而是可以互相混用了。但是"行为"在环境改善上与个人的行动息息相关。也就是说，"环境行为"就是"直接的环境行动"（Jensen，2002）。

四 负责任的环境行为

环境行动，也称为负责任的环境行为（responsible environmental behavior），一直都是环境教育的重要目标。当公民具有环境的知识、态度和技能之后，会主动参与各种环境议题，以解决现在与将来的环境问题，称为"环境行动"（Hungerford and Peyton，1977）。

1975年联合国教科文组织在南斯拉夫贝尔格莱德举办的国际环境教育研讨会中，所制订的《贝尔格莱德宪章》（Belgrade Charter），指出环境行动的目标系为改善所有的生态关系，包括人类与自然的关系，以及人类与人类之间的关系。因此，针对国家文化和环境差异，需要界定生活品质（quality of life）和人类幸福（human happiness）等基本概念。我们需要确定行动将改善人类的潜能，并发展自然环境和人类环境相互协调的社会及个人福祉（social and individual well - being）。

依据学者杭格佛和佩顿 1977 年的研究，环境行动的模式大致上可分为五类，分别为：生态管理（eco - management）、消费者/经济行动（consumer/economic action）、说服（persuasion）、政治行动（political action）、法律行动（legal action）（Hungerford and Peyton，1977）。生态管理指个人或团体为维护或促进现有生态系所采取的实际行动，通常对环境亲自能做的工作，从捡垃圾到森林保护都属于生态管理，其目的在于维护良好的环境质量或改进环境的缺点。消费者/经济行动，指的是个人或团体针对某种商业行为或工业行为改变所做的经济威胁，此为消费者主义所采取的行动。说服指为环境问题所做的人际沟通行动。政治行动指借着个人或团体所采取的策略行动，来改变政府决策。例如公民投票，公民游行，游说政府和民意代表组织，写信给辖区的民意代表，如立法委员、市议员等。法律行动包含了控诉、告诫、法院强制命令等。潘淑兰等（2017）认为，台湾大学生的环境行动不积极，较常做到生态管理与消费主义行动，很少做到说服与公民参与行动。此外，其环境素养程度中等，在情感、知识与技能方面，以情感变项群分数较高。这一项针对大学生的研究显示，环境希望、行动意图以及公民参与策略技能，是环境行动的重要预测因子。

在广义社会层面，环境社会学家研究了环境保护政治行动和态度的关系（Dunlap，1975），规范和价值（Heberlein，1972；Heberlein and Shelby，1977），以及其他人口学因素，例如年龄、种族、社会经济地位（Van Liere and Dunlap，1980）。赫斯培分析环境规划和决策参与，认为这种公民参与（citizen participation）有助于解决环境问题（Hudspeth，1983）。早期研究显示，年轻、受过良好教育的人们，较为重视环境问题，但是无法呈现态度在个人层面之中发展的动态过程。

缘是之故，在环境教育中，需要培育对环境负责任的公民，当公民具有知识、态度和技能等素养之后，能参与各项问题的解决时，进而培养以保护环境为前提，发展责任感（sense of responsibility），以进行"负责任的环境行为"（responsible environmental behavior，REB）。

李普瑟归纳了负责任的生态行为（ecologically responsible behavior），成为负责任的行为研究前哨（Lipsey，1977）。伯登和希提诺依据社会心理学之基础，归纳负责任的环境行为的因素，他们依据情感（affective）、认知（cognitive），以及行为态度（behavioral attitude）进行建构，来解决环境问题（Borden and Schettino，1979）。

从"公民参与"推动负责任的环境行为（Hines et al.，1986，1987）。所谓具备环境素养的公民意识，意即需要培养具有环境行为能力的公民，也就是以环境教育培养具有环境素养的公民。为达成此一目标，需要订定课程架构，规划培养学生具备负责的环境行为。杭格佛等人首先提出了一个环境素养模式（Hungerford and Tomera，1985）。

图3-5环境素养的模式乃是基于研究环境行为的目的。在此模式之中，含有九个变项，属于认知领域的是有关环境问题的知识、生态学概念，以及采取环境行动策略的知识。环境行动策略的知识，是影响环境行动的重要因子，不仅可以直接影响环境行动，亦可通过环境敏感度和自我效能感，间接影响环境行动（周儒等，2013）。属于情感领域的有环境态度、价值观、信念、控制观，以及环境敏感度。属于技能领域的有采取环境行动策略的技能。如果我们参考杭格佛等人所提出的环境素养构成要素，环境素养乃是研究环境问题的知识、信念、价值观、态度、环境行动策略、生态学概念、环境敏感度以及控制观等之综合表现（Hungerford and Tomera，1985），请见图3-5。

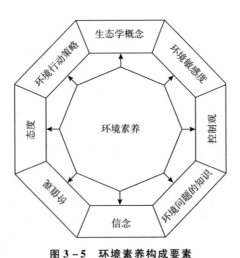

图3-5 环境素养构成要素
（修改自：Hungerford and Tomera，1985；Hungerford et al.，1990。）

因此，如何将环境素养转换为人类日常的环境行为，则依据海因斯
（Jody M. Hines）等人所建议的环境行为模式（Hines et al.，1986，
1987），如图 3 - 6 所示。海因斯等人利用后设分析（meta - analysis）
的方式，于 1986/1987 年提出的负责任环境行为模型（Model of
Responsible Environmental Behavior，REB）至今人被环境教育界广泛
应用。

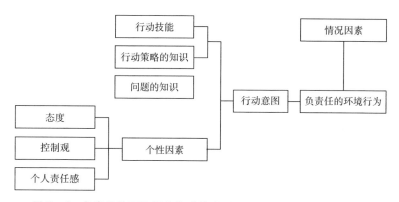

图 3 - 6　负责任的环境行为构成模式（Hines et al.，1986，1987）

海因斯等人分析自 1971 年以来发表在期刊、书本上的环境行为相
关研究报告或未出版的学位论文等共 128 篇，并且根据研究结果提出了
负责任的环境行为模式（Hines et al.，1986，1987）。环境行为模式认
为，产生环境行为的主要因素是个人具有采取行动的意图（intention to
act），而此意图又受到个人的个性因素、行动技能、行动策略的知识、
问题的知识所影响。意即人类具备行动意图之前，需要先认清问题所
在，强化个人的态度、控制观以及个人责任感。

（一）态度

态度通常被定义为人类对于其他对象或问题，具有持久性正面或负
面的感觉，因此，态度影响负责任环境行为（Hines et al.，1986，1987）。
态度对于影响环境行动意图，具有正向影响。

（二）控制观

控制观（locus of control）是指一个人的信念的运作模式。一个人

的人格特质中如有"内控倾向"告诉自我要加强某种行为，则较可能产生该种行为；而这种行为会继续加强自我的内控观（internal locus of control）。而若一个人有"外控倾向"，不相信自身的作为能造成影响，这个人可能就不会去做。过去有许多研究已经证明控制观与环境行为之间有所关联（Hines et al.，1986，1987）；控制观也是影响环境行为的因子，也就是说，控制观会对环境行动意图有正向影响。

（三）个人责任感

个人责任感，同样也是会促使环境行动产生的因子。个人责任感会对行动意图有正向的影响。

从20世纪80年代开始，已有许多关于环境行为的路径与架构被提出，涉及负责任的环境行为。此外，也包括计划行为理论（Ajzen，1985，1991）、"价值－信念－规范"理论模型（Stern et al.，1999；Stern，2000），以及提出了包括进入阶段变项（entry－level variables）、所有权变项（ownership variables）以及赋权变项（empowerment variables）的模型（Hungerford and Volk，1990）。

其中，赵育隆在2012年以结构方程式分析海因斯等人（Hines et al.，1986，1987）的负责任环境行为（REB）模型与计划行为理论（Theory of Planned Behavior，TPB）（Ajzen，1985；1991），最后发现负责任环境行为（REB）模型在环境教育领域的预测性，比计划行为理论（TPB）模型更显著；而赵育隆的研究也指出，个性因子具有最高推导性，恰巧代表一个人本身的人格特质，可能对其负责任环境行为的产生有重要影响。我们将在第四章探讨人格特质。

第七节　环境美学素养

在第三节到第六节中，我们讨论了环境素养的许多抽象概念，例如，环境觉知与敏感度、环境价值观与态度、环境行动经验、亲环境行为，以及负责任的环境行为，在本章最后一节，我们讨论环境美学。

环境美学（environmental aesthetics）是一门新兴的学科。如果从古典美学的艺术哲学来看，环境美学缘起于过于强调艺术媒材和表现的一种反思。环境美学是追求对于自然环境价值的欣赏。然而，这种主观的美感经验，包含了自然环境，同时也包含了人类影响的社会环境。与此同时，环境美学也开始考虑检视环境，强调日常生活美学。这些美学内涵不但涉及物体，还涉及日常生活。因此，在21世纪初期，环境美学接受了除了艺术之外，几乎所有环境保护事物的研究，都涵盖了审美意义（aesthetic significance）。所以环境美学范畴，从自然环境到人为环境，都是可以探讨的美学内涵。

环境美学和自然界的协调有关，包括色调、色系、平衡，以及自然界舒适的风、水、光、泽、音韵等现象。环境美学追求人类内心的和谐性特征，这是对于现代艺术的另外一种反思。由于"现代主义"或"现代派"的艺术的影响，自20世纪以来，前卫和先锋派的色彩，产生许多突破传统、反抗自然的激荡的艺术思潮及流派。上述所说的现代艺术，由各种不同类型的视觉风格组合而形成，奠基于科学和理性基础，主要流派包含图3-7所示的野兽派、先知派、立体派、超现实主义、表现主义、抽象表现主义、构成主义、未来主义、达达主义、风格派、包豪斯、抽象主义、波普艺术、欧普艺术、观念艺术等。到了20世纪60年代之后，地景艺术重新检视人类生活和艺术景观之间的关系，进行人与自然艺术的修复。

然而，现代艺术受到声光影音等多媒体组合表现的媒材刺激。不同艺术家，通过和观众之间的互为主体建立关系。从环境艺术鉴赏之中，重回大自然的怀抱，这是通过自然艺术干预人类生活的一种反思，也是针对现代人工智能控制人类社会，批判科技现实社会对于人性压抑的一种回响。以下简述在20世纪剧烈变动的环境影响之下，对于现实环境提供反思的艺术流派。

一 达达主义

1916年达达主义受到无政府主义影响，通过反战人士领导，以一种反美学的作品，抗议资本主义的价值观。达达主义的特征包括了追求清醒的非理性状态，同时拒绝约定俗成的艺术标准。因此，这是一种对

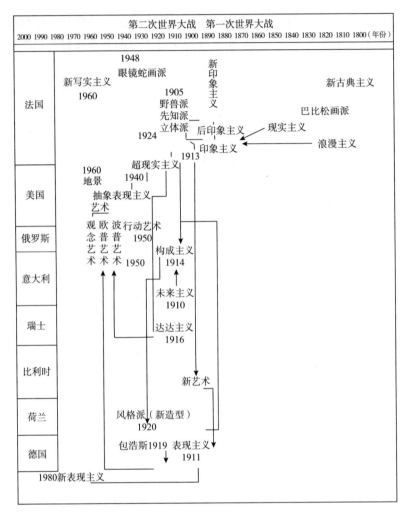

图 3-7　西方美学艺术的发展（作者整理）

于既成艺术的反对，同时是一种对于战争的反对力量。达达主义运动，后来影响了 1955 年的波普艺术。但是反讽的是，波普艺术正是在追求时尚，接受约定俗成的事实。

二　新表现主义

新表现主义，是 20 世纪 70 年代末期在德国兴起的一种流派。新表现主义反思 1911 年的表现主义，不强调简单的"重复自然"，也不是机械地模仿"非自然"。新表现主义是波普艺术的反动，强调表现自我，在画面、笔法、情调等方面显示了对于表现主义的回归倾向。新表现主义接受存在主义的哲学观念，在实践中学习抽象表现主义的艺术传统，讲究绘画过程的情感突发和即兴处理，追求原始主义，竭力主张本来面目，因此在作品中，会鞭挞社会的丑恶现象，或是自我嘲讽。

三 行动/行为艺术

行动艺术（action art），系为 20 世纪 50 年代兴起于欧洲的现代艺术，是指在特定时间和地点，由个人或群体行为所构成的一门艺术。行为艺术（performance art）和行动艺术（action art）不同，是经过艺术家亲自策划推展，形成群体参与的艺术过程。行为艺术必须包含了在特定时间、特定的地点，依据行为艺术者的身体，以及与观众的交流之间的空间形塑。这一种艺术形式，不同于绘画、雕塑等由具体事物构成的艺术形态，而是一种环境、身体和空间的统一表现。

四 地景艺术

地景艺术，又称为大地艺术，这是从环境艺术演进而来，也就是环境艺术的一种。地景艺术缘起于 1960 年的美国，到了 1970 年之后许多画家和雕刻家到户外展现地景作品。地景艺术是和大自然合体创作的一种展现，将自然进行润饰，并且重新思考人类与自然之间的关系。观众在参观大自然中的地景艺术时，得到和自然融合为一的艺术观感。

五 装置艺术

装置艺术过去称为"环境艺术"，是指艺术家在特定的时空环境里，将人类日常生活中已消费的物体，进行展示。最早的环境艺术是由 1917 年法国的杜象（Marcel Duchamp, 1887~1968）展出的。他以小便斗的形状，展现《喷泉》（*Fontaine*）的作品。1917 年，杜象在纽约第五大道的连锁商店购买了一座陶瓷小便斗，将它翻转 90 度之后，留下"马特，1917 年作"（R. Mutt 1917）签名字样。第一件环境艺术作品就此诞生。环境艺术在艺术家从材质中选择、利用、改造、组合之后，重新选择空间，运用媒体的视觉、听觉等感官体验，产生艺术的效果。装置艺术欢迎观众介入，以获得观众的新生体验。

小　结

　　环境素养是一种抽象的概念，本身是一种主观想象。我们在本章讨论了素养培育过程中的环境教育学习动机、觉知与敏感度、价值观与态度、行动技能、行动经验、环境行为，以及美学素养。以上环境素养内涵都需要建构人类内在美善的特质，特别希冀环境素养能够形之于外，达到人类友善环境行为之改变。也就是说，如果在全民环境素养能够得到强化的前提之下，我们就可以群策群力，形成环境共识，培养现代化社会公民，产生环境集体意识和觉知，进而依据理性决策和环境保护之永恒信念，提升可持续发展的舒爽空间和清净家园。因此，从人类所能察觉与认识环境的过程，我们经历了环境变迁的觉悟，需要经过环境素养的提升，形成人类集体意识结构的转化，从而觉察外在环境，同时需要觉察自我内在环境素养的学习过程。如果素养是一种学习过程总体效应，我们最后的环境集体意识将从思想转变为正当的言行举止。这些转变将会影响可持续发展的阶段任务。那么，基于对于万物的同理心和觉察观，我们应该体悟到身为人类的责任感和永恒价值，保护大自然，以接受未来环境变迁的挑战。

关键词

酸性沉积（acid deposition）

美学敏感度（aesthetic sensitivity）

情感领域（Affective Domain）

蝴蝶效应（butterfly effect）

化学敏感度（chemical sensitivity）

认知领域（cognitive domain）

复杂反应（complex overt response）

自然支配（dominance of nature）

支配的价值（dominionistic value）

生态科学的价值（ecologistic – scientific value）

生态管理（eco – management）

情绪刺激（emotional stimuli）

环境美学（environmental aesthetics）

环境关怀（environmental concern）

环境素养（environmental literacy）

环境管理（environmental steward）

水力压裂（fracking）

众声喧哗（heteroglossia）

人性的价值（humanistic value）

行动意图（intention to act）

内在价值（intrinsic value）

法律行动（legal action）

控制观（locus of control）

后设分析（meta‑analysis）

动作技能（motor skill）

否定态度（negative attitude）

新环境范式（New Environmental Paradigm，NEP）

所有权变项（ownership variables）

物理对象（physical object）

积极态度（positive attitude）

亲环境倾向（pro‑environmental trend）

行动技能领域（Psychomotor Domain）

生活质量（quality of life）

负责任的环境行为（responsible environmental behavior）

热力学第二定律（Second Law of Thermodynamics）

责任感（sense of responsibility）

情感分析（sentiment analysis）

精神的价值（spiritual value）

意识状态（state of consciousness）

自然一致原则（uniformity of nature）

行动艺术（action art）

审美意义（aesthetic significance）

行为态度（behavioral attitude）

环境承载量（carrying capacity）

认知偏误（cognitive bias）

认知敏感性（cognitive sensitivity）

欲求面向（conative dimension）

主流社会范式（Dominant Social Paradigm，DSP）

负责任的生态行为（ecologically responsible behavior）

价值生态学（ecology of values）

体现式学习（embodied learning）

进入阶段变项（entry‑level variables）

环境觉知（environmental awareness）

环境联结（environmental connection）

环境敏感度（environmental sensitivity）

环境价值观（environmental value）

引导反应（guided response）

人类特殊主义范式（Human Exceptionalism Paradigm，HEP）

人类固有价值倾向（inherent human tendencies）

自我的内控观（internal locus of control）

学习动机（learning motivation）

文化知识分子（literary intellectuals）

实际的真相（matters of fact）

道德的价值（moralistic value）

自然主义的价值（naturalistic value）

中立态度（neutral attitude）

定向敏感度（orienting sensitivity）

物理控制（physical control）

政治行动（political action）

亲环境行为（pro‑environmental behavior）

心理倾向（psychological disposition）

公共问责（public accountability）

观念的联结（relation of Ideas）

正确的亲和感（right affinities）

自我报告方法（self‑report method）

感觉程序敏感度（Sensory‑Processing
　　Sensitivity，SPS）

社会学习（social learning）

自发性想法（spontaneous idea）

象征的价值（symbolic value）

实用主义的价值（utilitarian value）

第四章

环境心理

The trees come up to my window like the yearning voice of the dumb earth.

The fish in the water is silent, the animals on the earth is noisy, the bird in the air is singing. But man has in him the silence of the sea, the noise of the earth and the music of the air.

绿树攀爬到我的窗前，犹如大地无声的渴望。

鱼儿沉潜于水中，野兽喧腾于大地，飞鸟歌唱于天空；可是人啊，你却拥有了一切。

——泰戈尔（Rabindranath Tagore, 1861～1941）《飞鸟集》（*Stray Birds*）

学习重点

　　本章从心理认知的角度，探讨环境认知、人格特质、社会规范、环境压力以及疗愈环境。我们从认知（cognition）的角度来看，这是指通过大脑辨识光影、声音、气味、触觉等感知之后，形成概念、知觉，进行大脑判断或是想象等心理决策活动的认识过程。因此，本章从环境学习认知论、环境学习探索论，进入了环境学习社会理论，学习到人类认知自然、解离自然，到回归自然的心理状态。本章讨论到负责任环境行为，通过不同的认识论方法，逐步解开环境行为的影响因素，包括人格特质和社会规范等因素，希望提供社会性行为的完整解释。最后，通过对环境压力的理解，说明最终人类进行救赎与疗愈，需要通过大自然的力量，包含芬多精、维生素 D 的滋养，借由森林、海洋等户外休憩环境的调适，以减少生活压力，从而恢复身心健康，并且强化大脑整体思维过程。

第一节　环境认知

我们在第三章学到环境素养的概念，素养是表征在心理学基础上呈现的进阶属性（graduate attributes），如环境知识、技能、态度。培养个人的环境素养，以实现个人环境教育专业目标和社会目标的实践能力。但是，环境教育并非那么简单。例如，如何平衡个人环境教育的社会专业和社会目标？为什么我们需要关注于环境教育的社会目标？什么样的社会才是可持续发展的社会？当我们描述环境心理学的文献时，我们会讨论这些心理层次的社会问题（张春兴，1986）。马桂新（2007：10）认为，心理学是学习感觉、知觉、注意、记忆、思维、想象、情感、意志、能力、行为等发展规律的理论。首先，我们讨论环境认知的概念。环境认知定义为有益于个人生存和社会福祉的共同思维方式。我们如何从个人心理学的角度，拓展到自我（self）、他人（others）、当地社区（local communities），以及全球社区（global communities）。

从认知（cognition）的角度来看，环境认知是指通过大脑辨识光影、声音、气味、触觉等感知之后，形成概念、知觉，进行大脑判断或是想象等心理决策活动的认识过程。这种过程，是人类个体通过思维进行信息处理（information processing）所产生的心理功能。认知过程从感知、注意、形态辨识、输入、登录到输出，可以是有意识，甚至是无意识的心智模式。这些模式，通过命题、心智想象、登录存取及思考，产生了心智模型。因此，从认知科学的角度，人类在环境中学习时，所产生的改变，一般来说解释为"认知的历程"。这一种看法是将人类在环境之中对于事物的认识，视为学习之一环，所以称之为"认知论"。环境教育学者属于认知论者，认知论者不同于"刺激 - 反应"论者所说的，单凭刺激反应的重复练习，就可以达到环境教育学习的效果。如果学生对于所学的日常生活环境不了解其中的奥秘，即使进行多次的练习，也没有办法达到学习的效果。譬如：在气候的学习中，如果不"身临其境"理解大气循环的原理，则无法进行环流预测；在生物多样性的学习中，如不"身临其境"了解物种组成的结构，将无法传达何谓

"生物多样性"的正确意义。

一　环境学习认知论

"认知论"源自 20 世纪初叶的完形心理学（Gestalt Psychology），又称为格式塔心理学。完形心理学重视知觉的整体性。也就是说，当人类身处环境之中时，不会特别注意空气中的无色、无味、无嗅分子进入鼻腔黏膜所产生的刺激，不会注意吸进肺泡的细悬浮微粒 PM2.5（particulate matter，PM；单位为 $\mu g/m^3$），也不会特别注意隔壁再隔壁中的教室掉下来的粉笔碎屑的声响，而是专注于"当下环境中"全体刺激之间最为"需要关注"的身心关系。环境认知论主张人类在面对学习情境的时候，是否产生良好的学习效果，需要考虑下列的条件。

（一）情境冲突

第一点需要考虑到新的情境与原有的旧经验是否符合。当人类面临环境中新的学习情境，通常需要考虑将原有熟悉的情境与新的学习内容进行比对。当学习事物都很清楚的时候，这种学习情境比较符合学习者原有的学习经验，所以比较容易进入状态，通过认知的过程，温故而知新。但是，如果学习事物和原有的构想冲突的时候，则会加以否认、喧闹，甚至加以驳斥。

在气候变迁的研究中，有三种可能的认知结果（Tilbury，1995）。第一种是同意科学共识（scientific consensus）；第二种是否认（deny）；第三种是介于两者之间（somewhere in between）。第 45 任美国总统特朗普，就是一位否认者。他否认回旋镖效应（boomerang effect），也否认自食恶果效应，特朗普不知道他的行为将会与预期目标产生完全相反的现象；因为他没有历经这些学习"环境反扑"的过程。

例如，在 20 世纪 60 年代美国宾夕法尼亚大学华顿商学院不教学生"气候变迁经济学"，所以特朗普在短暂的高等教育中，没有接受过"气候素养"的教育。他大声疾呼"气候没有变迁"的言论，否认所有科学家的呼吁，在 2017 年退出《巴黎气候协定》，取消了净水法 404 条款中的美国境内的水域规则，这项行政命令破坏了湿地保护，种种短视近利的作为，导致气候变迁反扑人类的效应，实在不足为奇。

此外，回旋镖效应产生了政策上"阳奉阴违"的现象。特朗普退出《巴黎气候协定》，促使从美国加利福尼亚州到弗吉尼亚州，强化各州对于全球变暖的因应政策。特朗普威胁删减研究预算，反而强化了美国国家卫生研究院在华盛顿的工作成果。也许牛顿的"反作用力"的第三运动定律，并不是完全可以转化适用于政治领域，但是对于政治人物各种乖戾偏执的行动（bigoted action），都会有一种嘲弄和相反的反应（opposite reaction）；你永远无法确定将从哪里开始。

例如，地球越来越热。2018 年台湾台北市超过 35℃ 的天数便多达60 天。2019 年夏天北非带来的干燥高热空气向北输送到欧洲，法国南部小镇加拉尔格勒蒙蒂厄（Gallargues - le - Montueux）热浪带来 45.9℃ 的温度，高温也引发森林大火。2019 年夏天印度拉吉斯坦省（Rajasthan）楚鲁镇（Churu）最高温度达 50.3℃，只略低于 51℃ 的历史，森林中的野生猴子大量丧命。根据科学家统计，印度 2010 年发生了 21 次热浪，2018 年增加至 484 次，在 8 年内全印度共有 5500 多人因为热浪而失去生命，未来印度将"不宜人居"。全球夏天天气越来越炎热，这些地球变暖的现象，都被第 45 任美国总统特朗普所否认。

（二）情境重组

当学习的情境发生变化的时候，就会产生新旧经验的结合，并且进行重组。这种学习模式，并不是考虑支离破碎的学习经验，而是在旧有经验的基础之上，重新学习，进行新经验注入，形成崭新的经验模式。情境重组考虑的认知系统（cognitive system）的认知反应，包括对于知识、意义以及信念的重新模块化。这是一种人类认知过程、环境情境，以及个人情绪、感觉、心情的整体评估所产生的系统观。

在图 4 - 1 中，我们假设存在人类主体和外部环境，以及两种系统互相进行作用。从情境到人类主体的输入关系，导致了心理反应，并且在此反应的基础上，从人类主体到情境的输出，称为人类行动。这种行动在自然环境的作用之下，产生了下列影响：认知反应、情感反应，以及行为意图（Vela and Ortegon - Cortazar，2019）。

认知形象的组成部分，包含了吸引人类主体的环境事物，可能会影响人类情感反应，产生积极的情感系统影响。作为一种情感表征，也会

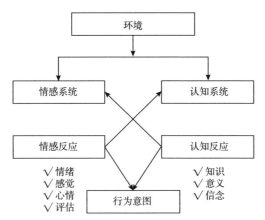

图 4 - 1 自然环境与认知反应、情感反应和行为意图之间的影响
（修改自：**Gärling and Golledge，1989；Vela and Ortegon - Cortazar，2019**。）

对于其他人的行为意图产生积极影响。所以，情感反应应该比认知反应所产生的影响更大。我们通过测量分析，了解影响人类主体的环境行为意图。也就是说，在环境感知（environmental perception）和环境认知（environmental cognition）的研究中，环境动机、环境目标，以及对于环境行动替代方案的态度的存在，通常被认为是理所当然的。而且，人类主体和环境行动之间的心理反应或是过程，才是环境心理学的主要关注焦点。这些过程包括从环境中获得信息、信息内容、环境感知和认知的表征，并对所代表的信息进行判断、决策和选择。关于感知和认知过程的知识，可以通过环境决策、环境规划和设计，来改善人类环境生活品质（Gärling and Golledge，1989）（请见图 4 - 1）。

二 环境学习探索论

环境教育是一种学习探索的过程，需要纳入认知（cognitive）、情感（affective），以及技术和参与领域（technical and partcipative domains）的过程（Tilbury，1995）。在环境教育能力（educative competencies）建构的过程中，需要获得生态知识，与社会行动者（social actors）进行互动。此外，以上的社会行动者需要通过责任感，以公民身份（citizenship）参与行动。我们运用图 4 - 2 进行说明。如果学习者在学习过程中，通过地方依附，产生自然联系。基于环境学习促进了人类与自然环境的关系，并构建了深刻的环境知识和学习者对周围世界的理解，使得在地知识融入环境教育活动之中。通过图 4 - 2 的成长模式，可说明探索型的学习理论。

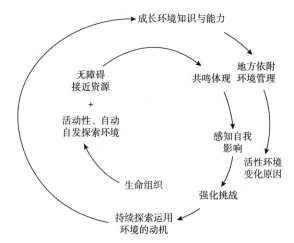

图 4 - 2　通过探索来感知环境（Lloyd and Gray，2014）

三　环境学习社会论

在 1960 年，史金纳（Burrhus Frederic Skinner，1904 ~ 1990）发展的学习"刺激 - 反应行为理论"达到高峰。但是乔姆斯基（Noam Chomsky，1928 ~　 ）批评史金纳的经典条件反射和操作条件反射，对于人类驱动精神分析产生了严重影响。1959 年，他针对史金纳的《言语行为》提出反驳，认为纯粹的"刺激 - 反应行为理论"，无法产生学习反应。那么，是什么机制，在什么情况之下，可以达到有效学习呢？

在这种背景下，加拿大籍心理学者班杜拉（Albert Bandura，1925 ~　 ）在"社会学习理论"中认为，学习是一种在社会环境中自然而然发生的认知过程，可以通过教师观察，或直接指导学习者发生的教学。除了教师对于学生的学习行为进行观察之外，学习还可以通过观察奖励和惩罚而发生，这一过程称为替代性强化。班杜拉的理论扩展了传统的行为理论，其中行为受到强化的支配，强调各种内部过程的学习，对于人类学习具有重要作用。班杜拉研究了在人际关系中发生的学习过程，他没有采用"操作反射条件"理论进行说明。他认为："操作反射条件学习方法的弱点，不是人类对于新的刺激产生新的反应，而是抵消了社会变量的影响。"

史金纳采用归纳法，对于答案的解释用逐步逼近的过程，采用多次试验，以强化行为产生的效果。但是，行为产生的原因，可能性是由于人类的主观期望和强化价值所带来的复杂因素。例如，学习者开始观察社会。班杜拉以波波（Bobo）娃娃进行实验。小孩通过观察周围人脸的表情，进行社会化的学习。班杜拉认为，孩童在成长的过程中，运用观察，学习家庭中的父母、电视中的人物、同年龄孩童中的朋友，以及幼儿园中的老师。以上人物提供了观察和模仿的对象。当他们针对行为进行编码之后，孩童依据模仿观察到的行为，进行学习。孩童的学习获得奖励之后，会强化重复这种行为，称为替代强化。替代强化进行个人性格的塑造之后，产生了个人价值观、信仰，以及态度。

班杜拉发展了这一套社会学习理论之后，与传统学习理论并没有划清界限，而是用这一套理论，在行为主义和认知主义之间，形成一条沟通的桥梁。这是因为它侧重于心理（认知）因素如何参与学习。因此，班杜拉相信他的理论是一种中介过程（Bandura，1977），认为人类是信息的处理者，而不是单纯的反应者。人类会思考自身行为反应和行为后果之间的关系，这是灵长类在大脑镜像神经元（mirror neurons）被发现之后，促进了社会学习理论的发展。在学习中，首先产生认知过程，开始观察学习。这些心理因素在学习过程中如果有干预现象，则会产生下列的中介过程。

（一）注意

我们注意他人行为的程度有多少。个人不会自动观察他人的行为并且模仿，对于需要模仿的社会行为，必须要引起我们的注意。因此，我们每天都会观察到许多行为，其中许多行为我们略而不顾。因此，注意力是学习的第一步。

（二）保留

我们记住这种行为的程度有多少。当我们在观察行为，产生视觉和记忆刺激的时候，我们不会立即产生反应。我们可能会注意到这种行为，进行记忆保留，形成短期/长期记忆之后，不会马上执行。

（三）复制

我们在记忆他人展示的行为之后，进行模仿。虽然人类每天都会看到很多我们希望能够模仿的行为，但是这并不总是可行的行为。因为我们受到身体、能力以及技术的限制。我们可以复制记忆，但是要重复行为，需要时间。

（四）批判性评估

社会学习方法将思考过程考虑在内，并且思考决定行为，需要借由当时思想和感受所主导行为的模式。人类对自身的行为有很多重的认知控制，尤其是环境的限制对于人类行为产生主要影响。

因此，环境教育如果根据环境教育教学，培养环境友善行为的公民，毕竟是有限的，因为推动环境教育，我们不能低估了人类行为的复杂性。

亲环境行为可能是由于自然性的生物学因素，以及教育培育环境（nurture environment）之间的相互作用关系，所产生社会性行为的完整解释。

第二节　人格特质

人格特质是影响人类环境行为很重要的关键因素，也是人类进行决策的重要根据之一。过去关于环境行为与人格特质的研究并不是很多，且都认为人格特质与环境行为仅有相关性（Ajzen and Fishbein，1977；Fraj and Martinez，2006；Brick and Lewis，2014），而非因果关系。在人格特质研究中，负责任环境行为的产生是环境教育中的重要课题。虽然负责任环境行为原因十分复杂，但本章希望通过不同的认识论方法，逐步解开环境行为的影响因素，有助于解开社会性行为的完整解释。

追溯人类行为产生过程，人格特质是影响人类行为很重要的关键因素。依据社会学习理论，负责任环境行为的产生，并不是简单的相关性路径所能想象；所以，人格特质的研究，也不应该只是相关性的研究。因此本章将从过去的负责任环境行为理论出发，探讨人格特质在其中的因果关系，进一步地探讨由人格特质产生负责任环境行为的结构路径。

一 人格特质

负责任环境行为的理论建构之后，本研究进一步研究人格特质与环境行为的关系。其中，皮特斯和吉尔斯的研究发现，良好的环保态度与自我控制和决心的个性特征存在无法分离的正向相关关系（Pettus and Giles，1987）。如果我们从心理学的角度，找寻人格特质的研究，可以发现五大人格特质（Big Five Personality Traits）已经广泛地运用在心理学的研究之中（McCrae and Costa，1987），其中包含下列五项人格特质。

（一）外向性（Extraversion）

外向性以相反的角度观察，则称为内向性（Introversion）。外向性高分者常会喜欢群体生活、爱玩、健谈、主动并善于交际，具有自发性、主导性与活力，情感外显，具有深情、温暖的特性，不孤单、在群体中表现显眼，并且以人际关系见长。相反的是，内向性高分者喜欢独自行动、交际多有保留，具有较高的顺从性、任务导向性，而且采用被动的处事方式，个性害羞、孤僻、安静、胆小，经常会被认为是孤独、害羞、冷漠、绝情的。

（二）亲和性（Agreeableness）

亲和力高的人具有善于合作、值得信任以及乐于助人的倾向。此外，高亲和力也常被认为是具有同情心、软心肠、高合作性、高包容性、乐于助人、慷慨且可以信任的，且为人温暖、善良、无私、心胸宽阔，脾气好，善于宽容、宽恕，灵活、开朗、谦虚、彬彬有礼，生活惬意，为人直白无心机，但容易受骗。但是，低亲和力的人则被认为冷酷、绝情、粗鲁无礼、自私、吝啬、严肃，合作性低、批判性高，心胸狭窄、待人苛刻、常记仇、固执，且愤世嫉俗、富有心机而且骄傲。

（三）严谨性（Conscientious）

严谨性以相反的角度观察，则称为无原则性（Undirectedness）。严谨性强的人在学习上被认为具有工作热情、有责任感。此外，他们是有组织、有效率、有系统，实际、务实、尽责、可靠、稳定、自律、守时、整齐、小心并一丝不苟，处事上不屈不挠，具有目标、雄心勃勃，公正、敏锐并具备洞察力，精力充沛、知识渊博能自力更生；反之，无原则性的人则常是杂乱无章、松散粗心、低效率、草率、不稳定、顽皮、无知、愚蠢、马虎、迟钝的，时常疏忽、不小心且不可靠、懒惰、缺乏精力，不守时、不实际、意志不坚、标准宽松不定、不具目标、需要帮助，且容易放弃。

（四）情绪稳定性（Emotional stability）

情绪稳定性相反的角度，被称为神经质（Neuroticism）。神经质常被认为焦虑与自我怀疑，或是具有易怒、固执、缺乏耐心、冲动、情绪化的倾向，时常烦躁、紧张、猜疑、忌妒、自艾自怜，并且具有不安全感，常常令人担忧并被认为是软弱、主观的；而情绪稳定性高的人，常被认为是平静、轻松、安全的，时常放松、冷静、处在舒适的状态，具有耐心、容易自我满足，不冲动、不忌妒，坚强且客观的。

（五）开放性（Openness to experience）

开放性又称为经验开放性；反之，则称为保守性（Close to experience）。开放性富有求知欲、渴望学习，并具有创造力、想象力，思考复杂且有深度，喜欢独立，喜欢哲学、知识、分析、艺术，崇尚自由、不受传统限制，并喜欢新奇、大胆、尝新、直觉式的思考；保守性高的人，则脚踏实地、遵守常规、保守、传统、简单，但也被认为是缺乏创意与创造性、思考狭隘、缺乏好奇、不愿冒险、不具艺术性且生活例行性的。

二　"绿色人格"特质

人格特质与环境行为关系很复杂，我们列举几位学者做的研究。例如说，开放性高的人，能够以更广阔的视野欣赏自然（Hirsh，2010）。在环保绿色消费行为中，人格特质与生态消费行为呈现正相关（Fraj and Martinez，2006）。在生态消费市场中，外向性、亲和性以及严谨性是消费者的特点。此外，亲和力和开放性，能够高度预测环境关注的程度（Hirsh，2010）。严谨性与废弃物管理行为（如回收、再利用和减少浪费）正相关（Swami et al.，2011）。外向性、亲和力、严谨性与神经质会影响环境友善旅游行为（Kvasova，2015）。情绪稳定性高者与环境价值观显著相关、神经质与节约用电显著相关（Milfont and Sibley，2012）。

布里克和路易斯在2014年推崇的"绿色人格"特质，说明了减碳行为与开放性、严谨性、外向性相关，称之为"绿色人格"（Brick and Lewis，2014）。开放性会通过环境意识影响亲环境行为态度；神经质会通过环境意识、对未来环境条件的期待，对亲环境行为态度产生影响；外向性会通过环境意识，影响亲环境行为态度；亲和力则会通过环境关怀、对未来环境条件的期待，对亲环境行为态度产生影响（Liem and Martin，2015）。

五大人格特质，都具有外显的性质，虽然部分个性可以隐藏，但无论是情绪稳定性、外向性、开放性、亲和性，还是严谨性，其实都可以在人类的日常生活之中察觉。如果证实这些人格特质与态度、控制观与个人责任感相关，未来环境教育教师可以通过观察学习者的人格特质，调整教育内容，以针对其人格特质与环境行动的关联性，调整教学的方式或是课程的内容，或许可以改善传统环境教育仅为传递知识，却难以和学习者产生深刻生命联结的状况。

我们针对人格特质和负责任环境行为理论中态度、控制观、个人责任感进行探讨，发现亲和力和开放性是预测环境态度的重要因子（Hirsh，2010），也就是人格特质可以影响态度。此外，人格特质会对控制观有正向的影响（请见图4－3）。

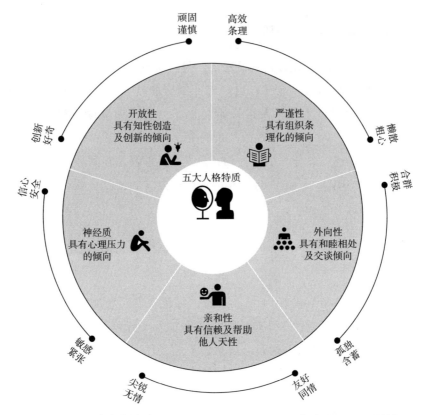

图 4-3 五大人格特质（Big Five Personality Traits）（Digman，1990）

📍 **个案分析**

情绪稳定性、内控观与亲环境行为之间的关系
（Chiang et al.，2019）

情绪经常左右我们的决定，也时常在亲环境行为中扮演着重要的角色。但在环境教育的推动过程中，我们比较少从情绪的角度切入。情绪的研究，来自人格特质的分析，江懿德、方伟达等人在 2019 年发表了一篇有关情绪稳定性、内控观与亲环境行为之间的关系的论文，我们对这一篇英文期刊论文进行说明（Chiang et al.，2019）。

一 环境态度（Environmental attitudes）

我们在第三章讨论环境态度的定义。环境态度是预测亲环境行为的关键个人差异，指人类对于环境与环境议题，所抱持具有持久性的正面或负面感觉（Brick and Lewis，2014）。有些研究认为态度无法与信念分开（Newhouse，1990）。但是，负责任的环境行为（responsible environmental behavior，REB）模型中显示态度和行为之间有适度的正相关关系（Hines et al.，1986，1987）。如果人们制订了具体的态度，这些特定的态度可以更好地预测人们的行为。过去的研究中，亲和力和开放性是预测环境态度的重要因子。

H1：情绪稳定性会通过环境态度中介变量影响亲环境行为意图。

二 控制观（Locus of control）

控制观系指个人通过自我看法改变行为的能力（Hines et al.，1986，1987）。早期的研究中控制观是从社会学习理论（social learning theory）中发展出一种从内部到外部控制强化的概念（Rotter，1966），描述个人认为外在因子是否能决定自己行为的程度。具有内控观的人是指那些认为凡事会取决于他们自己的行为、能力或属性的人。具有外控观的人则是指那些认为事情不在他们个人控制之下，而是在强大的他人、运气、机会及命运等因子控制下的人。控制观与在负责任的环境行为中的行动策略的认知技能相比，其实并没有良好的预测能力，但是可能与其他变量有协同作用（Hungerford and Volk，1990）。过去有许多研究已经证明控制观及环境行为之间有所关联（Hines et al.，1986，1987；Newhouse，1990）。控制观（Locus of control）与神经质（Neuroticism）是心理学中最广泛研究的个性概念（Judge et al.，2002）。控制观与焦虑负相关（Joe，1971），即指焦虑得分越高者通常倾向外部控制。而焦虑是神经质（Neuroticism）的主要元素之一（Watson and Clark，1984）。

H2：情绪稳定性会通过控制观中介变量影响亲环境行为意图。

三 责任感（Responsibility）

个人责任感系指个人认知到自身有必要且必须进行环境行动的意识，以及将环境行动之责任归属于自身的自觉。个人责任感会促使亲环境的行动的产生（Newhouse，1990）。责任感也常被归类为人格特质中严谨性的特质（Komarraju et al.，2011；McCrae and Costa，1987）。

H3：情绪稳定性会通过责任感中介变量影响亲环境行为意图。

四　方法（Method）

我们研究的主题为——

（1）过去研究着重在神经质与亲环境行为的研究，着重于情绪稳定性与亲环境行为之间是否有关系，与神经质的运作方式是否不同。

（2）情绪稳定性与亲环境行为之间的结构与路径为何。

（3）如何使用情绪稳定性与环境行为之间的路径调整环境教育的方法与内容。本研究以台湾地区作为为我们初步研究的验证基地，根据过去研究提出理论假设，以结构方程式模型进行研究验证。

五　研究结构

本研究结合五大人格特质之情绪稳定性与 REB 模型，并借由文献确认欲探讨各变量之间的关系。将所提出假设绘制本研究之结构，请见图 4 - 4 及图 4 - 5。针对各变量拟定题目作为本研究之问卷。

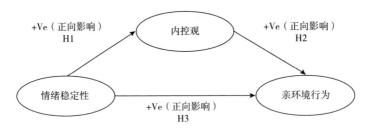

图 4 - 4　情绪稳定性、内控观与亲环境行为之间的关系假设路径
（Chiang et al.，2019）

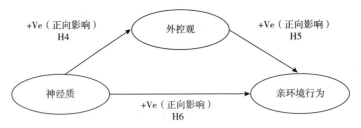

图 4 - 5　神经质、外控观与亲环境行为之间的关系假设路径
（Chiang et al.，2019）

（一）情绪稳定性（Emotional stability）

本研究采用五大人格特质（Big Five Personality Traits）测验受测者之人格中的情绪稳定性，共 5 题。主要依据五大人格特质的结构，并以

100个特性作为五大人格构成的因素。之后根据这100个因素又将结构简化为由50个因素构成之五大人格测验项目。本研究依据这50个因素中属于情绪稳定性之特质，并统整相反之特质，包括心情不稳的（Moody）、妒忌的（Jealous）、顽固的（Stubborn）、羡慕的（Envious）、烦躁的（Fretful）等5个题目，以5点量表让受试者以1（非常不同意）至5（非常同意）区分自述其人格特质的符合程度，用以测验本次研究对象之情绪稳定性。

（二）环境态度

本研究参考 *The Belgrade Charter*（UNEP，1975）与 *Declaration of The Tbilisi Intergovernmental Conference on Environmental Education*（UNEP，1977）及 Lindstrom and Johnsson（2003）之研究，提出3个环境态度的题目，包括自我中心的态度、人类对自然界相互依存态度、为经济利益牺牲环境之态度，以1（非常不同意）至5（非常同意）区分测验研究对象之环境态度。

（三）控制观

本研究参考 Fielding and Head（2012）的研究，提出3个控制观的题目，包括是否认为自己对改善环境无能为力、在经济与时间上对环境保护的控制观，以1（非常不同意）至5（非常同意）区分测验研究对象的环境态度。

（四）责任感

本研究参考 The Belgrade Charter（UNEP，1975），提出3个责任感的题目，包括改善环境与生活质量的责任、参与解决现今发生的环境问题的责任、为了环境改善问题与他人合作的责任，以1（非常不同意）至5（非常同意）区分测验研究对象的环境态度。

（五）环境行为（Environmental behavior）

本研究参考 *The Belgrade Charter*（UNEP，1975）与 Hungerford（1985）的研究，提出5个负责任的环境行为（Responsible environmental behavior）的题目，包括考量行动对环境影响的行为、关注环保团体的行为、说服他人进行环境保护的行为、参与环保主管部门与检举违法破坏环境行为，以1（非常不同意）至5（非常同意）区分测验研究对象环境态度。

六　结果（Results）

（一）叙述性统计分布（略）

本研究最终收回可用问卷 473 份。

（二）资料分析方法与过程

本研究在问卷回收之后使用 SPSS 23 进行信度分析，确认本研究回收问卷的 Cronbach's α 值达 0.859，属于高信度。并使用 LISREL9.2（Jöreskog and Sörbom，2015）作为分析工具。并依循研究假设及衡量构面来分析问卷，以建立结构方程模式（Structural Equation Modeling，SEM）验证假设研究架构的整体与内在适配性。在模式参数的推估上，采用最大概似估计法（Maximum Likelihood Estimation，MLE）；而在模式的整体适合度检定方面，则依据各项适配度指标（Fit index）作为判定的依据。判定适配度指标（GFI）、比较适配指标（CFI）及非规范适配指标（NNFI）大于 0.90 为较佳适配度，渐进误差均方根（RMSEA）小于 0.080 为可接受适配度，规范卡方（Normed Chi‑Square）大于 3 较佳。

然而在假设验证的过程中，初始模型并不达适配度标准。检视后发现人格特质与态度及个人责任感之路径皆不达显著标准，考量到过去研究中态度多与亲和力与开放性相关（Hirsh，2010，2014；Liem and Martin，2015；Mayer and Frantz，2004），个人责任感也多与严谨性有关（Gough et al.，1952；Komarraju et al.，2011；McCrae and Costa，1987），与情绪稳定性无法产生显著的关联并无不合理之处，也证明在本研究中，态度与个人责任感并不能担任情绪稳定性至环境行为的中介变量，故将其自结构中删除。

此外，验证过程中也发现情绪稳定性的观察变量中，顽固的（Stubborn）对潜在变量的解释变异量不足，原因可能来自顽固的在影响控制观时，与其他观察变量之作用不同，故在情绪稳定性经由控制观的路线中顽固的特质可能不具有作用，故删除顽固的观察变量。在删除态度、个人责任感与顽固的观察变量后 GFI 达 0.949，CFI 达 0.940，NNFI 达 0.924，皆大于较佳适配度标准（0.9）。RMSEA 为 0.0654，为小于 0.080 之可接受适配度，Normed Chi‑Square 大于 3，达 157.35。各指标均符合适配度标准，以此模型作为本研究最终之结果。

（三）研究假设检定

因环境态度与责任感的结果不显著，且在最终模型中被删除，故本研究中 H1 与 H3 假设并不成立。而情绪稳定性至控制观之路径系数为 0.31，t 值为 5.174（>3.29，达 0.001 之通显著水平），控制观至亲环境行为的路径系数为 0.27，t 值为 5.174（>3.29，达 0.001 之显著水平）。因此本研究 H2 假设成立，且皆属于接近 0.3 的中度效果。各假设的结果如表 4-1 所示，本研究最终模型请见图 4-6、图 4-7 表示。

表 4-1 假设验证表

假设	路径	显著性	验证
H1	情绪稳定性会通过环境态度中介变量影响亲环境行为意图	—	不成立
H2	情绪稳定性会通过控制观中介变量影响亲环境行为意图	***	成立
H3	情绪稳定性会通过责任感中介变量影响亲环境行为意图	—	不成立

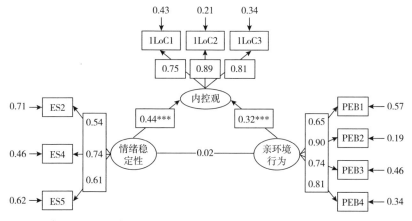

图 4-6 情绪稳定性、内控观与亲环境行为之间的关系路径（Chiang et al.，2019）

七 讨论（Discussion）

检定结果显示，情绪稳定性影响行为的直接路径不成立，通过态度与个人责任感的中介变项也不成立，仅有控制观能作为情绪稳定性影响亲环境行为意图的中介变项，这条路径与 Judge et al.（2002）认为情绪稳定性与神经质是影响控制观的重要因子的论点相符。显示情绪稳定性得分高者较能通过内部的自我看法强化或改变行为，这与情绪稳定性具有耐心、坚强的特质相符，因此相信他们具有改善环境的能力与可能，

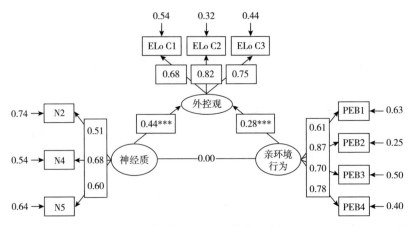

图4-7　神经质、外控观与亲环境行为之间的关系路径（Chiang et al.，2019）

也较易产生亲环境行为意图。

　　反面来看，情绪稳定性得分低者，则较易拥有外控观，认为事情不在他们的控制之下，而是在强大的他人、运气、机会及命运等因子的控制下。这可能是由于外控观与焦虑相关造成的（Joe，1971）。同时，情绪稳定性得分低者具有猜疑、悲观、自我怀疑、担忧、不安全感的特质，都有可能产生外控观，进而觉得自己对改善环境是无能为力的。

　　因此，在环境教育的推动之中，给予情绪稳定性得分高者更多的肯定与鼓励以加强其内控观，可能是增加高情绪稳定性者亲环境行为的有效方法。虽然在本研究的结果中认为情绪稳定性得分高者可以通过较强的内控观产生亲环境行为，但低情绪稳定性者，即神经质得分较高者，同样会通过环境意识、对未来环境条件的期待及直接的对亲环境行为态度产生影响（Liem and Martin，2015），此外神经质也与环境关怀（Gifford and Nilsson，2014）、环境友善旅游行为（Kvasova，2015），以及节约用电行为（Milfont and Sibley，2012）显著相关。

　　认为神经质和环境关注之间的关系可能来自情绪稳定性较低的人在生活中较易产生各方面的担忧，其中包括环境问题。这样的推论似乎也可解释相关的研究结果（Liem and Martin，2015；Gifford and Nilsson，2014）。且显示神经质或许与后果觉知（awareness of consequences）有所关联，后果觉知是"价值-信念-规范理论"（value-belief-norm theory）（Stern et al.，1999）及规范启动模型（Norm Activation Model，

NAM，Schwartz，1977）中皆有提及的环境行为影响因子。也可能与负责任环境行为流程图（Hungerford and Volk，1990）中环境敏感度（environmental sensitivity）有关。

这样看来，无论是情绪稳定性或是神经质都有可能通过不同的因子影响不同的环境行为，那么比较不同人格特质对环境行为的相关性大小，并且试图定义某一人格特质，较能够产生环境行为就显得没有什么意义，找出路径远比找寻单纯的相关性重要。而路径不成立或是相关不显著，很可能仅仅是研究的认识论不足以解释人格特质至环境行为结构的假设模型所造成的。态度与个人责任感在本研究的结构中被排除，也可能是因为这两个变量较适合担任其他人格特质的中介变量所造成的。

在本研究排除的环境态度的研究当中，态度多与亲和力和开放性有关（Hirsh，2010，2014；Liem and Martin，2015），而情绪稳定性则较少被提及，仅在少数研究中，"神经质"是被认为积极影响亲环境态度的因子（Liem and Martin，2015）。而在本研究中态度作为中介变量的假设并不成立，显示在本研究中态度不是情绪稳定性至亲环境行为的中介变量。

责任感也常被归类为严谨性（Gough et al.，1952；Komarraju et al.，2011；McCrae and Costa，1987）。本研究中个人责任感作为中介变量的假设并不成立，同样显示个人责任感并不是情绪稳定性至亲环境行为的中介变量。有研究指出神经质得分高者更有可能将事件的责任归因于他人，而不是自己（Tong，2010），但该研究又指出，内疚也可能产生责任感，那么神经质影响个人责任感的方式可能不是简单的路径，可以是未来持续探究的方向。

本研究认为在过去的环境行为研究中情绪稳定性较其他四个人格特质较少被提及的原因，可能是与态度和责任感两个常见的亲环境行为因子没有显著的相关，可能是因为态度和责任感与情绪稳定性的关系过于复杂，无法显示出显著相关造成的。但本研究结果显示，至少对于情绪稳定性高的对象，采用提高内控观的教育方式，可能会比提高态度或是个人责任感还简单有效。

八 结论

最后，本研究提出研究结论，在结构方程式模型的验证下，情绪稳定性会通过控制观的中介变量影响亲环境行为意图。而态度、个人责任感及直接影响的假设都被排除。因此，在环境保护与教育的推动之中，给予情绪稳定性高者更多的肯定与鼓励以加强其内控观，可能是增加高情绪稳定性者亲环境行为的有效方法。

然而情绪稳定性低（神经质得分较高）者，因为"忧国忧民"的忧患意识，也可能通过环境关怀（Gifford and Nilsson，2014）与环境意识（Liem and Martin，2015）或是其他模型中的后果觉知及环境敏感度等不同的方式，影响亲环境行为。情绪稳定性或是神经质，可能都还通过更多变量与路径影响亲环境行为，尚需要更多的研究进行补足，而其他人格特质的正反面路径，也同样需要更多的研究。

第三节　社会规范

在本章第二节我们谈到人格特质影响到环境行为。在本节中，我们谈到环境的外部规范，也就是"社会规范"（social norm）。在全球强调可持续发展与代际公平之际，关于民众如何以正确态度、控制观、个人责任感，产生环境友善行为意向，其中涉及"社会规范"对于环境行为的影响层面，成为近年来重要的研究课题，以下我们谈到规范的内涵。

一　规范（norm）

第三章中我们谈到，个人的态度会影响行为，不过行为表现除了个人因素之外，还有社会的要求，也会影响到个人行为的表现。因此，由团体施加于人类需要遵守的规范为"社会规范"。人类呱呱坠地，自幼所接触的团体之中，包含了日常生活的社交圈范围，例如保姆、家人、师长、同学、亲近的童年伙伴，以及亲近的朋友，以上都是社会化的过程中，所得到社会规范的信息来源。规范是人类会接收来自社会的讯息，并依照讯息的要求，表现出符合规范性的行为。有的时候即使某人的态度不想做某件事，也会在规范之下乖乖配合（Heberlein，2012）。在影响环境行为的社会规范之中，社会规范分类成主观规范（subjective norm）、命令规范（injunctive norm）、描述规范（descriptive norm）。

（一）主观规范

主观规范是可以影响环境友善行为的变量之一，规范支持或反对的压力越大，对行为意向的影响越强。什么是主观规范呢？主观规范是指身边的人，例如家人、同学、好友，长辈或是亲近的伙伴，对个人做出期许。例如，如果他们希望个人做到环境友善行为，包含了要求、期许、支持以及协助，个人会更愿意去做环境友善行为。在节约水电、搭乘大众交通工具以及做好垃圾分类等方面，有身边的人支持环境保护的行为，个人从事环境友善行为的意愿就会提高。

主观规范在北欧社会的环境友善行为具有影响力。例如，在购买环境友善产品上尤其明显。因为当地的环境保护的社会氛围，会有社会期待，个人能表现出较高的环境友善行为。由于身边的亲人，还有社区熟人的支持与期待，他们就倾向于选购环境友善产品。在人对社区认同度高、联结更紧密的北欧社会，主观规范影响环境行为意向，成为一种重要的社会规范。

（二）命令规范

命令规范是指他人认可的行为，遵守或违背会有奖励或罚责；命令规范会影响环境友善行为。在丢弃广告单实验之中，停车场墙壁上贴有要求维持整洁的命令规范，停车场维持得很整洁；在没有命令规范的停车场，超过三成受试者会乱丢广告单。在描述规范的实验之中，实验组是维持整洁的描述规范实验，对照组是随手乱丢广告单的描述规范实验，前者实验大致在停车场中还能维持环境整洁，后者则是广告单散落一地（McKenzie-Mohr，2011）。

（三）描述规范

描述规范则是个人感受得到，也就是个人认为大多数人的作为。描述规范和主观规范不同的是，描述规范不一定要是熟人，只要是在同一个空间有接触的人，如同一条街的邻居，在同一所学校但是不同班级的人，他们的行为都会形成描述规范，来影响个人行为。

表4-2说明社会规范和个人规范的类型，详细的环境心理学的行为模型说明，请参考本书第五章"环境范式"。

表4-2 环境行为理论经常讨论的规范类型

规范层级	规范类型	定义
社会规范	主观规范	个人感受身边的人，例如家人、同侪、长辈，对自身特定行为的期许或支持（Hernández et al., 2010；Thøgersen, 2006）。因此，主观规范是个人对特定行为的看法，受到重要他人（例如父母、配偶、朋友、教师）判断的影响
	命令规范	刚性规范，依据环境保护赏罚原则，进行认可的行为，遵守或违背相关法规，会有奖励或罚责（Heberlein, 2012；Hernández et al., 2010；McKenzie - Mohr, 2011；Thøgersen, 2006）
	描述规范	个人借由观察其身边重要的人是否都会从事某一特定行为（Goldstein et al., 2008；Heberlein, 2012；Hernández et al., 2010；McKenzie - Mohr, 2011；Thøgersen, 2006）
个人规范	个人道德规范（personal moral norm）	个人自我期许，觉得有道德义务要去进行特定行为，被视为一种自我价值延伸的概念（Bamberg and Möser, 2007；De Groot and Steg, 2009；Heberlein, 2012；Hernández et al., 2010；McKenzie - Mohr, 2011；Stern, 2000；Thøgersen, 2006）

二 社会规范预测环境友善行为的直接和间接路径

上述研究对于社会规范影响环境友善行为的路径，也有直接影响和间接影响等不同的看法。社会规范可以直接影响节省能源、维持环境整洁、保护自然环境等环境友善行为；但是社会规范也以间接路径影响行为意向（Bamberg and Möser, 2007；Hernández et al., 2010）。社会规范可作环境友善行为的预测变量。社会规范影响环境行为的论述中，有学者认为社会规范产生直接路径，可直接预测行为，也有的学者认为社会规范产生间接路径，其路径关系是通过影响个人的心理变量因子，心理变量因子再去影响行为。不过环境行为类别不同，社会规范影响行为的路径也会有差距（Hernández et al.，2010；Thøgersen，2006）。在旅馆节省水资源的实验中，分别设置命令规范与描述规范的标语，要求旅客重复使用毛巾，避免不必要的送洗。实验结果发现，命令规范与描述规范，两种都能影响环境行为。描述规范的影响力，比命令规范略大（Goldstein et al.，2008）。此外，针对家庭资源回收行为同样发现描述规范与态度、知觉行为控制、主观规范三个变量均对环境行为有预测力。对于使用大众交通工具的环境行为，描述规范同样也可预测行为意向。

上述研究将描述规范纳入心理模型，了解规范对行为意向的影响，所探讨的描述规范影响环境友善行为。恰尔蒂尼研究发现，命令规范与描述规范都会影响环境行为（Cialdini et al.，1990）。索根森依据文献回顾，命令规范与个人规范相关性较低，主观规范与个人规范相关性较高（Thøgersen，2006）。在相关分析中，主观规范、描述规范与环境友善行为有中度相关性；回归分析结果，主观规范与描述规范都会影响个人规范，个人规范再影响环境行为。描述规范不止有影响个人规范再影响环境行为的路径，也有直接影响环境行为的路径（Thøgersen，2006）。在埃尔南德斯的研究中，他探讨社会规范、个人规范与环境行为。依据路径分析的结果：命令规范影响主观规范，主观规范影响个人规范，个人规范再影响环境行为的路径；描述规范则是直接影响环境行为（Hernández et al.，2010）。命令规范的影响力是以间接的路径来影响主观规范与个人规范，再去影响环境行为。主观规范与描述规范比起命令规范，能以更直接的路径影响个人规范与环境行为。

第四节　环境压力

如果从人类内在心理认知的角度，我们探讨人类自呱呱坠地之后，依据五官感知能力探索环境，进行环境认知，后来形诸外的表现，从人格特质影响到外在表现，并且受到社会规范的影响，形塑外在的行为；

那么在环境的影响之下，我们内心深处如何抗拒恶劣的环境压力，以及我们如何在舒适的环境中，达到环境疗愈的效果呢？

据说将近一万年前，在中东伊拉克与巴勒斯坦出现人类史上第一个聚落雏形，象征人类生活克服了自然生态的严峻性，包括克服严寒和酷热的气候、躲避洪水、防止荒漠等天然灾害，力求改变人类在空间利用行为。学者研究聚落，是形容人类住宅及其周遭营造物聚合体的空间概念，此一人文空间与环境，即为聚落环境学研究范畴。然而，聚落以乡村形态房屋聚集为主，其形成和发展，成为地表嵌块体人文景观中的主要成分。

在人类历史的早期，《圣经》上记载，大洪水降下前的 1656 年间，人类已经有各种不同的住所。《圣经·创世纪》11：3 - 4 记录大洪水过后，人类兴建巴别塔，让上帝不悦。佛教重要孝经《地藏菩萨本愿经·阎罗王众赞叹品第八》中，释迦牟尼佛告地藏王菩萨："生时，但作善事，增益宅舍，自令土地无量欢喜，拥护子母，得大安乐，利益眷属。"

营造对于人类，是一种艺术；建筑对于人类，是一种利益。然而，在人口日益成长、水源短缺、耕地消失、海洋生态灾难、生物多样性减少的现代，环境学应运而生，其形成与发展是研究人类在聚落区域如何繁聚，并与自然环境如何发生相互作用。"自然环境"和"人为建筑开发"开始冲突。

"可持续城乡环境"是揭橥人类聚落影响自然环境的一门学科，其间之关系，有赖于更深入了解人文环境及经济社会的内涵，亦即观察"人地关系"，分析形成地方、聚落、区域、大都会特性的因素，借以认知建筑与拥挤环境的空间，俾利实证人类近代文明之现象。

一般来说，人类克服了环境压力，展现了一种人定胜天的气势，然而，因为对于环境压力的主客体不明，生态科学家所说的环境压力（environmental pressure），以及社会学家所说的环境压力，甚至心理学家所说的环境压力（environmental stress），命名相同，但是内容不同，分析如下。

一 环境科学家所说的环境压力（environmental pressure）

环境压力（environmental pressure）指标反映了人类活动对于环境

的影响，包含了人为环境压力（anthropogenic environmental pressure）导致的环境影响（environmental impact），引起了环境问题的出现。环境压力包含了人类排放到环境中的废气，产生的废水和废弃物，使用和排放的重金属化合物，消耗臭氧层的物质，以及消耗的森林和矿产资源等。此外，由于全球气候变迁，臭氧层消耗，生物多样性消失，废弃物任意抛弃，资源无法循环利用，有毒化学品逸散，河川和空气污染，以及水资源耗竭这些环境问题，都是环境科学家所说的环境压力。

二　社会学家所说的环境压力（environmental stress）

因为人口稠密，产生环境污染，这些环境压力（environmental stress），形成了对环境的影响，同时造成了环境保护问题。这些问题，都有赖于环境科学家提出环境保护的解决方案。环境问题不是仅靠科学就可以解决的，需要从社会和经济的角度进行思考。由于人类对于环境压力事件的抗拒，以及对于生存幸福的追求，人类会思考如何减少压力的产生，以及解决环境问题。在压力产生的时候，会产生警戒、抵抗以及疲惫等阶段性反应。这些压力产生了生理和心理的作用。接下来，针对环境压力源的态度、道德观、环境保护经验，以及对于环境影响的后果觉知（awareness of consequences），都会采取因应对策。

我们以大自然反扑产生了海洋资源耗竭来说，由于海洋资源枯竭，鱼群日益减少。以合法捕鱼为例，因为对于环境资源的重视，渔民采取合法捕鱼的方法，对于传统捕鱼领域没有环境影响，但是因为海洋资源耗竭，鱼群大量减少，渔民捕获不到鱼，导致了经济收入减少，形成了贫穷的社会现象。

在图4-8中，我们会评估渔民应对压力的资源、策略，以及捕鱼效果。我们发觉非法捕鱼造成了更大的环境问题，渔民经济富裕了，但是其应对压力的方式使资源更加耗尽。

人类以行动控制或改变心理适应的形式，一种是安于贫穷，认为贫穷是道德和守慧的结果，另一种是铤而走险，采取直接的行动，以改变人类和周遭险峻环境之恶劣关系。例如，冒着被拘捕的危险，进入海洋保护区内进行拖网捕捞。当然，渔民也可能采用一种调适自己情绪与认知的适应方式，例如在赏鲸期间，试图放松自己的情绪，看着鲸豚追捕

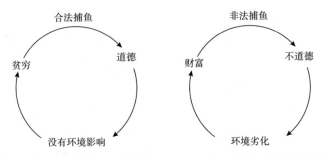

图 4 - 8　贫穷循环的合法捕鱼（Fabinyi et al.，2010；Fabinyi，2012）

自己的猎物，或是转行进入生态旅游的赏鲸豚的解说工作，以解决生计问题。但是，如果海洋生态旅游的收入并不丰富，渔民自己无法改善收入微薄的情况，觉得从渔业捕捞转行从事旅游业，其收入并不能改善最终的家计，就会产生"我听专家学者建议改做海洋生态旅游，但是没什么用"的"习得无助"的感觉。如果在经济收入极度短缺的状况之下，在认知上觉得单纯一个人的保护海洋资源的行动，并不能影响海洋资源最终耗竭的结果，在情绪上会更加沮丧，更会加深其身为渔民的"习得无助感"。

进入 21 世纪，人类社会产生了滔天巨变。由于气候持续暖化，2001 年 7 个强烈台风重创台湾。到了 2003 年，热浪（heat wave）肆虐欧洲，大巴黎区升温至 41.9℃，欧洲共计造成了 70000 人热衰竭死亡（Robine et al.，2008）。2005 年卡翠纳飓风群侵袭美国，造成 1245 人死亡，财物损失高达 1250 亿美元。2008 年，中国大陆发生严重雪灾，全国交通陷入瘫痪。2011 年强烈热带飓风雅思（Yasi）袭击澳洲，由于河水暴涨，流入海中的土石流、沉积物、杀虫剂也污染海洋，澳洲大堡礁受到重创。2019 年热浪再度袭击法国南部，使该地区温度高达 45.9℃。

在自然环境的灾变当中，随着气候变迁，环境资源日益短缺，我们以图 4 - 9 为例，说明目前气候变迁已经造成了渔业浩劫，形成环境的压力。这一股压力产生了生态系统中的变化。显而易见的是，海洋物种将受到影响。然而，气候变迁在多大程度上产生了环境的影响，哪些物种最容易受到影响，科学家依然是众说纷纭，仍然不能给出确定的答案。图 4 - 9 说明了物种都有生理极限，都会因为海洋暖化，进行迁徙。

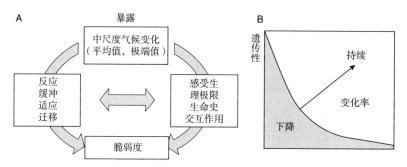

图 4－9　影响物种易受气候变化影响的因素。（A）从暴露至大范围的气候变化途径到物种的脆弱性示意图；（B）物种增长的遗传特征（trait heritability）和环境变化率（例如温度）限制了演化速率（Moritz and Agudo，2013）

当然，在陆地的我们，会从化石记录中寻找答案，大多数物种在过去的气候变迁中，也持续地在地球上存在。针对未来影响的预测，科学家预测了大范围的物种减少和地区灭绝，物种也会试图进行适应，或是迁徙。因此，许多物种通过 20 世纪的气候变迁，迈向 21 世纪，将以反映环境变迁的状态存在，但是将改变存活的范围、限制以及形态表征。此外，物种多样性降低的原因，仍然有相当大的程度尚不明确。然而，据最近气候相关报道，物种逐渐减少的问题，依然可以在最近的研究结果中进行参考，同时协助指导当前的生态系统管理的指标。

第五节　疗愈环境

环境可以造成人的压力，在环境的影响之下，我们设法抗拒、减缓，或是调适恶劣的环境带给我们的压力；但是，在舒适的情境之中，环境也可以疗愈人类疲惫的心灵。

在东方，疗愈环境（healing environment）是创造身体和心灵康复的地点，疗愈的目标，主要是减少压力（reduce stress），从而减少可能影响身体健康、情绪波动，以及调整逻辑思维过程的压力的身心症状。传统东方信仰自然的治愈力量，例如印度的阿育吠陀（Ayurveda）是一种古老的疗愈传统。在传统印度，建议人们每天在大自然中度过，让感官体验人类存在的奇迹。大自然能够将我们的注意力转移到我们自身范围之外，并让自我与宇宙取得千丝万缕的联系。

人类一直对自然的治愈能力（healing power）感兴趣。在西方，最著名的案例是梭罗（Henry David Thoreau，1817~1862）在马萨诸塞州的康克德郡瓦尔登湖度过了两年的僻静时光，他进行写作，也是对生活和自然的经典冥想过程。在1845年，梭罗感受到森林的户外环境，让他可以享受心灵平静，并且改善健康状况。

此外，进行自然联系，可以提升精神层次，强化深层的自我意识。我们可以思考自我是身处比我们想象的更大的宇宙的一部分，我们可以思考进入童年拥我入怀母体的温馨，感受来自母亲的慰藉。等到成长之后，需要经常进入大自然环境中进行自我观照，体验简单的事情来重新连接自然的母爱。例如：我们可以赤脚走在长满苔藓的森林，感受"阳光洒网，捕捉苔藓中的低温"；或是浪迹在海洋中感受潮起潮落的流水印象，或是感觉晶莹剔透的泡沫在脚底搔痒的一种自然联结感。

近年来，生态心理学（ecopsychology）探索人类与自然世界之间的关系。在自然中度过时间，可以减轻人类的压力，协助缓解压力，从而形成疗愈环境，借以提高整体幸福感受。疗愈环境基本上可以分为自然环境和人为环境。

一　自然环境

当人类暴露于大自然时，人们常常会感到更加慷慨，与社区联系更为紧密，甚至于更具有社会意识。因此，即使只是观看自然照片，也会增强人类和生物联系的感觉，从而提醒人类基本的环境价值观，例如慷慨和关怀。在《环境心理学期刊》（*Journal of Environmental Psychology*）中的系列的研究证明，每天暴露在大自然中的人们，即使只有20分钟，整体能量水平也较高，心情与情绪也比较好，其原因如下。

（一）维生素D

在户外度过阳光灿烂的日子，是一个很好的方式（Beute and de Kort，2013），让我们的脸上充满着微笑。阳光为我们提供维生素D滋养，可以平静情绪，调节神经系统，并且在寒冷阴郁的冬天，改善季节性情感障碍（seasonal affective disorder，SAD）等问题。因为，被自然光所包围的人类，生产力更高，生活也会更健康。除此之外，维生素 D 还可以促进体内钙质的吸收，并且适量的维生素 D，可以将患高血压、癌症以及其他自身免疫疾病的风险降至最低。

（二）芬多精

在森林中，经过阳光照射，在温度上升的时候，因为植物经过光合作用的代谢作用和蒸散作用，产生了芬多精（phytoncide）。芬多精以瀑布群中的台湾杉、柳杉、樟树所释放最多。芬多精具备抑制霉菌和细菌的功能，研究证明芬多精可以降低血压、振奋精神。此外，芬多精有强化副交感神经的功能，可以提升睡眠质量，并且减缓焦虑，以至自我疗愈。而在台湾无论是针叶树或阔叶树，通常以松烯最常见，其具有杀菌、振奋精神的功效。

（三）唾液淀粉酶

当人类感受到压力时，释放压力激素，包含糖皮质激素和儿茶酚胺。可以用采唾液的非侵入性测量，例如测量唾液 α - 淀粉酶（sAA）和唾液皮质醇（sC），用于量化人类因为压力产生的社会心理压力反应。在安静和安全的疗愈环境之中，显示心理压力减少，唾液 α - 淀粉酶也会减少。

二 宁适环境

宁适的休闲环境有可能是一种室内的环境。人类需要从日常生活中解脱出来，并且进入一种休憩和充电的情境，进行冥想，安静地体会周围的景象、声音以及气味。沉思和冥想的一种基本形式，是将自我的注意力带到现在，而不是沉溺于过去，或是担心未来，这样可以最大限度地减少压力和焦虑。

在消除环境压力因素中，需要减少例如噪音、眩光、空气污染，以及缺乏隐私的喧闹环境。所以需要将疗愈环境和大自然联系起来，欣赏室内花园、水族馆、水族缸的元素景观。并且需要增强自我的控制感，减少手机和社群媒体的干扰，找到一个安静的场所，以温暖的照明、清幽的音乐、安静的座位和床铺，以度过轻松舒适的午后。

三　出生后环境

人类在出生之后，因为呱呱坠地，从母体中脱离，需要寻求社会支持的机会。在接触空气的那一刻，开始自我异化（alienation of self），这种异化，从认知产生了自我感知，例如发展了触觉、视觉以及听觉，开始进行从学习到分类，同时，也开始有了个人的爱好，并且有了感觉和情绪，这都是种种分离的社会象征。

然后，人类婴孩觉得他（她）被剥夺，觉得环境陌生，并且与母体逐渐疏远。随着母婴隔离，婴儿产生了无力感、孤立感，以及母体疏离。在社会环境的因素之下，人类婴孩需要学习同伴，进行同侪示范，并且学习适应出生后环境的疏离感。因此，在婴孩出生后环境中，需要为母婴提供隐私的空间，为母亲提供互动的情境环境，伴随着专为医疗保健环境开发的母亲音乐，以提供给产后抑郁的母亲和焦虑的新生儿，使其共同产生和平、希望以及联系的感觉，并且提供轻松、宁适的环境，以及纾压的机会，请见图4-10。

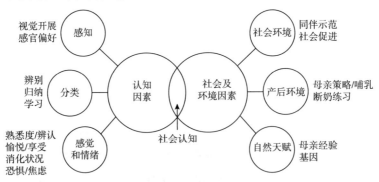

图4-10　认知因素和社会环境调节因素的类型学
（修改自：Lafraire et al.，2016。）

小　结

环境教育是从教学经验中，掌握环境科学和环境心理学方面的知识，融汇不同自然学科、社会学科等不同类型的知识，且纯熟运用于教学"心理化"（psychologize）的过程，以能达到教学目的。因此，本章通过环境认知、人格特质、社会规范、环境压力以及疗愈环境，体验在环境心理的架构之下，体现于理解和体会自然环境的特征，以身临其境，进行环境教育中的"境教"；"境教"为一种不言而喻的自然感受。释迦牟尼佛陀拈花，迦叶尊者微笑，这是一种无言的教育，完全由一种外在的情境，转换为人类的领悟心境。

这不仅要求教师有对于环境教育多样性内容的理解，而且必须体认环境的价值和生活的目的。这两种层次，对于教师实践教学极为重要（周健、霍秉坤，2012）。教师除了要让学习者领悟之外，还要启发学习者的行动。与此同时，人口持续膨胀，虽然带动了前所未有的经济增长，但是地球已经为人类的开发付出了代价，贫富明显不均，污染处处可见。到了今天，环境保护工作不仅仅是一种国家和社会问题，更是成为与个人价值观有关的环境心理问题。目前的关键问题是，人类自身能否以尊重地球的生态界限的方式发展经济，并且支持 21 世纪中叶预计的 97 亿人口，这一问题成为全球人类面对可持续发展最大的集体心理压力。

📎 关键词

自我异化（alienation of self）

后果觉知（awareness of consequences）

认知系统（cognitive system）

创新的扩散（diffusion of innovation）

教育能力（educative competencies）

环境行为（environmental behavior）

环境影响（environmental impact）

环境压力（environmental pressure; environmental stress）

情绪稳定性（emotional stability）

全球社区（global communities）

疗愈环境（healing environment）

热浪（heat wave）

命令规范（injunctive norm）

控制观（locus of control）

镜像神经元（mirror neurons）

培育环境（nurture environment）

知觉行为控制（perceived behavioral control）

科学共识（scientific consensus）

社会规范（social norm）

社会学习理论（social learning theory）

主观规范（subjective norm）

价值 – 信念 – 规范理论（value – belief –

norm theory）

人为环境压力（anthropogenic
environmental pressure）

回旋镖效应（boomerang effect）

描述规范（descriptive norm）

生态心理学（ecopsychology）

环境态度（environmental attitudes）

环境认知（environmental cognition）

环境感知（environmental perception）

环境敏感度（environmental sensitivity）

完形心理学（Gestalt Psychology）

进阶属性（graduate attributes）

治愈能力（healing power）

信息处理（information processing）

当地社区（local communities）

最大概似估计法（Maximum likelihood
estimation，MLE）

规范启动模型（Norm Activation Model，
NAM）

范式转移（paradigm shift）

负责任的环境行为（responsible
environmental behavior，REB）

季节性情感障碍（seasonal affective
disorder，SAD）

社会行动者（social actors）

结构方程模式（Structural Equation
Modeling；SEM）

遗传特征（trait heritability）

第五章

环境范式

Ecocentrism goes beyond biocentrism with its fixation on organisms, for in the ecocentric view people are inseparable from the inorganic/organic nature that encapsulates them. They are particles and waves, body and spirit, in the context of earth's ambient energy (Rowe, 1994a).

生态中心主义立基于有机体之上，因此在内涵上超越了生物中心主义。在生态中心主义观点中，人类与其组成的无机体/有机体之性质密不可分。在地球环境能量的背景之下，人类是粒子和波浪、身体和精神的组成。

——罗伊（J. Stan Rowe, 1918~2004）《生态中心主义：协调人类和地球的和弦》（*Ecocentrism: the Chord that Harmonizes Humans and Earth*）

学习重点

本章探讨环境范式（Environmental paradigms），内容涵盖了环境伦理、新环境范式、新生态范式、行为理论范式，以及范式转移等理论和实务的内涵。传统的生态学，是指生态系统中的生物学。但是，生态范式和环境范式的原则，可以适用于现在学校的学科应用之中，这些范式从土地伦理出发，建构土地和我们的关系、生物和我们的关系，以及生态系统之间的关系。这些关系，都是一种联系。如果，我们认为人类出生之后，就是脱离温暖的母体，产生了母体联系关系断裂之后的疏离、异化，以及分离之后的焦虑，那么，我们出生、成长，逐渐衰老，直到死亡之前，都是在寻觅如何建立人类之间关系的联系方式。因为，确认联系关系，才能赋予人类自身在世界上特殊的地位、身份，以及存在于世间的价值，这种关系上的依附，隶属于经济身份、社会地位，以及环境的永恒价值。

第一节　环境伦理

哲学的核心领域之一是道德和伦理，所以伦理就是在研究什么是正确的事情，特别是从道德规范涉及价值判断的角度思考人类身处于这个世界的意义："伦理的探讨，不仅仅关注我们为何以这一种方式行事，而且还要询问这些行为是否是正确的"。

环境伦理（Environmental ethics）是一门理解环境哲学的认识论学说，从环境的起源，探讨人类与环境之间的关系（杨冠政，2011），从人类关系的伦理范畴，扩展到有意识的动物、无意识的动物，甚至进入生物圈的范畴。环境伦理在哲学中建立了许多假说，例如"万物拥有内在的价值"，通过社会科学和自然科学的论证，对于环境社会学、生态经济学、生态神学以及环境地理学等学科领域，产生深远的影响。环境伦理批判资本主义，对于环境价值的呈现，寻求人类社会参与式的民主（re‑engage democracy），包括面对当前世界生态危机产生的生物多样性的利益，都在环境伦理的讨论之中。因此，环境伦理通过不同利害关系人的想法，挑战我们看待环境教育的方式。以下我们说明土地伦理、生态伦理以及批判教育学，从而理解环境伦理的内涵。

一　土地伦理的主要信念

土地伦理是环境哲学或理论架构的一种学理，讨论人类在道德上如何看待土地的理论。土地伦理是由李奥波德（Aldo Leopold，1887～1948）在《沙郡年纪》（*A Sand County Almanac*）中创造的名词。在20世纪中叶，这是一本环境运动的经典文本。李奥波德认为人类迫切需要一种"新伦理"（new ethic），这是一种"处理人类与土地，以及在土地中生长的动物和植物关系的伦理"。李奥波德提出了基于生态的土地伦理，拒绝以人为本的环境观，并且保护自然，发展一种自我更新的生态系统（self‑renewing ecosystems）。《沙郡年纪》中第一次有系统地介绍了以生态为中心的环境保护方法。

李奥波德创造土地伦理一词，后续有许多哲学理论，可以说明人类应该如何对待立足其上的土地。土地伦理的相关理论，包括基于经济学的功利主义、自由至上主义、平等主义，以及生态学的土地伦理。后来联合国环境规划署在为不同国家设计环境教育内容时，采纳李奥波德"适合于地方情况"的课程内涵原则。

二　人类中心理论"人类中心"价值体系的主要信念

在过去，伦理的主要焦点一直都是人类。有神论者认为人类存在于地球上，其地位优于其他生命，并且占据优势的地位。因此，所有其他形式的生命，都是在为人类服务，因为人类是按照上帝的形象创造的。但是这一种基本教义的论点，受到圣经论者的挑战，他们认为上帝希望人类成为地球上生命的管家（stewards）或保护者（protectors），从而宣扬《圣经》解释的可塑性。

西方的亚里士多德（Aristotle，384～322 BC）和康德（Immanuel Kant，1724～1804）认为，只有人类才是道德生物（moral creatures），因为只有人类才有理性思考的能力。正是这一点说法，让我们对自身的行为负责；因为人类不仅仅是采用本能行事，因此我们可以对自身的行为负责。对于昔日的道德思想家来说，动物和其他形式的生命没有道德立场，而是可以用于人类最终目的之手段。这种看法通常被称为是一种"人类中心主义"（anthropocentrism）。从以上的论述可以归纳出人类中心主义的主张。

（1）人类是大自然的主人。

（2）人类的利益是一切价值判断的依据，大自然对于人类只有工具价值。

（3）人类具有优越性，人类超越自然万物。

（4）人类与其他生物没有伦理关系。然而，相对于西方文化的武断，东方文化有其谦虚性。正如孟子（372～289 BC）认为人类和动物不同的地方很少，但是只有人类有仁义道德的天性。一般人都不晓得仁义的可贵。所以孟子在《孟子·离娄章句下》说了一段话："人之所以异于禽兽者，几希，庶民去之，君子存之。舜明于庶物，察于人伦，由仁义行，非行仁义也。"孟子说的意思是："人类与禽兽不同的地方，只在很微小的一点，就是人的天性具有仁义罢了。众人都不知道这一点不同的地方，往往将仁义道德抛弃了，只有君子知道道德的可贵。"庄子（369~286 BC）也经常用生态界的动物自我比喻，例如：庄周梦蝶，思考清醒的自己，是不是蝴蝶的梦境；庄子处世恬静，宁可为泥中嬉戏的活乌龟，也不愿意做官，认为伴君如伴虎，做官就是失去人的自由。所以，传统中国儒家和道家，都不是人类中心理论中的"人类中心"论者。甚至庄子的理想为学习泽雉，"泽雉十步一啄，百步一饮，不蕲畜乎樊中"，这是追求人类和物种自由的一种思维，而不是独尊人类思维的思想。

三　生命中心伦理（biocentric ethic）"生命中心"价值体系的主要信念

在过去，人类中心理论这一种论述，直到现代都没有受到太多的挑战。但是因为达尔文的物种起源演化理论，人类在物种中的地位已经产生了结构性的变化。生命中心主义是一种道德观点，将生命内在价值（inherent value）扩展到所有生物。生命中心是解释地球如何运作，特别是和生物多样性有关的内涵。生物中心主义一词涵盖了所有生物，将道德对象的地位从人类扩展到自然界中的所有生物。生物中心伦理要求重新思考人类与自然之间的关系。大自然不仅仅是为了被人类使用或消费而存在，生物中心主义者观察到所有物种都具有内在价值，并且人类在道德或道德意义上并不会优于其他的物种。从以上的论述可以归纳出生命中心主义的主张有以下四大支柱。

（1）人类和所有其他物种都是地球中的成员。

（2）所有物种都是相互依赖系统的一部分。

（3）所有生物都以自己的方式追求自己的优势（good）。

（4）人类本身并不优于其他生物。

生物中心主义并不意味着动物之间存在平等观念，因为在自然界中没有观察到这种现象。生物中心主义思想是奠基于自然观察的基础上，而不是以人类为基础的。生物中心主义的倡导者经常促进生物多样性保护、动物权利以及环境保护。生物中心主义结合深层生态学，反对工业主义和资本主义。

四 生态中心理论"生态伦理"（ecological ethic）价值体系的主要信念

生命中心主义与人类中心主义形成强烈的对比。人类中心主义（anthropocentrism）系以人类的价值为中心；生命中心主义推展到全体生物；然而，生态中心主义（ecocentrism）将内在价值扩展到整个自然界。因为人类只是众多物种中的一种，如果人类是生态系统的一部分，任何对我们生活系统产生负面影响的行为，也是对人类产生不利影响的一部分；因此，我们要保持生物中心的世界观，还要拓展道德范畴，延伸万物都拥有的内在价值，以强化生态伦理的道德观。

环境伦理的辩论，随着与人类生态系统的相互关联性和脆弱性日益尖锐化。最早的生态中心伦理，由李奥波德构思，并认识到所有物种，包括人类，都是长期进化过程的产物，并且在其生命过程中是相互关联的。李奥波德对土地伦理和环境管理的看法，是生态伦理的关键要素。生态中心主义主要关怀整个生物群落，并且致力维护生态系统的组成和生态过程。罗尔斯顿（Holmes Rolston Ⅲ，1932～ ）的生态伦理观，建构于 1975 年的文章《生态伦理何在?》（"Is There an Ecological Ethic?"）（Rolston，1975）。在他的个人著作《环境伦理学》中也自称其理论为"生态伦理"（ecological ethic）。罗尔斯顿在书中呈现了自然界价值观，并针对动物、植物、物种以及生态系统的责任进行调查，并且说明了大自然的哲学。人类面临动植物、濒危物种以及受胁生态系统（threatened ecosystems），需要依据道德决策进行规划和保护。此外，根据生态学者罗伊（Stan Rowe，1918～2004）的说法，他在《生态中心主义与传统生态知识》（"Ecocentrism and Traditional Ecological Knowledge"）一文中宣称："在我看来，唯一有希望的普遍信仰体系是生态中心主义，这个定义从人类（Homo sapiens）到地球的价值转变（value-shift），科学理论支持价值转移。所有生物都是从地球演化而来的。因此，地球而不是有机体，是生命的隐喻（the metaphor for life）。生态中心主义不是所有生物都具有同等价值的论据。这不是反人类的论点，也不是对那些寻求社会正义的人类的贬低。生态中心主义并不否认存在无数重要的核心问题，但不考虑这些较浅薄和短期的问题，以便考虑生态现实。这个主义反映了所有生物的生态状况，它将生态圈理解为一种超越任何单一物种，甚至是自称为智慧生物的生物。"（Rowe，1994b）图 5－1 显示了人类中心主义、生物中心主义到生态中心主义的演进过程。

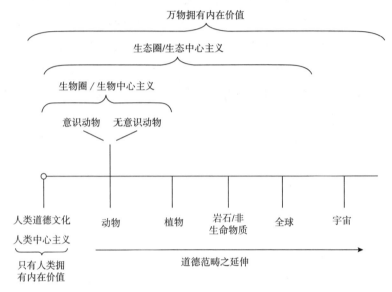

图 5－1　人类中心主义、生物中心主义，到生态中心主义（Arlinghaus et al.，2007）

个案分析

生态中心、人类中心以及环境冷漠量表
（Thompson and Barton，1994）

汤姆森和巴顿发展了 33 个项目，来测量生态中心主义、人类中心主义，以及对于环境议题普遍冷漠的量表（Thompson and Barton，1994），如表 5－1 所示。根据他们的说法，生态中心量表表达对于自然的利益反馈、正向影响、减缓压力，以及人类与大自然之间的关联，或是看见人类与动物之间的亲近感。人类中心量表，主要反映了人类对于环境议题的关切，因为环境最终的结果，反映在人类的生活质量与生存之上。环境议题普遍冷漠量表，则反映在环境议题上缺乏认知和情意；环境冷漠者认为，环境问题被过分夸大。

表 5 - 1　生态中心（ECO）、人类中心（ANTHR）、环境冷漠量表（APATH）

（Thompon and Barton, 1994）

量表	题号[a]	项目
生态中心	1	One of the worst things about overpopulation is that many natural areas are getting destroyed for development 人口过剩最严重的问题之一，是很多自然的区域因为开发而被破坏
	2	I can enjoy spending time in natural settings just for the sake of being out in nature 因为户外有益，我享受在自然环境的时光
	5	Sometimes it makes me sad to see forests cleared for agriculture 有时候，我看到因农业的开发而砍伐森林，会感到难过
	7	I prefer wildlife reserves to zoos 比起动物园，我更喜欢保留自然的生活
	12	I need time in nature to be happy 我必须待在自然里才会快乐
	16	Sometimes when I am unhappy I find comfort in nature 有时候，当我不快乐时，我在自然中感到慰藉
	21	It makes me sad to see natural environments destroyed 看到自然环境被破坏，我会感到难过
	26[b]	Nature is valuable for its own sake 自然的利益价值不菲
	28[b]	Being out in nature is a great stress reducer for me 对我而言，到大自然中是很棒的减压方法
	30[b]	One of the most important reasons to conserve is to preserve wild areas 保育最重要的理由之一，是保护自然区域
	32[b]	Sometimes animals seem almost human to me 有时候，在我看来动物和人类是一样的
	33[b]	Humans are as much a part of the ecosystem as other animals 人类和其他动物一样，是生态系统的一部分
人类中心	4	The worst thing about the loss of the rain forest is that it will restrict the development of new medicines 雨林消失造成的最严重问题，是限制了新医药的发展
	8[c]	The best thing about camping is that it is a cheap vacation 露营度假最大的好处，是因为它是价格低廉的度假方式
	11	It bothers me that humans are running out of their supply of oil 人类将要耗尽石油供给，让我很担心
	13[c]	Science and technology will eventually solve our problems with pollution, overpopulation, and diminishing resources 科学与技术，最终将解决我们的污染、人口过剩以及资源减少的问题
	14	The thing that concerns me most about deforestation is that there will not be enough lumber for future generations 人为毁林让我最忧虑的事情，是未来的世代将没有足够的木材使用
	19[c]	One of the most important reasons to keep lakes and rivers clean is so that people have a place to enjoy water sports 维持湖泊与河川洁净的最重要原因之一，是要让人们有一个能够享受水上运动的地方

续表

量表	题号[a]	项目
人类中心	22	The most important reason for conservation is human survival 保育最重要的原因是为了人类的生存
	23	One of the best things about recycling is that it saves money 回收利用的最大好处是节省金钱
	24	Nature is important because of what it can contribute to the pleasure and welfare of humans 自然很重要，因为它可以提供给人类欢乐、健康与幸福
	27[b]	We need to preserve resources to maintain a high quality of life 我们必须保护资源来维持高质量的生活
	29[b]	One of the most important reasons to conserve is to ensure a continued high standard of living 保育最重要的原因之一，是要确保持续高质量的生活
	31[b]	Continued land development is a good idea as long as a high quality of life can be preserved 只要高质量的生活能够维持，土地持续开发是一个好主意
环境冷漠	3	Environmental threats such as deforestation and ozone depletion have been exaggerated 人为毁林、臭氧层变薄等环境威胁，已经被过分夸大渲染了
	6	It seems to me that most conservationists are pessimistic and somewhat paranoid 在我看来，大部分的保育主义者悲观而且有点偏执
	9	I do not think the problem of depletion of natural resources is as bad as many people make it out to be 我不认为自然资源减少的问题，有像人们说得那么严重
	10	I find it hard to get too concerned about environmental issues 我很难对环境议题投入太多的关心
	15	I do not feel that humans are dependent on nature to survive 我不认为人类要依赖自然才能生存
	17	Most environmental problems will solve themselves given enough time 大部分的环境问题，若给予足够的时间，环境会自行解决
	18	I don't care about environmental problems 我不在意任何环境问题
	20	I'm opposed to programs to preserve wilderness, reduce pollution, and conserve resources 我反对保护荒野、减少污染，以及保育资源等规划
	25	Too much emphasis has been placed on conservation 我们强调太多关注在保育上

a. 1994 年 Thompson and Barton 原始问卷的题号。

b. 没有包含在研究一的题目中，但是增加在研究二的题目中。

c. 在研究中，这些题目没有包含在人类中心量表的计算中，以维持量表的内部信度。

五 从深层生态学（Deep Ecology）到动物解放（Animal Liberation）

我们在第一章的论述，说明盖娅假说影响了深层生态学。其实，生态中心主义也体现在深层生态学的原则中。奈斯（Arne Næss，1912～2009）在1973年提出深层生态学。奈斯指出人类中心主义将人类视为宇宙的中心和所有生态创造的顶峰，是浅层的生态学；所以倡导深层生态学，是以生态中心的生态系统为道德架构，随着地球环境日益恶化，人类需要强化可持续性的具体承诺。

深层生态学反对18世纪出现的所谓"现代主义世界观"（modernist worldview）。深层生态学的支持者认为，世界并不是人类任意自由开发的资源。如果过度开发导致物质产出不能保证超过可以开发的水平，然而人类过度消费将会危及生物圈的生存，那么定义一种新的非消费型福祉的范式似乎势在必行。因此，深层生态学的伦理学认为，任何生态系的生存，都取决于整体的福祉（Næss，1973）。深层生态学以下列八点声明说明其主张。

（1）地球上不论人类还是其他生物的生命，本身就具有"价值"，而此生命价值，并不是以非人类世界对人类世界的贡献来决定。

（2）生命形式本身就具有价值；而且，生命形式的丰富度和多样性，有助于这些生命价值的"实现"（realization）。

（3）除非是为了维持生命的重要基本需求，人类无权减少生命形式的丰富度和多样性。

（4）人类生活和文化的繁荣，与人类少量的人口是兼容的。要维持其他生物的丰富度，需要维持少量的人口。

（5）目前人类对于其他生物的过度干扰，情况正在迅速恶化之中。

（6）人类必须改变政策，这些政策影响基本的经济、技术以及意识形态结构。因此，产生的情况将与现在截然不同。

（7）基于生命的天赋价值观点，意识形态的改变主要在于对"生命品质"（life quality）的赞赏，而不是追求更高的生活水平。我们将会深刻地觉知，"大"（bigness）和"伟大"（greatness）是不同的。

（8）认同上述观点的人，都有义务直接或间接参与必要的改革。

深层生态学家撰写了立意甚高的宣言，想要改变目前的政治与经济体系。奈斯强调内在的价值，他认为生态现象的关联性牵一发而动全身。因此，他认为人类应该调整对于自然的态度，运用生态的世界观进行宏观调控，不然地球环境还是会出状况。

狄佛（Bill Devall，1938~　）和谢森斯（George Sessions）在 1985 年出版的《深层生态学》一书中引用新物理学（Devall and Sessions，1985），他们将新物理学描述为粉碎笛卡尔（René Descartes，1596~1650）和牛顿（Sir Isaac Newton，1643~1727）的宇宙视觉。新物理学否认大自然是简单的线性因果解释的机器。他们提出大自然处于不断变化的状态，拒绝将观察者视为独立于环境的观念。他们提到了卡普拉（Fritj of Capra，1939~　）《物理之道》（The Tao of Physics）的新物理，新物理影响相互关联的形而上学和生态学的观点（Capra，1975），根据卡普拉的说法，应该使深层生态学成为未来人类社会的架构。狄佛和谢森斯谈论了生态科学本身，并强调生态系统之联系。他们指出，除了科学观点之外，生态学家和自然历史学家已经形成了深刻的生态意识，包含了政治意识和精神意识（Devall and Sessions，1985）。狄佛和谢森斯批判人类中心主义，因为生态中心主义是一种超越人类观点的论述。他们特别提到的科学家包括李奥波德、希尔斯（Paul Sears，1891~1990）、艾尔顿（Charles Sutherland Elton，1900~1991）、达令（Frank Fraser Darling，1903~1979）、卡森（Rachel Carson，1907~1964）、奥登（Eugene Odum，1913~2002）、科蒙纳（Barry Commoner，1917~2012）、李文斯顿（John Livingston，1923~2006），以及埃利希（Paul R. Ehrlich，1932~　）。从上述生态发展的观点来看，他们很早开始就将斯宾诺莎（Baruch de Spinoza，1632~1677）视为哲学来源，特别是认为"存在的一切，都是单一终极现实，或是物质的一部分"。

卡普拉认为，这种复杂网络的组织模式，将导致一种新颖的系统性思维。生态系统将是一种自生生成（autopoiesis）的形成，所有生态系统的结构与功能都具有互补性，所以缺一不可。生态系统是一种非均衡的动态结构，同时通过耗散结构（dissipative structures），在高能量的情况下，生态系统也可以维持一种动态的稳定结构。在生态系统不断自我寻求完善、不断从环境中吸收能量和物质而向环境放出"熵"之际，生态系统竟然可以采用和外部环境交换"熵"的破坏环境的模式，维持自身系统的稳定。最后生态系统以社会网络（social networks）进行系统信息交换，进行系统之间的修复工作（Capra and Luisi, 2016）。

深层生态学影响到动物解放（Animal Liberation）运动。里根（Tom Regan, 1938~2017）、辛格（Peter Singer, 1946~ ），以及罗兰（Mark Rowlands, 1962~ ）等动物解放专家，提出动物保护的理论。里根等以效益理论推论"人类并无道德上之独特性"与"根据理论得出之平等判断"（Singer, 1975；萧戎, 2015）。里根撰写《动物权利的理由》（*The Case for Animal Rights*），认为人类不能以理性主义至上的原理，仅赋予权利给予拥有理性者，事实上，这些权利应赋予婴儿、植物人，以及非人类。这些权利属于内在价值，人类应该将动物的案例置于道德考虑之中（Regan, 1983）。

辛格（Peter Singer）在1975年的著作《动物解放》（*Animal Liberation*）中，则严厉批评了人类中心主义，辛格也不同意深层生态学对自然的"内在价值"的信念。他采取更实用的立场，称之为"有效利他主义"（effective altruism），意思是保护动物可以带来更大的效益。

罗兰的论点更为玄奥。他认为人类的思想，可以贮存于大脑之外，包含了思考、记忆、欲望，以及束缚。罗兰通过回忆录《哲学家与狼》，讲述了他与狼一起生活和旅行的十年。他以哲学口吻重新定义人类意义，重新定义对于动物的爱、幸福、自然，以及死亡的态度（Rowlands, 2008）。

第二节　新环境范式

我们在第一节中谈到环境伦理，环境伦理是一种人类道德的基本范式，属于对于内心深处和外显事物的一种"自我尊重"和"对外尊重"。本节我们要谈"范式"（paradigm）。什么是范式呢？范式包括人类在进行活动时，所使用的一切概念（concepts）、假定（assumptions）、价值（values）、方法（approach），以及证验真理的基准（方伟达, 2017）。范式这个词源于希腊文 paradeigma，有模式（pattern）、模型（model），或是计划（plan）的意思，指的是一切适用的实验情境或是程序。柏拉图（Plato，429～347 BC）创造范式一词，希望用于其理念或形式（forms）的观念中，以解决对于真理争端讨论的方式。日耳曼哲学家李希腾堡（Georg Lichtenberg，1742～1799）认为"范式"就是一个示范性的成就，我们可以采用此一成就作为模型，以一种类比的过程，来进行问题的解答。后来，维特根斯坦（Ludwig Wittgenstein，1889～1951）在语言游戏的概念中谈到"范式"，希望循着类比性的过程，让问题得到解答，以寻求人世间的真理。这个真理型的范式，让俄克拉荷马州立大学（Oklahoma State University）社会学系教授唐拉普（Riley E. Dunlap）研究环境问题的性质和来源，长达40年。

唐拉普强调环境问题、舆论以及环境决策之间的联系。他发展新环境范式量表时，则将对立的范式称为"主流社会范式"（Dominant Social Paradigm，DSP）。唐拉普早期研究考察了传统美国信仰与价值观（例如个人主义、自由放任以及进步主义），以及环境态度和行为之间的关联性。他关心"主流社会范式"的信念和价值观，以及对环境质量的关怀，发展了衡量环境范式和世界观的核心要素，在全世界许多国家的研究中得到应用。

唐拉普在1980年提出了新生态范式（New Ecological Paradigm）的概念，并在21世纪初发表了新生态范式量表。唐拉普目前的研究集中在气候变迁的公众舆论的分析、气候科学和政策的两极分化，以及气候变迁的来源和性质被否定的言论分析。

一　新环境范式量表

环境态度（EA）常被认为和环境关怀是一样的。本节采用环境态度，系因环境关怀被视为更为广泛的心理层面。本节探讨传统的新环境范式量表，环境态度是借由关心或不关心等一阶成分（one - order constituent）来测量。后来，环境态度采取多元成分的观念，在许多研究中被采用。在本单元中，我们先介绍新环境范式量表（New Environmental Paradigm，NEP Scale）。

最早的新环境范式量表是在1978年由环境社会学者唐拉普提出，目前已经是使用率最高的环境态度评量。新环境范式是一种相对于传统以人类发展为中心的思维模式，有别于主流社会范式（Dominant Social

Paradigm，DSP）的学说，重视人类与自然之间互动关系的新思维，通过对于物种和人类的普遍关怀，相信增长极限等特质（张子超，1995；黄文雄等，2009）。新环境范式量表中的12个题项（请见表5-2），是以成长的极限（limits to growth）、反人类中心主义（anti-anthropocentrism）、自然界的平衡（balance of nature）等三方面为主的问项内容。

表5-2　原始新环境范式量表（Original NEP scale，Dunlap and Van Liere，1978）

1. We are approaching the limit of the number of people the earth can support
   我们正接近地球能够维持人类生存的人口极限
2. The balance of nature is very delicate and easily upset
   自然的平衡，非常脆弱与容易改变
3. Humans have the right to modify the natural environment to suit their needs
   人类有权利改变自然环境，让其适应人类的需要
4. Mankind was created to rule over the rest of nature
   人类是被上帝创造来管理自然的
5. When humans interfere with nature，it often produces disastrous consequences
   人类干预自然，通常产生灾难性的结果
6. Plants and animals exist primarily to be used by humans
   植物和动物存在的主要目的，是被人类利用
7. To maintain a healthy economy，we will have to develop a "steady-state" economy where industrial growth is controlled
   为了维持健康的经济，我们必须控制工业的成长，发展稳定状态的经济
8. Humans must live in harmony with nature in order to survive
   人们为了生存，必须与自然和谐共存
9. The earth is like a spaceship with only limited room and resources
   地球就像是一艘只拥有有限空间与资源的宇宙飞船
10. Humans need not adapt to the natural environment because they can remake it to suit their needs
    人类不需要改变环境，因为人类可以重建环境来因应需要
11. There are limits to growth beyond which our industrialized society cannot expand
    工业社会因有成长限制，不能一直扩张
12. Mankind is severely abusing the environment
    人类严重地破坏环境

在提出第一版的量表之后，唐拉普借由修改措辞将其进行合并，成为一组六个项目的精简版本，请见表5-3。但是，这个版本没有出版，由分享信息的皮尔斯（John Pierce）在其研究中使用这个精简版本。

表5-3　NEP精简版

2. The balance of nature is very delicate and easily upset by human activities
   人类的活动，让自然的平衡变得非常脆弱与容易改变
9. The earth is like a spaceship with only limited room and resources
   地球就像是一艘只拥有有限空间与资源的宇宙飞船

6. (R) Plants and animals do not exist primarily to be used by humans
　　植物和动物存在的主要目的，不是被人类利用

3. * Modifying the environment for human use seldom causes serious problems
　　为了人类利用而改变环境，很少造成严重的问题

11. * There are no limits to growth for nations like the USA
　　　像美国这样的国家，没有成长的极限

4. * Mankind is created to rule over the rest of nature
　　人类是被上帝创造来管理自然的

注：R：原始版的反向问题；* 修改措辞及观念。

二　生态世界观点量表

布莱奇发展了生态世界观点量表（Blaikie，1992），测试了 24 个题项，删除 7 个题项，保留了 17 个题项，请见表 5 - 4。他使用新环境量表（Dunlap and Van Liere，1978）（表 5 - 2 的 2，3，5，6，8，10）、主流社会范式量表（Dunlap and Van Liere，1984），以及里契蒙和邦加特（Richmond and Baumgart，1981）量表，建构生态世界观点量表，对澳大利亚墨尔本皇家科技学院的 390 名学生以及墨尔本都市区的 410 名居民做测试。布莱奇取出了 7 个次量表：自然环境的使用/伤害、自然环境的不稳定、自然环境的保育、为了环境而做出/放弃的行为、科学与技术的信赖、经济增长的问题，以及自然资源的保育。研究指出，这个次量表在针对学生和居民测试之后，结果是相似的。

表 5 - 4　生态世界观点量表（Blaikie，1992）

题号[a]	项目	原始量表		
	自然环境的使用/伤害	NEP[b]	DSP[c]	[d]
a	Humans have the right to modify the natural environment to suit their needs 人类有权利改变自然环境，让其适应人类的需要	3.		
d	Human beings were created or evolved to dominate the rest of nature 人类是被创造或演化去控制、统治自然的			
v	Plants and animals exist primarily to be used by humans 植物和动物存在的主要目的，是被人类利用	6.		
	自然环境的不稳定			
e	The balance of nature is very delicate and is easily upset 自然的平衡，非常脆弱与容易改变	2.		

续表

题号[a]	项目	原始量表		
g	Humans must live in harmony with nature in order for it to survive 人们为了生存，必须与自然和谐共存	8.		
k	Humans need not adapt to the natural environment because they can remake it to suit their needs 人类不需要改变环境，因为人类可以重建环境来因应需要	10.		
	自然环境的保育			
r	The remaining forests in the world should be conserved at all costs 我们要不计任何保育的成本，来保留世界的森林			B – c
u	When humans interfere with nature，it often produces disastrous consequences 人类干预自然，通常造成灾难性的后果	5.		
	为了环境而做出/放弃的行为			
o	People in developed societies are going to have to adopt a more conserving lifestyle in the future 已开发社会的人们，未来必须要采用更多保育的生活形态			
p	Controls should be placed on industry to protect the environment 工业应该被控制以利于保护环境			A – H
	科学与科技的信赖			
f	Through science and technology，we can continue to raise our standard of living 通过科学与技术，我们可以持续提升我们的生活水平		☑	
n	We can not keep counting on science and technology to solve our problems 我们不能永远依赖科学与技术来解决我们的问题		☑	
s	Most problems can be solved by applying more and better technology 应用更多、更好的科技，可以解决大部分的问题		☑	
	经济增长的问题			
c	Rapid economic growth often creates more problems than benefits 快速的经济增长，产生的问题通常比利益更大		☑	
x	To ensure a future for succeeding generations，we have to develop a no – growth economy 为确保以后世代的未来，我们必须发展零成长的经济			
	自然资源的保育			
l	Governments should control the rate at which raw materials are used to ensure that they last as long as possible 政府应该控制我们使用的自然资源的比例，确保它能尽可能地持续			B – F
t	Industry should be required to use recycled materials even when it costs less to make the same products from new raw materials 应该要求工业使用回收的原料，即使它制成品的价值比用原始原料所制成的产品价值还要低			B – g

题号[a]	项目		原始量表	
	项目			
b	Priority should be given to developing alternatives to fossil and nuclear fuel as primary energy sources 应该优先选择发展化石与核能燃料，作为主要的能源来源			C - 6
h	A community's standards for the control of pollution should not be so strict that they discourage industrial development 社区控制污染的标准不应该太严格以至于阻碍工业的发展			A - N
i	Science and technology do as much harm as good 科学与科技所做的，好处与伤害一样多	☑		
j	Because of problems with pollution，we need to decrease the use of the motor car as a major means of transportation 因为污染的问题，作为交通运输主要方法的汽车，我们必须减少使用			
m	The positive benefits of economic growth far outweigh any negative consequences 经济增长的利益，远远比经济增长所引起的任何负面结果还重要	☑		
q	Most of the concern about environmental problems has been over - exaggerated 大部分对环境问题的忧虑，已经被过度夸大了			C - 2
w	The government should give generous financial support to reach related to the development of solar energy 政府应该对太阳能的发展，给予更多慷慨的财务支持			C - 3

a. Blaikie（1992）原始问题题号。

b. Dunlap and Van Liere（1978）。

c. Dunlap and Van Liere（1984）。

d. Richmond and Baumgart（1981）。

三 新生态范式量表

人类中心理论的"人类中心"，象征的是一种主流的价值体系。在唐拉普校订 NEP 量表之前（Dunlap et al. , 2000），卡特葛罗夫发表了环境范式的二极量表（Alternative Environmental Paradigm Bipolar Scale, Cotgrove，1982），详如第三章我们曾经讨论过的表 3 - 2 "主流范式"和"环境范式"二极量表。他以工业与环境的对立形式，提出对立量表。唐拉普针对卡特葛罗夫的专论，表达高度的兴趣和评价，他说："我看到卡特葛罗夫展开创新的研究发表时，刚开始让我很沮丧。因为我觉得范李奥（Van Liere）和我过早针对新环境范式（NEP）对于主流社会范式（DSP）的挑战进行研究。二极量表启发了我的兴趣，因为卡特葛罗夫采用累积总和比率，让受测者在两种范式之间进行选择，这个工作比我和范李奥的工作更早完成。"

唐拉普等人在 2000 年提出的新生态范式量表，由 15 个项目组成，并保留 7 个新环境范式量表题项。修订版的新生态范式量表（NEP）涵盖更宽广的生态世界观点，包含了平衡亲近生态与反对生态两大类型的题项，用词也切近时代需求，请见表 5-5。

表 5-5 新生态范式量表 (New Ecological Paradigm，NEP Scale) (Dunlap et al.，2000)

A	B	项目
7.		Plants and animals have as much right as humans to exist 植物和动物拥有和人类一样的存在权利
8.		The balance of nature is strong enough to cope with the impacts of modern industrial nations 自然的平衡强大到足够应付现代工业国家造成的冲击
9.		Despite our special abilities humans are still subject to the laws of nature 尽管人类拥有特殊的能力，仍然受制于自然法则
10.		The so-called ecological crisis facing humankind has been greatly exaggerated 人类面临所谓的生态危机，已经被夸大其词
11.	9.	The earth is like a spaceship with only limited room and resources 地球就像是一艘拥有有限空间与资源的宇宙飞船
12.	4.	Humans were meant to rule over the rest of nature 人类是被上帝创造来管理自然的
13.	2.	The balance of nature is very delicate and easily upset 自然的平衡非常脆弱与容易改变
14.		Humans will eventually learn enough about how nature works to be able to control it 人类最终将学得自然如何运作，并能够控制自然
15.		If things continue on their present course, we will soon experience a major ecological catastrophe 如果所有的情势都持续朝向目前的方向，我们很快会经历重大的生态灾难

A 项的题号是 2000 年版题号，B 项的题号是 1978 年版题号。

第三节 行为理论范式

我们从唐拉普（Riley Dunlap）"创造范式"及"固守真理"的观念了解到，环境范式需要靠环境心理学者采取一种迥异于常态科学的态度与方法来进行人类行为的试验。英国学者博克（Edmund Burke，1729 ~

1797）说："一个人只要肯深入到事物表面以下去探索，哪怕他自己也许看得不对，却为旁人扫清了道路，甚至能使他的错误，也终于为真理的事业服务。"因为，一直以来，我们都以为只要人类有了环境知识（environmental knowledge），环境态度（environmental attitude）就会改变，环境行为也会改变。但是，这一论点不是绝对的。探讨知识、态度、行为之间的关系，是在找寻其间关系是否发生了错误。也就是验证有了环境知识不一定会影响环境态度，有了环境态度也不一定会影响环境行为。这其中的关系，非常错综复杂。

环境知识和环境态度对人们的间接行动（indirect actions）的影响，可能比对人们的直接亲环境行为（direct pro - environmental behaviors）影响更大（Kollmuss and Agyeman，2002）。经济因素、社会规范、情绪心理以及内在逻辑，对于人们的亲环境行为的决策产生很大的影响。我们进行人类环境行为的检视，包括好的行为，以及坏的行为。我们针对问题进行回答："为什么我们要做我们要做的事情？"

首先，行为发生的那一刻，是一种神经生物学的解释。也就是说，一种行为发生之时，究竟是什么视觉、声音，或是气味，导致神经系统产生这种行为，然后，是什么激素对于人类个体对引起神经系统的刺激反应。通过这些神经生物学和环境内分泌学的感官世界，我们可以试图解释什么是我们可以控制的思绪、想法，以及下一刻将要发生的行为（Sapolsky，2017）。

当然，所有的行为可以回溯到神经系统结构变化的影响，包含青春期、童年、胎儿生活，以及基因构成。最后，我们应该将环境保护的观点，扩展到社会和文化因素。因为，环境保护文化讲述的是如何塑造个人的环境感知，是哪些生态因素形成了这种环境保护的文化。从环境保护的行为来看，亲环境行为是令人眼花缭乱的人类行为科学之一，这些问题涉及亲生命假说（biophilia hypothesis）、社会规范和道德义务、利他主义（altruism）、自由意志，以及人类价值（Dunlap et al.，1983）。所有环境保护的成就，都是人性化的表现，并且我们强调，实践本身就是一种无名英雄的象征。因为环境保护是一种无名而且寂寞的工作。以下我们说明行为理论的范式，包括了计划行为理论等理论模型。

一 计划行为理论 (Theory of Planned Behavior, TPB)

计划行为理论是由艾森 (Icek Ajzen, 1942 ~) 所提出的行为决策模型, 主要用以预测和了解人类的行为 (Ajzen, 1985; 1991)。计划行为理论的模型中主要由环境态度、主观规范、知觉行为控制、行为意图以及行为等构面组成。计划行为理论是奠基于理性行为理论 (Theory of Reasoned Action, TRA) 演变、改良而来, 理性行为理论是费希贝 (Martin Fishbein, 1936 ~ 2009) 和艾森共同提出的理论, 该理论认为人类进行特定行为, 是受到其行为意图 (behavioral intention) 所影响, 而行为意图则取决于行为者对此行为的环境态度 (Ajzen and Fishbein, 1977)、主观规范 (subjective norm), 以及知觉行为控制 (perceived behavioral control) (请见图 5 - 2)。

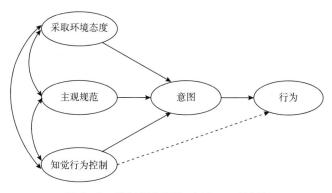

图 5 - 2 计划行为理论 (Ajzen, 1991)

(1) 采取环境态度 (attitude towards the behavior): 计划行为理论规定了信念和态度之间关系的本质。根据模型, 人类对于行为的评价或态度, 取决于他们对于行为的信念, 其中信念被定义为行为产生某种结果的主观概率 (subjective probability)。具体而言, 对每种结果的评估, 有助于行为产生。也就是说, 正向的环境态度, 同时强化了亲环境的行为意图。

(2) 主观规范: 个人对特定行为的看法, 受到重要他人 (例如父母、配偶、朋友、教师) 判断的影响。

(3) 知觉行为控制: 个人感知到执行特定行为的难易程度。在此我们假设感知的行为控制, 由可受访问的控制信念 (accessible control

beliefs）的总集合进行确定。

通过评估规范信念、社会规范、态度、知觉行为控制等项目重要因子，完成社会文化成因下的量表发展，并且厘清重要因子之间的因果关系，我们了解到社会影响力（social influence）的重要。社会影响的概念通过计划行为理论的社会规范和规范信念进行评估。人类对于主观规范的详细思考，是针对他们的朋友、家人和社会是否期望他们执行推荐行为的看法。社会影响力是通过评估各种社会群体来衡量的。例如，在"吸烟"的情况下有如下规范。

来自同龄人群体的主观规范，包括诸如"我的大多数朋友吸烟"，或者"我在一群不吸烟的朋友面前吸烟感到羞耻"的想法；家庭的主观规范，包括诸如"我所有的家人抽烟，开始吸烟似乎很自然"的想法，或者"当我开始吸烟时，我的父母真的生我的气"；以及来自社会或文化的主观规范，包括诸如"每个人都反对吸烟"，以及"我们只是假设每个人都是非吸烟者"之类的想法。

虽然大多数模型在个体认知空间中被概念化，但是计划行为理论基于集体主义文化相关的变量（collectivistic culture‐related variables）来考虑社会影响，例如社会规范和规范信念。鉴于个人的行为（有关于健康相关的决策，如饮食、使用避孕套、戒烟，以及饮酒等）可能建立于社会网络和组织之中（例如，同龄人群体、家庭、学校，以及工作场所），社会影响力对于计划行为理论影响很大。因此，影响环境行为的社会规范中，除主观规范之外，描述规范也有可能是重要的变量之一。

目前计划行为理论已被应用在环境保护有关的研究领域中。研究发现环境友善行为在不同群体、不同地区，影响行为意图的最重要心理变量也不一样。例如，环境关怀程度高的受访者，知觉行为控制（perceived behavioral control）是重要变量，而程度低的受访者，态度是影响环境行为意向的重要变量。另外地区不同、受访者条件不同，直接影响行为的重要中介变量也不同（Bamberg，2003）。同样是购买环境友善产品，从国家而言，在西班牙，态度是最重要的变量（Nyrud et al.，2008）。以不开汽车改用大众交通工具为例，在德国法兰克福（Frankfurt）就是知觉行为控制最明显，在德国波琴（Bochum）态度是最重要变量（Bamberg et al.，2007）。

计划行为理论认为主观规范可以直接影响行为意图（Ajzen，1991），但是没有讨论到描述规范（descriptive norm）是否影响行为意图。在环境友善行为方面，近年来研究者倾向于将描述规范以及主观规范（例如，身边重要的人抱持的期待与支持），列为社会规范（social norm）。社会规范影响个人心理变量，例如社会规范影响态度，态度再去影响环境友善行为意图。与计划行为理论有所不同，社会规范以间接路径影响环境友善行为（Bamberg and Möser，2007；Hernández et al.，2010；McKenzie -Mohr，2011；Stern，2000；Thøgersen，2006）。

二　"动机 - 机会 - 能力"理论（The Motivation - Opportunity - Abilities，MOA Model）

计划行为理论强调行为的环境态度、主观规范，以及知觉行为控制。另外一种为构建整合模型的是奥兰多和索根森提出的"动机 - 机会 - 能力"（The Motivation - Opportunity - Abilities，MOA）模型（Ölander and Thøgersen，1995）。

MOA 模型的重要结构特征，是整合动机、习惯以及背景因素，成为亲环境行为的单一模型。因为环境保护行为主要是习惯性的行为，而不一定是基于有意识的决定来进行的意识行为。

他们指出，可以预测行为能力的提高，需要通过结合能力概念，以强化条件，并且通过机会，将行为转化为模型（请见图 5 - 3）。在模型中，除了行为的环境态度、主观规范以及知觉行为控制是计划行为理论

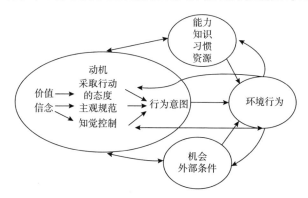

图 5 - 3　动机 - 机会 - 能力理论（Ölander and Thøgersen，1995；Thøgersen，2009）

原有模型的内容之外，MOA 模型又增加了以下的内容。

（一）动机

由于每个人的价值体系不同，个人的需求和欲望可能会影响他们以某种方式行事。所谓动机是行为的动力。动机是通过对于环境有益的行为类型和行为结果，产生激励和奖励作用，所产生的先决条件。人类因为得到赞美或鼓励而进行亲环境行为。例如，激励的奖励，可以像志愿者推动环境教育工作的成就得到社会大众的认可一样地简单。

（二）机会

机会为一种时间和资源的可用性的限制。MOA 模型的机会组成，属于"环境行为的客观先决条件"，这一点该模型与计划行为理论的感知概念有一些相似之处。通常，我们会寻找机会完成一项任务，从而为我们自己或是他人带来好处。

（三）能力

能力是一个人可以应用于执行特定行为的认知、情感、技术，或是社会资源的一种强项。能力概念包含知识、习惯以及资源。其中，习惯是一种独立的行为，也是决定环境意图的主要项目之一。

三 "价值－信念－规范"理论（The Value－Belief－Norm Theory，VBN Model）

"价值－信念－规范"理论（The Value－Belief－Norm Theory），简称 VBN 理论，系为美国国家研究委员会（National Research Council，NRC）首席研究员史登（Paul C. Stern）有关决策理论的发展模型。他在风险沟通、风险管理、环境决策以及环境决策支持等领域具有许多重大突破。史登等人建立改善风险沟通模型，试图找出一个影响环境重要行为的一致性理论（Stern et al.，1999；Stern，2000）。主要架构通过因果链连接个别变量，史登等人发展出了 VBN 理论，这个理论通过五个变量的因果链连接：价值（尤其是利他价值）、生态世界观、后果觉知、责任归属、亲环境的个人规范，以及亲环境行为。每一条链都直接影响下一个变量，每一个变量也可能间接影响下一个变量。由价值观影响信念，信念影响个人规范，个人规范影响环境行为。其中价值观分成生态价值、利他价值，以及利己价值；信念则是由生态世界观、人类对于环境不利的后果觉知和责任归属，进而让人们相信自己的行动，能够减缓对于环境不利的因素；前面的因素影响到个人规范，个人规范是影响环境行为的唯一变量。环境行为有激进的环境行为、公共领域的非激进行为、私人领域行为以及组织内行为，说明如下（请见图5-4）。

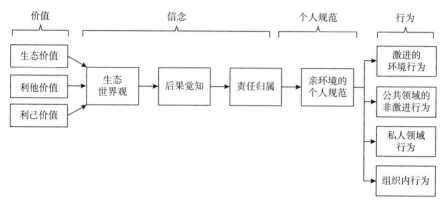

图5-4 价值-信念-规范理论，简称 VBN 理论（Stern，2000：412）

（1）生态世界观（ecological worldview）：这是一种可持续发展的世界观点，其目的不是保持现状，而是加强全面整合的全球社会生态系统的健康、调适能力，以及进化潜力。生态世界观是一种自我再生，从而为生态环境繁荣和丰富的未来创造条件，包含生态环境的整体性、社会关系性，以及经济的变革性。这些模式可以强化再生和可持续性的生态环境。

（2）后果觉知（awareness of consequences）：即意识到环境问题所造成的影响（Hansla et al.，2008）。

（3）责任归属（ascription of responsibility）：责任归属是对于环境问题发生的原因进行归纳，以及承受需要承担、归责、处理，或是控制环境所发生的负面事实的状态，这是环境行为中重要的影响因子（Hines et al.，1986，1987；Kaiser et al.，1999）。

（4）亲环境的个人规范（pro-environmental personal norm）：个人规范（personal norms，PN）常被与道德一起讨论（De Groot and Steg，2009），同

时被视为一种自我价值延伸的概念。个人规范简单来说，是对义务和道德的认知，并被认为是一种自律的意识，可能与环境行为的产生有关。

（5）激进的行为：承诺的环境活动，积极地参与环境组织。

（6）公共领域的非激进行为：支持或接受公共政策，例如愿支付较高环境保护税。公共领域的非激进行为影响公共政策，对环境影响的效果可能很大，因其可以立即改变许多人或组织的行为。

（7）私人领域行为：购买、使用和处置对环境有影响的个人和家庭产品，私人领域行为有直接的环境后果，但影响的效果都很小。

（8）组织内行为：个人可能通过影响他们所属组织的行为，显著影响环境的良窳。例如，开发商在其开发过程中使用或是忽略环境标准，并且可以因为正确或错误的决策，减少或增加商业建筑产生的污染。组织行为如企业污染是许多环境问题的最大直接缘由。

史登（Paul C. Stern）希望能找出可以解释重大环境行为的一致性理论，造成环境改变的行为，是影响导向的。此外，在环境保护意图改变情况之下进行的行为，是意图导向的。VBN 理论为了解和改变目标行为，采用以注重人类的信念、动机等以意图为导向的定义。VBN 理论提供了对于环境行为普遍倾向的原因之描述。环境行为取决于广泛的偶然因素；因此，史登认为，环境主义的一般理论，对于改变具体行为可能不是很好用。因为不同种类的环境行为有不同的原因，其因果因素在行为和个体之间可能有很大的差异，因此每个目标行为应该分开理论化。如果上面的因果关系相互影响，那么态度原因对于不同背景的个人行为具有最大的预测价值。但是，对于较高难度的环境保护行为，环境因素和个人能力都可能导致更多的变异。

VBN 理论虽然想找出能解释环境行为的原因，但是 VBN 理论也无法解释所有行为，因此史登也建议未来研究能确定重要的行为，再来讨论其影响的因素。

四　整合行为决定模型（Comprehensive action determination model）

克洛格和波旁提出结合计划行为理论（TPB）、规范启动模型（Norm Activation Model，NAM）、习惯（Habit）与情境影响（Situational Influence），整合为一个行为决定模型（Comprehensive Action Determination Model，CADM）（Klöckner and Blöbaum，2010），进而解释研究大学生旅行选择的亲环境行为，之后加以修正并提出假设，解释挪威大学生的回收行为（Klöckner and Oppedal，2011）。

计划行为理论注重不同环境行为的变量，但相对地，也会忽略其他环境变量对行为所造成的影响。计划行为理论着眼于行为意图，但却常忽略了客观的情境因素与个人规范对于人们所造成的影响。规范启动模型（NAM）注重个人规范与社会规范所产生的行为，却低估了习惯、行为意图、态度等心理变量。奥佛赛德等人提出以行为决定模型，研究挪威科技大学学生与工作者共 1269 份样本，回收行为背后的影响机制（Ofstad et al.，2017）。研究架构根据计划行为理论、规范启动模型、习惯进行设计。研究对象分为实验组与对照组，经由干预行为后，比较四组之间的差异。研究结果显示垃圾分类行为的最重要的心理变量是行为意图、知觉行为控制、个人规范、社会规范，以及习惯（请见图 5 - 5）。实验组的回收行为提升，回收成为一种习惯性、非自愿性且自动的行为，理解人类行为的表现，是建立有效回收政策的重要因素。

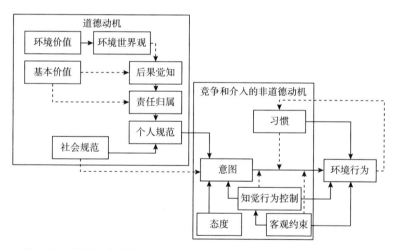

图 5 - 5 行为决定模型（Comprehensive action determination model）
（Klöckner and Blöbaum，2010；Klöckner and Oppedal，2011）

五 自我行为改变的阶段（Self - regulated behavioral change）模型

德国比勒费尔德应用科技大学（University of Applied Science Bielefeld）

教授邦伯（Sebastian Bamberg）推动自我行为改变的阶段模型的概念化
（请见图5-6）。他认为自我行为改变需要通过四个阶段，依据下列序
列进行规划：预先决定、行动前、行动中、行动后。他的研究探讨如何
减少汽车使用量，依据随机对照试验，评估了干预措施的有效性。结果
显示，基于阶段的干预显著效果，降低了汽车使用程度。此外，研究还
证实了应用干预对于行动后的假设，采取了更多以行动为导向的行为改
变阶段，以及应用到这个阶段推动调节干预对于行为改变的影响，可以
减少汽车使用量的行为。

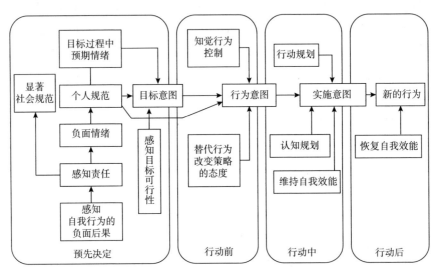

图5-6　自我行为改变的阶段（Self-regulated behavioral change）
模型（Bamberg，2013）

第四节　范式转型

　　环境保护自20世纪60年代开展，经历了60年的努力。在过去的
60年中，婴儿潮经历了环境保护主义，虽然在社会中我们的环境取得
了长足的进步，但是，环境污染、生物多样性减少，以及全球暖化，依
旧是这个时代的象征。

　　有些人坚持早期的世界观，他们拒绝处理我们环境系统产生变化的

现实。然而，年轻人是否具备环保意识，这种代际的变革（generational change），需要几代人的努力才能改观。

在历史的变革之中，我们越来越意识到环境情况的严重性。虽然民众的环境意识持续高涨，但是在西方，科学共识（scientific consensus）依旧没有达成。由于碳排放过高，因为燃煤电厂燃烧化石燃料，而引起的全球暖化，已经历经 100 多年；全球有超过 5 万座煤电电厂，国际能源署预计到 2030 年仍有 85% 的能源是化石燃料。

环境保护主义者都没有意识到主流社会范式和他们在概念上的差异。人类的世界观，决定了人类对待周围环境的方式。虽然燃煤电厂燃烧化石燃料排放二氧化碳的环境问题很重要，但是其他可持续发展的问题，例如食物供应、公共卫生、能源缺乏以及住房供应，也是非常重要的。如果经济结构和财富分配是政府必须关注的焦点，那么，我们是否足够关心我们的环境？答案是否定的。

自古以来，人类中心主义（anthropocentric）是一种人类对待物种的方式。主流社会范式（Dominant Social Paradigm，DSP）也许是人类可以经历持续进步的原因之一。

一 主流社会范式（Dominant Social Paradigm）

主流社会范式主张经济增长，其实在政策界处于当红地位的时期相当短暂。

1940 年西方政府估算国内生产总值，而且这一种经济增长的措施，最初是用来支持就业目标。到了 1950 年，经济增长才成为政府政策的重点。这种"绿色成长"是目前经济合作与发展组织（OECD）所支持的目标。但是其可能会受挫于"反弹效应"（rebound effect）。举例来说，因为如化石燃料中的石油利用技术水平提高，石油价格下滑，结果因为石油需求具有弹性，人们购入更多的石油，抵消甚至超过了技术的作用。

以煤炭使用来说，1910 年英国最好的蒸汽引擎，比起 1760 年，效率高出约 36 倍，但蒸汽动力用量却上升了 2000 倍，煤炭消费量也急遽增加。对许多技术而言，"反弹效应"是稀松平常的事（Victor，2010）。1865 年，由英国经济学家杰文斯（William Stanley Jevons，1835～1882）

首次发现煤炭的问题。他在《煤炭问题》中提醒英国煤炭逐渐枯竭。杰文斯发展的理论，成为杰文斯困局（Jevons paradox）。他指出，蒸汽引擎的改善，却伴随了煤炭总消费量的增加，也增加了污染量。也就是经济效率的提高，往往引起而后环境剧烈的变化，会减少、抵消，或是超过其环境和资源的效益。

然而，主流社会范式对于社会发展过于乐观。为了解决环境的污染，主流人士提出通过技术改进增进资源利用效率，但是单位资源的消耗将生产更多产品；主流人士认为，大量生产商品将会降低能耗，实现单位物品的节能和减排，当然，还可以降低单位资源的废弃物排放，提高回收利用率，这样也可以达到减缓的效果。主流社会范式强调下列特色。

（1）人类与它所宰制的生物不同。

（2）人类是它自己命运的主宰；他们能选择自己的目标并能学习以达成目标。

（3）世界是广大的，提供人类无限的机会。

（4）人类历史是进步的，每个问题都可获得解决，因此进步是无休止的。因为主流社会范式，许多领域开发的技术已经伤害了环境，例如，省油汽车的大量推广，实际上增加了人类总行驶里程，反而造成耗油总量上升，形成更多的碳排放。但是越来越多的人开始意识到经济增长不能解决社会中所有的问题。主流社会范式的想法，形成了杰文斯困局。这是因为主流人士对于科学技术的依赖造成了错误的观念，以为科学可以解决一切的问题。然而，新生态范式是为了解决环境问题，考虑采取什么样的行动有效方式，但是仍然有其局限性，我们必须不断进行范式转移。

二　新环境范式（New Ecological Paradigm，NEP）

当人们生活水平提高时，人口成长就会放缓，并且产生生育率降低的现象。目前全球经济上的挑战，是如何节约使用地球资源。通过法令限制人口增长，并不能发挥永续发展的作用。当然，伊甸园的想法是一种神话；人类永远不会回到原始的自然状态（State of Nature）。

人类的环境意识，将会扭转环境发展。我们需要说明问题，并且采取相应的行动，保护优质的空气、水、土壤、日光，以及生物多样性。以下是新环境范式拥护者的想法。

（1）通过限制工业和人口增长，可以实现环境保护。

（2）人类影响的自然生态系统和景观环境，将造成地球生态灭绝。

（3）人类活动是全球环境恶化的主要原因之一。

三 可持续范式（Sustainability Paradigm）

在新自由主义的经济政策诞生 50 年之后，如何妥善解决全球环境问题，仍在继续争论。值得注意的是，截至目前，主流社会范式和新环境范式的拥护者，都各执一词，我们的社会调查，还没有发现任何一方愿意改变自身的行为或信仰。

我们的目标是在环境问题的对话和行动中指导，我们试图通过环境教育、沟通以及倡导来实现此一可持续发展的目标。我们是否面临着主流社会范式拥护者和新环境范式拥护者之间永远的对峙？有可能。主流社会范式已经存在了很长时间，表明至少有一些根深蒂固的概念深植于人类的心灵之中，因为是一种人定胜天的骄傲。但是，当我们深入思考时，我建议我们不能陷入边界陷阱（boundary trap）。

这是一种二分法，如果我们喜欢在不同类别的事物之间建立界限，便很容易陷入二分法中的二元对立。例如：他们和我们、好和坏、黑与白，这种二元取向，造成了纷争。因为现代遗传学已经表明，给出不同属或种的学名，实际上是让物种彼此之间取其相似，而不是取其不同。所以，环境教育在求大同，而不要专注于小异，以获得社会上普遍可以接受的解决方案。我们要理解其中的差异，尽力排解纷争，进行范式转移的工作（见图 5-7）。这一种工作，需要强化人世间的诠释，需要客观处理下列两个相互冲突的问题。

（1）人类社会在讨论环境保护，其实并没有严重分歧，只有立场不同和各执其词，导致无谓的争论。所以，需要参酌大多数人对于环境保护的意见，尊重少数人的看法，而不是迁就少数人的想法。

（2）目前环境信息相当不对称，环境保护的专业意识建设仍有很大的空间和机会。绝大多数人对于环境问题不够了解，也不知道问题之所在，或者他们对环境问题没有太大的兴趣。因此，需要强化环境教育

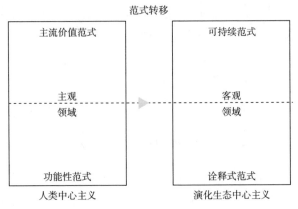

图 5 - 7　从主观到客观的范式转移
（修改自：Koerten，2007。）

的推动。拯救地球环境，需要以正确科学的途径和方法，进行通盘考虑。具体的关键，是如何有效及正确地采取科学的协调方法，以进行整体措施的调整，从而推动可持续发展的实质进步。

小　结

在环境心理学中，有一门学问，探讨人类到底是亲生命假说（biophilia hypothesis）倾向，还是惧怕自然假说（biophobia hypothesis）倾向。至今还没有答案。在环境范式中，人类到底属于主流社会范式，还是新环境范式？笔者自忖，也无从获得答案。从人类生态学的角度，我们必须依据生态效应，考虑我们的主观生活需求、生物需求以及精神需求。从整体观点进行对世界层面的理解，需要以人性化的观点，学习如何与周围环境和谐共处。因为防止全球灭绝危机，并实现可持续发展的社会，需要重新思考我们的社会价值观。环境教育可以帮助学习者了解生活环境的联系关系，成为创造性的问题解决者和积极的环境公民，以参与塑造我们共同的未来。因此，体验式学习（experiential learning）和批判性教学法（critical pedagogy）将会为学习者提供变革性可持续发展学习的机会。环境教育是一种发展现代教育模式，启迪公民责任，建构积极的社会地位，并且学习健康的生活方式。何昕家（2018）建议以行动实践、全人思维以及跨科际学习等活内涵，推动环境教育之实践。何昕家认为"教育"是真正内化至心灵的钥匙，有了友善的环境，应该通过环境教育加以推广概念，这样才能由外在环境内化至内心（何昕家，2018：13）。

从以上叙述可以了解，这也就是为什么教育不能仅重视软件课程，硬件的环境设施也相当重要。仅一直强调软件课程重要，可能造就出很会考试的学生。必须要有适当的环境刺激，才能将知识经验与环境连接，教育所强调的便是"身教、言教、境教"，这三者缺一不可。对于环境教育这三者也是缺一不可，老师对于环境的以身作则，加上对于环境的知识内容，最后对于环境的亲身经验，也是无法取代的。从本书第六章开始，将以实务经验建构年轻一代的环境社会责任，在个人发展中培养对于环境负责任的人格特质。此外，在正规教育中，融入大多数领域的课程，强化生态学背景下的可持续发展教育。

📎 关键词

环境范式的二极量表（Alternative Environmental Paradigm Bipolar Scale）

动物解放（animal liberation）

反人类中心主义（anti - anthropocentrism）

自生生成（autopoiesis）

自然界的平衡（balance of nature）

亲生命假说（biophilia hypothesis）

边界陷阱（boundary trap）

批判性教学法（critical pedagogy）

描述规范（descriptive norm）

主流社会范式（Dominant Social Paradigm，DSP）

生态伦理（ecological ethic）

生态世界观（ecological worldview）

环境态度（environmental attitude）

环境知识（environmental knowledge）

体验式学习（experiential learning）

习惯（habit）

内在价值（inherent value）

成长的极限（limits to growth）

道德生物（moral creature）

新环境范式（New Environmental Paradigm，NEP）

规范启动模型（Norm Activation Model，NAM）

亲环境行为（pro - environmental behaviors）

反弹效应（rebound effect）

科学共识（scientific consensus）

自我更新的生态系统（self - renewing ecosystems）

社会网络（social networks）

主观规范（subjective norm）

永续范式（Sustainability Paradigm）

动机－机会－能力（The Motivation－
Opportunity－Abilities，MOA）

计划行为理论（Theory of Planned
Behavior，TPB）

价值转变（value－shift）

利他主义（altruism）

人类中心主义（anthropocentrism）

责任归属（ascription of responsibility，
AR）

后果觉知（awareness of consequences，
AC）

行为意图（behavioral intention）

惧怕自然假说（biophobia hypothesis）

整合行为决定模型（Comprehensive
action determination model）

深层生态学（deep ecology）

耗散结构（dissipative structures）

生态中心主义（ecocentrism）

生态范式（ecological paradigm）

有效利他主义（effective altruism）

环境伦理（environmental ethics）

环境范式（environmental paradigm）

代际的变革（generational change）

间接行动（indirect actions）

杰文斯困局（Jevons paradox）

现代主义世界观（modernist worldview）

新生态范式（New Ecological Paradigm）

新环境范式量表（New Environmental
Paradigm，NEP Scale）

知觉行为控制（perceived behavioral
control）

亲环境的个人规范（pro－environmental
personal norm）

参与式的民主（re－engage democracy）

自我行为改变的阶段（self－regulated
behavioral change）

社会影响力（social influence）

社会规范（social norm）

主观概率（subjective probability）

生命的隐喻（the metaphor for life）

价值－信念－规范理论（The Value－
Belief－Norm Theory，VBN）

受胁生态系统（threatened ecosystems）

第六章
环境学习与传播

The field of environmental communication is composed of seven major areas of study and practice: Environmental rhetoric and discourse, media and environmental journalism, public participation in environmental decision making, social marketing and advocacy campaigns, environmental collaboration and conflict resolution, risk communication, and representations of Nature in popular culture and green marketing (Cox, 2010).

环境传播领域由以下七种研究和实践领域组成：环境论述、环境新闻媒体、大众参与环境决策、社交营销和宣传活动、环境合作和解决冲突、风险沟通，以及流行文化与绿色营销中的自然表达。

——卡克斯（J. Robert Cox，1933~ ）

学习重点

环境学习与传播，是一种交流行为。不论是自导式学习，通过教师教授学习，还是通过网络平台学习，都需要有学习媒介和学习内容。因此，本章所称的环境学习与传播，系指个人、机构、社会团体和文化社群如何制作、分享、接受、理解以及正确使用环境信息，并且运用人类社会与环境互动的关系，借由环境信息的研究、管理以及实践，收到学习效果。在人类社会复杂网络的互动之中，从人际交流到虚拟社区，现代人类需要参与环境决策，并且通过媒体环境报道，了解世界环境发生的问题。因此，本章通过学习场域、学习教案、学习模式、信息传递以及传播媒体等载体，进行口语、文字、影音、图像以及信息交流。希望环境学习与传播借由创造，采取不同的沟通方式和平台，以建立正确的环境信息渠道。

第一节　学习场域

我们在第五章中探讨人类到底是亲生命假说（biophilia hypothesis）倾向，还是惧怕自然假说（biophobia hypothesis）。在环境传播与学习中，学习亲生命的倾向，成为环境教育中训练生态中心理论"生态伦理"（ecological ethics）价值体系的关键重点。环境学习与传播，最重要的阶段，是从自我成长的方案发展解说方案（developing an interpretive program），依据明确的阶段或方法，逐步发展设计出解说教材内容，以利于环境传播。所以，我们要依据环境心理、环境教育以及环境传播的沟通理论，以利于学习环境教育的本质和行动内涵："我们为什么要学习环境教育？""我们要学习什么环境教育？""我们要在哪里学习环境教育？"

环境教育是采用在地教育、网络教学，还是虚拟实境教学，这在 21 世纪的环境教育界，掀起了讨论的风潮。因为在两种立场迥异的学说中，亲生命假说是鼓励在地化的生物教育，而惧怕自然假说还需要讨论，在哪一种场域教学，才能够让学生喜爱生命，进而进入环境教育的户外场域，进行"亲生命性"的探讨。"亲生命性"（biophilia）一词的意思是"对生命或生命系统的热爱"，这一用语，由知名的社会心理学家佛洛姆（Erich Fromm，1900~1980）首先提出，用来描述人类被吸引到所有"亲近活着"的生命的一种心理趋势。生态学者威尔森（Edward Osborne Wilson，1929~　）认为，人类下意识地与生命寻求联系。他提出了假说：人类与其他生命形式和整体自然的深层联系，根植于我们内心的生物学。"亲生命性"与恐惧症（phobia）不同，恐惧症是人类对于环境中的事物的厌恶和恐惧；而"亲生命性"是人类对于自然环境中的人类生命、物种生命、栖地环境、生态过程以及其他非生命的物质的吸引力和正向的情绪。

⊙ 个案分析

亲生命假说（biophilia hypothesis）vs 惧怕自然假说（biophobia hypothesis）的海洋笔记

八月，我躺在加勒比海上的小岛的码头甲板上，静听海涛声音，白色沙滩透出星星银光，宝蓝靛紫的层次海水，在夜里也反射星辰银光。偶尔天际闪电忽然惊动海平线，将云朵照亮一如六月新娘的娇艳，明亮不可方物，却也只是惊鸿一瞥，亮起又黯落。没听到闪电隆隆，却只有海涛在脚底静谧的私摩。这里的潮差，温驯得只有几十厘米，凌晨的海潮声，拍击甲板，又像是小猫鸣叫，甜蜜而温柔。一如天上满布甲骨的星辰，仿佛摇曳在木屋下的摇床一般轻盈。

天上满布星辰，人造卫星以耀眼的黄光，混淆我对星空的恒星认知。天空的牛奶路，从东北洒向西南，兵分两路，一如银色的长河。然后，流星越野，射过亿万光年星辰，掉落在大气中，还来不及许愿。仰头朝北，天枢、天璇、天玑、天权、玉衡、开阳、瑶光，在北方的天际旋转，我喜欢朝北眺望，想象南方的洋流，吹拂北方，漂进墨西哥湾，然后分道扬镳，顺流者顺流到佛罗里达，逆流者逆流到墨西哥，海风吹拂耳际，远处椰子小岛在轻夜海风迎娶下，紧紧地包裹住夏日那黏腻的缠绵与温柔。夜里的海潮声，总是激荡在血液底下的肉体基因，好像骚动最后的黑夜与晚霞拭去的血色光影，然后投向远方的另一处深渊。

我想将思绪按捺住不动，但是白天的炎热，依然在脑部躁动，将我的百年思绪激荡，然后我的情绪飞奔向加勒比海墨西哥湾的百年禁忌，那 1900 年时飓风的剽悍。传说百年前暴雨冲散德州一个小小孤城，大浪卷起，然后人屋一无所有。那孤城从此一蹶不振，只留现在湾边小小校区。那是海上狂野的飓风，远扬后，重新唤起海底深刻的恨意，惊涛骇浪同时在 40 年前上演，风狂雨骤，兵岛房子全部卷入海涛，推移过程中，海底的珊瑚螺贝全部翻动，抛向小岛，累积成化石骨骸。那小岛上小女孩紧握高耸椰树不放，等待风雨交加过后的黎明曙光与平静，才能在 40 年后的今天，以一头银发娓娓道出当年的恐惧。因为好多层楼高的巨浪，已经将海底深处的沉睡恶灵惊醒，深陷海底的珊瑚虫惊惶失措，女王凤凰螺、指状珊瑚、脑纹珊瑚，纷纷被残酷地丢向寂寞的小岛，然后大浪满意地将房屋踩碎在珊瑚海底，进行大规模海陆交换与整肃行动。

今夜，我无法想象，沉睡的海洋，会如此地激愤，我没有想到，周期性的大浪，将是如此地骇人听闻。然后，我开始对海洋产生畏意，虽然白天，我没有穿着救生衣，就已经大胆地以背滚式的姿势跌落深海，翻过一圈后，头部抬起，踩起海浪，在五公尺深的海水中骑起一圈一圈的海流。我不知道我可以漂浮多久，便潜向珊瑚深处，和海星握手，白天波光淋向海底深处，海牛草、海龟草蜿蜒漂荡，我游过扇状珊瑚，贪婪地想摘起一小片，但是鲜红血色的珊瑚，遇到空气就变成惨白没有血色的蠋颅，空气中还散出腥味，我才晓得贪婪只在陆地上发生，不应将贪欲带到海底，希望海底原谅我的鲁莽，让破碎的珊瑚，能够回到海中愈合，于是我将血色贪念后的苍白愧疚，还给小岛，不敢带到大陆，一复如初。

（方伟达，2002 年作于贝里斯）

人类对于生命自古有一种憧憬，因为死亡是一种终结，所以，环境教育是在追求一种生命的教育，要从生命中升华，要从体认中学习。要从世界的观察之中，学习到森罗万象，也就是《易经·周易·系辞上》第十章说的"寂然不动，感而遂通"。在平时静观生命，观日落日起，观四海潮差。当我们的心跳和大地的脉搏同步之后，在没有感应和体悟之前，当然是固若磐石，寂静无声；但是一有所感悟，便如洪钟动地，天地豁然开朗，如此才能贯通天下事物之理。

因此，教育就是要推动这一种省思，要能观察，要能够安静，定静安虑之后，才能有所得。《礼记·学记》中说："善待问者，如撞钟。"教师对待学生，就如同一只悬钟，教师本身充实而含蓄，要靠学生自然的体悟。如果学生不问，就没有感应；学生一旦看到大自然万物，心生感应，加上教师详细的解说，便和钟一般，一撞则鸣，鸣声所及之处，天地都受到了感应，让学生豁然开朗。

因此，国外学者也在强调这种心灵的感应，所有感应，不一定在于教师和学生的心理互动，甚至可以是动物教学和学生的心理层面的互动关系。在坎恩和柯勒的《儿童与自然：心理学，社会文化与进化研究》一文中，特别强调了动物教育的重要性，尤其是儿童可以发展养育关系的动物（Kahn and Kellert，2004）。借由观察和接触自然界动植物，借以发展自然联结（connection to nature/nature connectedness）的关系（Cheng and Monroe，2012）。从欣赏中，将自然视为生命中重要的成分，接纳自然，强化自然相关性（nature relatedness）、自然联结性（connectivity with nature），以及自然情感亲和力（emotional affinity toward nature）。在认知组成方面，强化自然联结感的核心，纳入人类与自然合而为一；在情感组成方面，强化个人对于自然的关怀；在行为组成方面，强化个人保护自然环境的承诺。此外，动物欣赏可以协助患有自闭症的儿童，这是通过生命教育，进行协助人类与自然保持健康关系的必要条件。

所以，环境教育的设计，要通过场域的设计，在场域之中，拥有活生生的生命，提供环境教育的教材。在 1998 年，台湾地区"行政院"环境保护署邀集台湾"教育部"、台湾"行政院"农业委员会，以及台湾地区营建主管部门，推动建立校园生态教材园。方伟达（1998）认为校园生态教材园的模式有："水生植物区、蜜源植物区、自然步道、苗圃区，以及有机堆肥区"。依据学校环境教育的构想，校园生态教材园"从摇篮到摇篮"，让学童"陪小树一起长大"，并且推动形成枯枝落叶有机堆肥区，以形成生态系统循环，营造多功能的水域、蜜源植物区域（例如栽种蝴蝶的草食植物），并且运用自然步道进行串联，强化学童对于生物生存权的认知，并通过细心的观察笔记，强化学生与校园的正向互动，以培养环境感知的敏锐度，激发关怀、尊重，以及校园地方感的依附心理（方伟达，1998）。杨平世、李蕙宇（1998）协助台湾地区"行政院"环境保护署规划台湾第一座永和小学生态教材园的模式为："水域生态区、赏鸟区、诱蝶区、树林区、草原区"。2003 年开始，台湾地区"教育部"推动"水与绿的校园"，在社会变迁的情势之下，赓续推动"绿色学校计划"的学校环境教育（王顺美，2004；2009）。由此可见，在绿色校园推动生态园式的绿色教学计划，其目的除了提供教师环境教育教学的场域之外，更可以提供自然教育与生态保育的教学场所，进行下列的学校环境教育。

一 学校环境教育

在学校环境教育场域之中，教师需要教导学生感受自我与大自然的联结，鼓励学生在校园中学习环境教育，甚至在正式课程中，安排校外教学，才可能让学生产生关心自然的倾向，并进而保护生活环境（李聪明，1987）。因此，学校环境教育的教学内涵，不是知识的灌输。自古以来，东方式的教师强调传统的教学活动，以机械的计算和练习，强迫学生学习环境保护概念性的知识；但是，这是徒劳无功的。在美国，教师注重促进学生在环境中学习的创造能力和环境知识的探究能力，环境教育学习课程活动多样化，不但帮助学生进行环境现场的反思和操作，而且帮助学生理解环境保护过程的发展，以利公民讨论和参与。在学校环境教育中，符合环境教育课程的基本概念，可以在环境中教学，让学生置身于自然环境中，并且亲身去观察环境问题。因此，教师在教导环境知识让学生自行观察、记录之外，还应指导学生进行实地环境分析与比较。为了解决环境议题，而衍生为教学主体的活动，教学过程中应引导学生思考、判断及评价。

个案分析

生态教材园台湾萍蓬草（Nymphar shimadae Hayata）培育记录

在台湾，要培育萍蓬草并不是一件难事，萍蓬草对于温度的要求在10℃到32℃之间，但若是长期持续的高温，就会造成它生长速度趋缓。一个水流慢而稳定的池子，不要太细的沙质土壤，就会是适合萍蓬草生长的环境。萍蓬草属于向阳性植物，所以需要足够的阳光，最好是种植在可以直接受到阳光照射，而且外围又有树林遮阴的水池。只有自然的阳光所形成的照度，才足以使萍蓬草长出挺水叶，并且开花结果。对水质与肥分的需求，不若一般坊间所见的睡莲、观音莲需要大量高浓度的氮磷肥，若是栽培在水池中，一般农作土壤所含的肥分已经足够，若是栽培在水族箱中，每周添加适量的综合液肥，与每月使用根肥，如一般水草的照顾方式，即可养出漂亮的萍蓬草。接着谈到共生生物的选择，因萍蓬草的幼芽特别柔嫩，是草食性生物喜好的食物，如草鱼等会啃食嫩芽，不适于养殖其中，而慈鲷科的鱼类（如：吴郭鱼）在繁殖期会挖掘底沙筑巢，大量的翻沙会使萍蓬草的根茎被翻起，故应该慎选与萍蓬草共生的生物。

我们依据台湾地区"行政院"环境保护署曾经发布的"加强学校环境教育三年实施计划"中的四个面向，其包含了推动学校环境管理、落实环境教学、推动校园生活环保，以及普设环境教育设施。以上内容，包含了硬件学习场域的规划和管理，在教学软件方面，推动了生活化的环境保护教学活动。此外，依据"绿色学校计划自我检核表"五个面向，其包括了生活面向、校园建筑物和设施、教学与倡导活动、行政管理，以及学校环境教育的特色，都是需要有效进行适当水平（appropriate level）的教学。这些教学活动，需要注意下列事项。

1. 环境教育需要了解其受众（audience）。

2. 环境教育不要使用专业的科学术语（scientific jargon）（Fisk，2019）。

例如说，我们在学术上常说的"范式转移"（paradigm shift），但是在实务上，这是个专有的科学术语，没有几个人听得懂。因此，我们可以运用旧有的实例，因为观念转变，转换成新的实例的图形，进行简单的说明。

3. 使用各种方法进行教学。

（1）使用微软演示文稿软件（Power point）。

（2）使用影片（videos）进行播放。

（3）采用活泼的实践活动（hands – on activities）。

（4）进行校外的自然体验（nature experiences）。

（5）采用公众科学（citizen science）调查的方式。

（6）使用社交媒体（social media）进行教学。

4. 校园人工湿地及户外湿地的教学示范。

（1）协助学生了解湿地在碳循环中的作用，以及对于减缓气候变化的功能。

（2）强调储水（water storage）＝海绵（sponge）的概念。

（3）教导海岸湿地碳汇（carbonsink）的功能，不要使用蓝碳（blue carbon），因为这是科学术语。

（4）强调这是野生动物栖息地，观察到红冠水鸡、绿头鸭，以及其他水禽。

（5）观察到两栖动物。

（6）观察多样性的植被。

（7）检视人工湿地的排水孔（watering holes）。

5. 教师需要针对教学内容知识进行理解。

学校环境教育工作，专属于环境教育的专责人员。环境教育人员的角色和功能，像是学校教师和政策制定者之间的联络者。学校环境教育人员，必须对环境事务有兴趣。此外，需要具备社区沟通能力、抗压能力，以及具备环境素养的能力。通过台湾地区"行政院"环境保护署学校环境教育的培育及认证，统合学校各环境教育活动资源、课程、人员的联络工作。在环境教育教师团队中，建立互相支援与合作的环境教育工作者团队，团队中的在校教师，都可以通过台湾地区环保署的认证，取得环境人员的资格。

对于在校教师而言，环境教育相关领域的教科书是最重要的教学资源，也是最常面对的显著限制。对学生和家长而言，教科书是了解学校课程内容最重要的媒介（Westbury，1990）。所以，针对学校课程内容的主要特征，教师需要强化教学能力、进行与学生的互动，以及进行与家长的沟通，包括以下三个面向。

（1）教师对于环境相关领域学科内容的理解，特别是指在学科中教师经常教授的范围和主题。

（2）教师对上述环境相关领域学科内容表征的掌握和运用，如采用什么形式（类比、举例、比喻、图示，以及示范等）表现学科内容才是有效、最具说服力、最容易让学生明白的（周健、霍秉坤，2012）。

（3）教师对于环境内容学习和学习者的理解，如学生已知的概念、在学习某一特定内容之前的概念，对某方面的内容感到容易或是感到困难、是否容易理解或是误解，并且知道是什么因素影响到学生的学习进度，以便采用联络簿，与家长进行沟通。

二 社会环境教育

如果我们说学校环境教育是正规环境教育，那么，社会环境教育就是非正规环境教育。从定义上来说，社会环境（social environment）一词指的是学校环境以外，通过社会团体、教师、家庭以及政府机关之间产生社会互动的方式，以推动保护的教育环境。环境友善的社会环境，有助于培养积极的同侪关系（peer relationships），并且在代际产生成人和儿童之间良好的互动，并为成年人提供支持实现其社会目标的机会。

环境教育在于培养具有环境意识的公民，在古希腊时代，亚里士多德（Aristotle，384～322 BC）已经开始推动社会环境教育。从卢梭（Jean - Jacques Rousseau，1712～1778）到杜威（John Dewey，1859～1952）的进步学校运动（progressive schools movement），都是从教室出发，提倡自然研究（nature study）、保育教育（conservation education），以及户外教育（outdoor education）式的社会教育。从根本上说，社会环境教育是跨领域的教育，借鉴了社会研究、科学研究、语言艺术研究以及美学研究的内涵，以环境保护作为示范工具，进一步发展批判性思维（critical thinking）、创造性思维（creative thinking），以及综合性思维（integrative thinking），以解决真正的环境问题。因此，环境教育在培养具有环境意识的公民过程中，训练环境公民在全球经济中竞争，拥有环境保护技能、知识以及倾向（inclinations），可以进行明智的抉择，并且行使地球公民的权利和责任。为实现这一目标，社会环境教育必须包含下列的学习内涵（汪静明，1995；张明洵、林玥秀，2015；杨平世等，2016）。

（1）强化情感（affect）能力：环境敏感度（environmental sensitivity）、环境赏析（environmental appreciation）能力。

（2）强化生态知识（ecological knowledge）：对主要生态概念的理解，包括关怀个人、物种、族群、群落、生态系统，以及生地化循环现象。

（3）增进社会政治知识（socio - political knowledge）的理解：了解人类文化活动如何影响环境，包含对于地理、历史以及环境美学的理解。此外，不管是地方、区域环境，还是全球环境，健全的地球公民，应该要了解经济、社会、政治，以及生态环境之间相互依赖的关系。

（4）强化问题发生的基础知识：社会教育需要了解环境问题发生的知识（knowledge of environmental issues）。

（5）强化环境保护及分析的技能发展（skill development）：鼓励社会大众使用主要和次要来源（primary and secondary sources）的信息进行分析，强化综合和评估有关环境问题信息的能力。

（6）强化个人责任感（personal responsibility）：让社会大众能够理解个人和团体的作用，可以强化对于社会的广泛影响。

（7）强化公民技能和策略的知识（citizenship skills and strategies）：积极参与各类型的社会环境教育活动，例如，参加国际组织、政府机关，或是民间团体组织举办的研讨会、研习会、讨论会。包括：2月2日的湿地日、4月22日的地球日、6月5日的世界环境日等纪念活动。

以下为社会环境教育的资源管道。

其一，运用大众传播媒体学习：电视、广播、报纸、杂志，以及社交媒体（social media），如网络直播、脸书（facebook）、YouTube、Line、微博、微信（WeChat）、WhatsApp、Instagam 的倡导活动。

其二，运用社教机构学习：参观博物馆、动物园、博览会、鸟园、植物园、天文馆、科学教育中心、地方文化中心、文化园区/馆、自然教育中心、森林游乐区、风景区、国家公园、保护区，以及水族馆的展示。

环境教育设施场所介绍见附录二。

三　环境学习中心

在学校环境教育正规课程以及社会环境教育非正规课程之中，衍生了一种教师带领学生到户外的"环境学习中心"（environmental learning center），进行学生环境素养之养成活动，我们称之为环境体验式学习（王书贞等，2017）。环境学习中心是环境教育人员、学生，以及解说员的养成中心，也是一个地区环境教育成效的表征，又称为"自然中心"（nature center）（周儒，2011），或是"环境教育中心"（environmental education center）。在美国，自然中心通常展示小型活体动物，例如昆虫、爬行动物、啮齿动物，或是鱼类，所以自然中心也兼具博物馆展览，以及展示自然历史的功能，借由动物展示或是自然立体模型的展示，进行解说导览。但是台湾地区的"环境教育中心"，展示的范围更广，不以此为限。此外，在美国，"环境教育中心"与"自然中心"的不同之处在于，博物馆展览和教育课程活动需要事先预约（appointment），但是许多自然中心可以提供自导式的学习，不用事先预约。基本上，环境教育需要体验学习，需要考虑教育地点、课程规划、营运计划、经营策略，以及教育原则（周儒，2011；许嘉轩、刘奇璋，2018）。环境学习中心提供民众爱护自然环境的社会普及教育及专业训练，并且提供学校环境教育在户外学习的场地或训练基地范围，并且可以用来进行生态保育的课程规划和训练活动。然而，环境学习中心不是单纯的公园、动物园，也不是博物馆，同时也不是生态保护区，因为环境教育中心设立的宗旨除了动态展示、静态展示，以及生态保育之外，更肩负了社会环境教育普及化和学校环境教育"研学化"（研究与学习）的功能。

（一）环境学习中心实施特色

根据美国自然中心管理者协会（Association of Nature Center Administration）的定义，"环境学习中心"在专业人士的引导下，教导人们体验自然，并建立与自然和环境之间的关系，包含以下特色。

1. 具备软硬件设施及人员：拥有土地、建筑减量及简化的硬件设施、完善活动方案；支薪的专业全职人员，以及不支薪的志愿服务者的支持。

2. 独立运作的合法组织实体：是一个合法独立的实体，由具有清楚生态保育、教育，以及复育愿景的团队来经营。虽然某些中心允许免费入场，但是鼓励小额捐款，以协助支应开销费用（offset expenses）。

3. 拥有支薪的专业员工：为了强化旅游的广度及深度，并且结合训练当地的解说员，经由专业支薪的合作原则，创造地方就业机会。因为这些专业的地方员工不但对于当地人文环境、地理景观，解说服务所必须注意的气候及安全条件相当了解，为了维护当地的环境品质，他们还会以专业的知识保护生态环境以及环境学习中心的设施，免于遭到不明的破坏。

美国社会心理学家库伯（David Kolb，1939～　）在 1984 年发表《体验学习：体验学习发展的源泉》（*Experiential Learning*：*Experience as the Source of Learning and Development*）一文，书中涉及学习风格模型，在书中提出了体验式学习清单（learning style inventory，Kolb，1984）。体验式学习理论分为两个层次：四个阶段的学习循环和四个独立的学习方式。库伯的理论都与学习者的内部认知过程有关。他将体验学习阐释为一个体验循环过程：包含了具体的体验、对体验的反思、形成抽象的概念，行动实验以发展具体的体验。循环形成的贯穿的学习经历，让学习者自动地完成反馈与调整，才能身临其境，经历一整个学习过程，在体验中学习到认知。

他指出，学习涉及在各种情况之下，可以灵活应用的抽象概念。因此，在学习中，新的概念提供了发展动力。他强调"学习是通过经验转变创造知识的过程"。因此，环境学习中心应该提供丰富的课程活动，以专业人力提供丰富的教学课程，强调户外自然环境教学，而非人工设施教学。在教学中展示的是户外、可以接触而且真实存在的自然环境，以及生活于该自然环境的生物（请见图 6 – 1）。

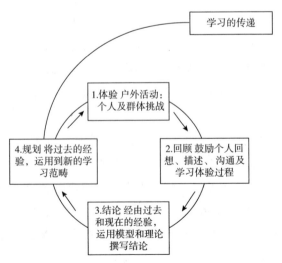

图 6 – 1　传递学习的体验活动过程（Kolb，1984）

（二）环境学习中心参与式学习（participatory learning）

环境教育是一种与时俱进的教育。通过与教育工作者的对话，我们确定了五种主要因素，这些要素是 21 世纪具有象征和实质意义的参与式学习的典型特征（Loh，2010），请见图 6 - 2。

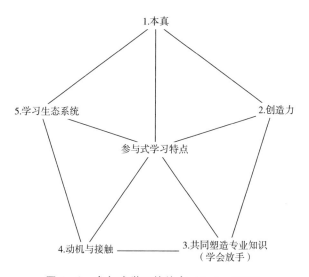

图 6 - 2　参与式学习的特点（Loh，2010）

（1）本真（authenticity）：了解学习者的身份、兴趣，以及课程可以发展专业知识的关联性。

（2）创造力（creativity）：环境教育在发展专业知识的创造空间。因此，参与式学习需要通过具有环境意义的游戏和实验活动，以及活泼的参与形式，提高学习者的动力、创造力。

（3）共同塑造专业知识（co - configured expertise）：依据教师和学习者共同配置的专业知识，教学者和学习者共同汇整环境保护的技能和知识，分享教学和学习的任务，教师在教学中，应该要学习适时放手（learn to let go）。

（4）动机与接触（motivation and engagement）：教学者教导学习者使用各种媒体、工具以及实践方法，以活泼有趣的教学方法，引起学习者参与的动机，拓展创造和解决问题的机会，例如通过碳足迹（carbon footprint）的计算，讨论如何减少温室气体的排放。

（5）学习生态系统：依据整合性的学习系统学习生态环境，可以促进和鼓励个人、家庭、学校、社区，以及世界之间的环境联系。环境学习中心的架构，在于采用这五种不同面向之间的相互联系，可以同时相互依存，相互补充。

📍 **个案分析**

以数学解析碳排放量

碳足迹（carbon footprint）是借由二氧化碳（CO_2）当量计算通过人类所生产的食品、燃料、制成品、材料、建筑物以及运输服务所产生的碳排放量。其包含了生产和消费活动（Lee et al.，2017）。一般来说，需要定义系统或活动中的二氧化碳和甲烷（CH_4）排放总量的指标。但是，我们采用了二氧化碳进行简易计算，说明了人类的生态足迹（ecological footprint）。碳足迹的影响，导致进入大气的气体含量变化，包含了二氧化碳和甲烷，产生了温室效应。

一　请用一句话，说明碳足迹的定义。

解答：碳足迹可被定义为与一项劳动（activity）以及产品的整个生命周期过程所直接与间接产生的二氧化碳排放量。

二　小华住在台北，参加新竹环境学习中心的校外教学，台北→新竹单程游览车的路线指示为80公里，参加同学为40位，请问参加同学全程的平均个人的碳足迹为多少？

解答：
$$0.08 \times 2 \times 80 = 12.8 \text{（kg）}$$

三　小明是个宅男，暑假生活三餐叫外卖便当，吃不完放进冰箱。全天候开灯、吹冷气、打笔电对战游戏24小时打到爆，不计算出门的排碳量，最多一天（24小时）可以排出多少碳足迹？

解答：
$$(0.0189 + 0.621 + 0.011) \times 24 + 1.3 + 0.48 \times 3 =$$
$$15.6216 + 1.3 + 1.44 = 18.3616 \text{（kg）}$$

四　请问上列行为，何者碳足迹较高？

解答：小明。

表 6 − 1　个人平均的碳足迹（范例）

开车 1 公里 = 0.22kg
骑机车 1 公里 = 0.056kg
搭游览车 1 公里 = 0.08kg
搭捷运 1 公里 = 0.07kg
笔电 1 小时 = 0.0189kg
开冷气 1 小时 = 0.621kg
电冰箱一天 = 1.3kg
灯泡 1 小时 = 0.011kg
外卖便当一个约 0.48kg

五　数学系小达（化名）的"另类思考"

1. 小华是个小学生，住在台北，参加学校举办的新竹的校外教学，台北→新竹单程的路线指示为 80 公里，参加同学为 40 位，请问参加同学从学校出发之后来回的平均个人的排碳量是多少？小达回答：设有 10 人开车、10 人骑机车、10 人搭游览车、10 人搭捷运情况下的平均排碳量，80（公里）×（0.22 × 10 + 0.056 × 10 + 0.08 × 10 + 0.07 × 10）/40（人）× 2（来回）= 17.04kg/人

2. 小明是个大学生，暑假生活三餐叫外卖便当，吃不完放进冰箱。全天候开灯、吹冷气、打笔电对战游戏 24 小时打到爆，不计算出门的排碳量，最多一天（24 小时）可以排出多少碳足迹？小达回答：24 × 0.0189 + 24 × 0.621 + 1.3 + 24 × 0.011 + 0.48 × 3 = 0.4536 + 14.904 + 1.3 + 0.264 + 1.44 = 18.3616（kg）

3. 请问上列行为，谁的碳足迹较高？小达回答：虽然光从表面上计算，小明一天下来的碳足迹是 18.3616 千克，而上面去校外教学的小华是 17.04 千克，但是小华的 17.04 千克只计算了车程来回这件事情，如果小华也三餐都吃外卖便当，则碳足迹还要再加上 1.44 千克，这样小华的碳足迹就会达到 18.48 千克，比小明的 18.3616 千克还多，因此，如果把小华要吃饭这件事也算入校外教学的话，小华的碳足迹其实是比较高的，这或许是在告诉我们，"在家耍废"一整天的碳足迹，或许会比出外旅行 80 公里还低（当然碳足迹也还是大幅取决于"交通工

具"）。

六　从以上小达（化名）的案例进行反向解读

过去台湾师范教育的思考，是一种制式的思考。经过教育改革之后，台湾各大学校院建立师培制度，师范大学被强迫剥夺了保护伞。根据台湾师范大学前校长张国恩的统计，台湾师范大学的毕业生，只有40%进入台湾正规教育的教学职场，也就是说，只有40%的学生可以进入台湾的小学、中学或是高级中学任教。因此，在台湾师范大学，师生经过20多年来的教育改革，受到了台湾就业职场不必要的歧视，也产生了相对剥夺感（relative deprivation），甚至在退休之后，教师的退休金因为台湾年金改革而缩水。

我们了解，当人类将自己的处境与某种标准或某种参照物相比较之后发现自己处于劣势时所产生的消极情绪，可以表现出愤怒、怨恨或是不满，甚至用逃避和耍废，表达年轻一代师范人的一种"习得无助"（learned helpless）的感觉。当我在师大附中讲授"生态瞬间：生态科学技术与传播"，向高中生传达可持续发展目标（Sustainable Development Goals，SDGs），以及2015国际教育论坛所谈的《仁川宣言》和我们在新加坡研拟的2019《新加坡可持续发展教育研究宣言》时，我可以强烈地感受到台湾地区第二波的教育改革的威力。在台湾12年民众教育中，首先受到波及的就是高中明星学校。当然，在台湾12年民众教育理念中，在高级中学或是高级职业学校教授"环境科学概论"，或是学校要建立"环境安全卫生中心"，在10到12年级的高中职设置，从实务上来说，相当困难，因为涉及人才培训和师资的匮乏。

我们需要通过一种协力的模式，协助"师大附中"与"师范大学"之间产生强联结，因为现在"师大"与"附中"之间联结力太弱。附中要提升，师大要提升，需要通过更为广泛的大学社会责任（university social responsibility，USR），推动社会及这个世界的资源联结。如何让高中生和大学生，努力而不泄气，持续努力，这都需要教师悉心同学生谈话，解构社会的真实面。

也就是说，各级学校的教师要思考，是否经常以"社会比较理论"（social comparison theory）的狭隘心态，架构"刻板印象"（stereotype），以学生分数和学生行为强加区分"好学生"和"坏学生"的差异。此外，对于"另类思考"的学生，教师是具备了忍耐和宽容能力，接受不同的思考方式，还是经常在教学中失去了耐性，经常对学生发飙，以制度性的强迫规范，压抑学生的另类思考？

学生在制式的答案当中，因为习惯于标准答案，同时因为考试领导教学，产生了同侪竞争心理。后来，因为升学压力，形成强烈的竞争心态，失去了形成同侪互助联结关系的契机；同时学生因为不了解"行行出状元"的多元社会价值，也失去了未来与社会更进一步合作的可能性。

如果我们还是运用传统教育方式，无法建构出具有高度环保意识和价值观的学生，也无法培养出多元社会中，经历生活、升迁困境，以及世间多重磨难的优秀学生。

在处理数学系小达（化名）的"另类思考"的考卷时，我们知道这一份考卷已经是一种另类出题方式的考卷。我在出题用语方式上尽量接近大学刚入学的学生的常用语汇，但是历经2012年至2019年长达8年的考试实验之后，经过600位学生的试答，在题目和答案之中，都没有争议的情况。但是，在2019年即最后一年的试卷答题中，看到数学系小达（化名）的"另类答案"，我不禁陷入了思考，也让我衍生了上述的"另类思考"。

第二节　学习教案

环境学习中心和自然保护区并不相同，因为环境学习中心设立的目的，除了强调保护之外，更强调教育的功能。因此，这是地方地景环境的代表荣耀，同时肩负社会责任，教育当地学校学生以及民众爱护当地所代表的自然环境。周儒（2011）认为，自然中心所代表的环境学习中心，系一种以环境教育发展与提供资源服务为主的重要场域。因此，自然中心的经营方式，借由推广环境教育教学课程和模块，依据四大基本要素进行自然中心的发展，包括：教学方案（program）、设施（facility）、人（people），以及营运管理（operation）。其中以"方案"形成运作核心，通过"设施"、"人"以及"经营管理"，成为环境教育运作的要点。在"设施""人""经营管理"三项要素之间，存在竞合关系，需要通过课程方案进行统整，以强化硬件建设和软件建设兼筹并顾的优质的课程方案、高水平的推广人力、健全的经营环境，以及卓越的中心设施进行教学活动。

一 环境学习中心的课程方案（Program）

环境学习的方案（Program）系指在教育的领域中，针对特定教学层面的缺漏，依据特定教育对象的需求和偏好，以特定教育问题进行修补，谋求改进与解决之道，形成的一种具有人类发展性的教育活动。周儒认为方案又可以定义为"教学计划"、"规划好的教育课程"，以及"完整的教育课程和评量"，在传播领域中则可以运用一系列的"教育节目"，或是一系列的"整套企划案"等表示（周儒，2011）。台湾地区相关部门，例如"营建署""水利署""林务局""观光局"等单位，办理环境教育课程查询地点，详见附录三。课程方案在呈现的时候，因学习者的学习受制或者非受制分为正规教育与非正规教育。

正规教育：学校的班级与自然中心合作，开办环境保护或是自然生态保护夏令营，借由校长许可，在参加活动之后，颁发结业证书、证照，以及具有学习时数证明的环境教育课程或是研讨会。学校领衔或是与其他机构合办的校外教学，或是暑期活动课程，都是学校正规教育课程的一环。

非正规教育：家长在暑期、寒假或是假日参加由政府、大专院校、安亲班、家教班等举办的户外或是室内活动。这些活动主要为资源回收、科学营队、田野参访、生态旅游、食农教育，或是纯粹以登山健行娱乐为主的参访活动或课程。这些课程属于没有学分的短期课程或研习营，或是非属学校举办的各类型亲子活动、夏令营、公司奖励旅游，或是团康营队活动、民众聚会活动，都是非正规的教育活动。

运用社区发展的自然中心进行周边居民和学校师生共同参与的活动，可以提升当地环境意识，强化当地情感的联系，自然中心须成为亲子活动和自然之间的桥梁。运用体验式学习理论，20 世纪 80 年代库伯总结了杜威、皮亚杰以及勒温（Kurt Lewin，1890 ~ 1947）的经验学习模式，强化实际体验的学习，让学习者学习环境现象，发现自然奥秘，获得心灵成长和启发。通过直接领悟，掌握经验的模式；或是通过间接理解符号代表的经验，进行思维的改造。最后依据内在的反思，强化外在的行动能力，了解环境保护的重要性。

二 环境学习中心的课程内容

自然中心要能够实际执行具备环境教育内涵以及当地环境内容的课程方案，需要依据不同的年龄层、不同的对象，运用不同的教学策略，让整体教学方案的运作更为流畅，以达成教学目标。所以，环境教育课程方案应包含下列内容。

（一）具备环境学习的内涵

环境学习中心成立的目的，最重要的就是要达到环境学习的目的。环境教育的目的就是要让学习者获得改善环境的知识和行动能力，进而采取环境行动。因此，环境教育教学目标包含了觉知、知识、情感层次（环境伦理）、公民活动技能以及公民的行动参与经验，以其为发展主轴。

（1）觉知：对于环境感受与反应的能力。例如：感觉到目前地球暖化的情形。

（2）知识：协助学习者掌握对于认识自然的运作的能力，了解人类与环境之间的交互关系，以及自然环境的基本运作。例如：地球暖化的原因以及碳排放的问题。

（3）情感层次（环境伦理）：协助学习者发展关于环境的价值观与伦理观。例如：如果我知道碳排放太高，我是否能够不要自己开车，卖掉车子，搭乘大众交通工具？

（4）公众行动技能：协助学习者展开各项调查、进行环境污染的预防，以及寻求解决环境议题行动所需要的技能。例如：我是否有办法计算碳足迹？

（5）公众行动参与经验：协助学习者提高环境的觉知、知识、环境意识、态度，以及公众行动技能，实际投入环境保护工作，预防碳足迹过高，并且可以说明解决环境议题与问题的经验。例如：我卖掉车子之后，如果我知道如何计算碳排放量，我开始搭乘大众交通工具，我会计算一年之中，我可以减少多少的交通运输的碳足迹，借以减少因为交通运输产生的非点源（non - point source）所排出空气污染和共同产生的集体污染。此外，我（本书作者方伟达）倡导节能减碳的简朴生活，过着家庭中没有电视、没有私家汽车和机车的日常生活，免除因为使用汽车和机车产生交通碳排放的环境共业（karmic forces），这是一种善念产生的环境保护行动。

（二）环境教育议题融入学校本位课程

环境教育是一种融入式学习。所以，在主题统整式环境教育课程之中，课程配合周遭环境、活动以及氛围，让学生耳濡目染，达成教育目的。因此，可以配合学校正规教育下的行政处室所建立的行事历，结合台湾本地区与其他地区环境节庆，规划环境教育活动，产生校本课程（school - based curriculum）。学校本位课程协助学生达到学习目标和教育目标。学校可以采取的措施，包括重新调整学习目标，改变教学内容组织，进行选择性学习（optional studies），以及进行教学评估策略。因此，以学校为基础的课程是台湾地区"教育部"颁订的课程与学校和教师自主权（autonomy）之间达到平衡的结果。

三　解说环境教育

解说（interpretation）是传达信息的过程，借由信息的传达来满足人们的需求和好奇心，并在游程体验的安排过程中，在不同的媒介，包括演说、导览、展示、实务及图片等相关传媒的协助下，激励人们对环境事务产生新的理解。解说的功能包含了信息、沟通、引导、服务、教育、宣导、艺术、娱乐、鼓舞人心及业务推动等。

（一）解说计划目的

解说计划的目的是协助学习者充分了解学习活动，以更为审慎的态度明智使用教学资源。主要是在配合环境资源、土地使用以及各相关计划，以低强度环境冲击的设计内涵，营造融入当地生态的环境学习中心，并运用各种适合的解说媒体，将各项环境及生态特色、重点分区和相关设施，介绍给学习者认识，其目的如下（方伟达，2010；张明洵、林玥秀，2015）。

1. 协助学习者了解环境学习中心的活动和资源。

（1）介绍各分区的自然、人文和景观资源。

（2）介绍各分区所具有的独特风格。

（3）介绍各分区的学习设施。

2. 辅助学习者顺利参与学习活动。

（1）建立清楚正确的区域位置关系图，并且将教学地点进行分类，建置分区指标系统。

（2）建立完善明确之路线指引系统，并提高告示牌的辨识度。

（3）提供多样化的游程方案及建议，提高解说系统国际化水平。

3. 培养学习者的生态保育观念，以减少教学活动对自然环境的冲击。

（1）有效传达环境学习中心经营管理的目标，增进管理保育目标的了解。

（2）提供具有教育功能、有趣味，并且可以使学习者亲身体验的解说设施。

（3）介绍地区特殊的湖泊、湿地及森林生态，并加强特有环境的解说。

（二）解说对象

解说服务主要是为了提供给学习者有关信息，帮助学习者选择多样化的体验活动，以获得高质量的学习体验。

（三）解说媒体

解说方式可以通过不同种类的媒体（请见表6-2），区分如下。

1. 自导式解说（非人员式的解说）

通过自导式的解说设施，借由解说牌、陈列展示、出版品、视听媒体等进行解说。

2. 导览式解说（人员式的解说）

借由解说员的解说，进行咨询服务、现场导览、专题演讲、现场表演等。导览式解说以人员解说的方式进行，可以直接将想要传递的信息介绍给学习者，这样的沟通是双向的，可以适时在解说过程中调整内容和方式，同时进行适时的回应。

表 6 - 2　环境教育中心解说媒体（方伟达，2010；张明洵、林玥秀，2015）

自导式解说（非人员式的解说）	解说牌	利用展示牌，以文字或图片说明主要解说的主题。解说牌分为管理性质及解说性质两种	地标性解说牌
			警示牌、方向指示牌
	陈列展示	利用文字、表格、模型、图片等静态模式，或是以影音、声光、模型、表演等动态组合模式，经由视觉及听觉传播来吸引学习者	可借助辅助性解说媒体，例如指示牌、解说牌、解说折页或视听设备的组合传播，以增强解说效果
	出版品	除了一般指引地图或介绍生态的文字之外，主要是向学习者介绍中心的位置和交通状况、人文或自然环境、中心服务设施或活动内容等，或以其他生态学习的专题展示历史及环境沿革等资料	咨询性出版品、解说性出版品
	视听媒体	视听媒体是环境学习中心专为学习者解说或进行其他服务的设施，利用动静态或视听媒体等组合方式吸引相关的学习者	计算机简报系统
			室内展示设施
导览式解说（人员式的解说）	咨询服务	生态解说员于特定且显著的地点，如游客中心、解说站等进行解说	
	现场导览	以生态解说员的方式带领游客依设计的路线进行解说	
	专题演讲	以生态解说员或聘请专家的方式在特定地点进行讲演、座谈、研讨会等	
	现场表演	借由特定人员的表演活动，例如桌游、魔术、舞蹈、游戏、寻宝、问卷、角色扮演、大地游戏、定向游戏、手工艺、DIY 等活动进行解说	

四　教育解说计划

由于学习中心设立了各种不同分区，活动与环境条件都有所不同，因此需要针对不同的活动方面提供多样化的解说服务，如表 6 - 3 所示解说计划包括地点及路线的解说服务（方伟达，2010）。

表 6 - 3　解说计划（方伟达，2010）

活动项目	计划	解说重点	环境教育中心	解说员人数（人）	解说媒体			
					解说牌	陈列展示	解说出版品	视听媒体
农乡之旅	有"鸡"农园	进行有机农园的游园导览与农产品及野放山鸡的介绍	◎	4	◎	◎	◎	◎

续表

活动项目	计划	解说重点	环境教育中心	解说员人数（人）	解说媒体			
					解说牌	陈列展示	解说出版品	视听媒体
农乡之旅	"农"情蜜意	进行农产品贩售及地方有机特产品的介绍	◎	4		◎		◎
	茶香四溢	进行有机茶园的栽植、采收过程和特有茶种的解说			◎	◎	◎	◎
台湾少数民族文化之旅	风味美食	介绍台湾少数民族风味美食的制作过程	◎	5		◎		◎
	原乡体验	解说台湾少数民族历史与生活（食、衣、住、行）				◎		◎
	台湾少数民族过年	介绍台湾少数民族耕作须知和台湾少数民族传统过年的风俗、礼仪				◎		◎
寺庙之旅	提灯祈福	介绍生态旅游地民情风俗活动内容概况		3				
	风铃祈福	介绍民情风俗活动内容概况						
	寺庙巡礼	介绍当地庙宇的特色和相关习俗			◎	◎	◎	◎
健行赏景		介绍景点及路线		0	◎		◎	
骑行赏景		介绍景点及路线	◎	0	◎		◎	
空中缆车		介绍景点及路线	◎	0	◎		◎	
乘船赏景		介绍景点及路线，说明水上活动的注意事项	◎	8~12	◎		◎	
生态之旅	余音鸟绕	鸟类解说		0	◎		◎	
	蝶对蝶	蝴蝶解说		0	◎		◎	
	风之樱	樱花解说		0	◎		◎	
	解说大挑战	借由游憩活动，让生态学习者了解环境保护的重要性	◎	20	◎		◎	◎
	生态你我他	借由一般动植物栖息环境及习性和分布介绍，让生态学习者了解环境保护的重要性		0	◎		◎	◎

续表

活动项目	计划	解说重点	环境教育中心	解说员人数（人）	解说媒体			
					解说牌	陈列展示	解说出版品	视听媒体
生态之旅	步不惊魂	进行自然步道体验，向生态学习者解说景点和路线	◎	0	◎		◎	
	风餐露宿	进行露营环境保护的注意事项及相关设施的区位解说	◎	5	◎		◎	

◎意为需要解决媒介。

（一）生态旅游解说

1. 动植物知识：例如解说南投埔里桃米村蛙类生态、南投达娜伊谷鲷鱼生态、七家湾溪樱花钩吻鲑生态等。

2. 美学知识：例如解说部落社区的原始风貌。例如：石板屋、木构造建筑、南岛干阑式建筑等。

3. 历史、地理、文学、建筑、宗教、民俗等知识：例如在台湾少数民族部落及具有生态特色的地区进行生态导览时，可以解说当地的历史文化。例如：新竹司马库斯、镇西堡泰雅人历史、苗栗南庄赛夏人历史、花莲马太鞍湿地阿美人历史、排湾人来义社石板屋建筑历史等。

（二）旅游学习途中的解说

1. 介绍沿途重要景物情形。
2. 旅途中生活方面的解说。
3. 各种场合的翻译讲解。

（三）膳宿资源的机会解说

1. 餐食解说：对于环境友善的地方特色餐点，可以进行食农教育。例如，可以说明其出产环境的当地特点，以健康、新鲜、卫生、价格等特色进行菜单设计。

2. 住宿解说：强调对环境友善的生态旅馆住宿特点，包括地点、规模、设施、房间数量、规格、型式，都符合生态旅游地点周边环境的相关法规规定的住宿要求（请见图6-3、表6-4）。

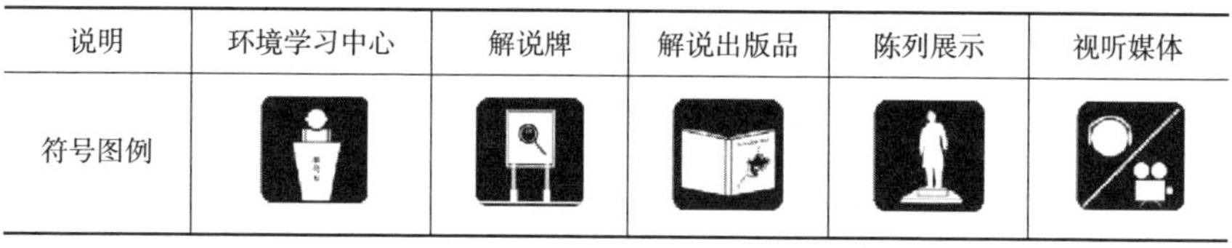

说明	环境学习中心	解说牌	解说出版品	陈列展示	视听媒体
符号图例					

图6-3 解说图例（方伟达，2010）

表6-4 分区名称及解说设施说明（方伟达，2010）

分区名称	解说设施	
水域及水岸相关活动分区（乘船赏景）		景点及路线解说 水上活动注意事项
文化体验相关活动分区（农乡之旅、台湾少数民族文化之旅、寺庙之旅）		游园导览与农产品特点介绍 有机茶叶的栽植采收过程解说 特有茶种制作过程解说 台湾少数民族历史与生活解说 台湾少数民族耕作须知及台湾少数民族 　传统礼仪介绍 地方庙宇的特色与相关习俗介绍
自然体验相关活动分区（健行赏景、生态之旅）		旅游景点和路线解说 介绍特殊动植物的种类和习性 有关提倡环境保护的观念的解说
一般活动分区（空中缆车、露营体验、骑行赏景）		露营注意事项及相关设施的区位解说 景点及路线解说

五 教学活动策略

解说策略的选择必须依据教学内容与目标，审慎使用适当的教学法，并且根据课程发展与目标、学生特征、学习心理以及教学方法相互配合。许世璋、徐家凡（2012）探讨池南自然教育中心环境教育教学活动对于小学六年级学生环境素养提升的成效。实验组 1（$n=78$）接受以讲述与提问为主的"讲述提问法"，实验组 2（$n=115$）接受以角色扮演与模拟游戏为主的"角色扮演法"，对照组（$n=105$）则不接受池南自然教育中心的课程。结果发现："讲述提问法"仅提升环境知识；但是，"角色扮演法"能够提升环境知识、环境敏感度、环境态度、内控观，以及环境行动；这个计划最惊人的就是，一个月之后的延宕测验，仍然保有延宕性提升环境素养的效果。我们整合教学活动的策略，建议可以灵活运用到如下解说活动中（陈仕泓，2008；许世璋、徐家凡，2012；王书贞等，2017；台湾地区"行政院"农业委员会林务局，2017），课程单元安排（举例）如表 6-5 所示。

表 6-5   课程单元安排（举例）

序号	系所	课程单元	简述授课内容	课时	授课教师
1	台中教育大学科学教育与应用学系环境教育及管理硕士班	五感探索与自然体验——重建我与自然的关系	本课程期望能通过自然体验活动，创造学生的重要生命经验/自然经验。目标是建立学生的正向环境情感，并探讨自然对自己的价值和意义	1.5 小时	曾钰琪教授
2		与自然对话——生态与人类社会的关系	通过收集自然物与编织生态网的活动，认识生物多样性的重要性，并讨论人类社会对生态环境的影响及未来可持续发展的最佳策略	1.5 小时	曾钰琪教授
3		环保小侦探——环境问题/议题探索	本课程期望能通过校园探索及绿活图绘制活动，了解环境空间规划方式与相关的环境问题。目标在于提高学生的环境觉知与敏感度	1.5 小时	曾钰琪教授
4	台湾师范大学环境教育研究所	气候变迁大挑战：未来的世界（低年级）	本课程期望通过小朋友的观察与体会，使其了解地球与人类发展的历史、气候变迁的历程与未来，并向其描绘未来世界的样貌与我们面对的挑战	1.5 小时	叶欣诚教授
5		气候变迁大挑战：未来的世界（高年级）	本课程期望通过小朋友的观察与体会，向其描绘未来世界的样貌与我们面对的挑战，并且以"食农"等日常生活事务为案例，设计未来生活的内容	1.5 小时	叶欣诚教授

续表

序号	系所	课程单元	简述授课内容	课时	授课教师
6	台湾师范大学环境教育研究所	大地游戏：湿地金银岛	本课程以台湾师范大学公馆校区湿地植物为主题，利用简易宝藏地图的提示，认识简单的湿地水文、土壤及景观，并运用大地游戏的方式，进行湿地植物的初步探索和理解。	1.5 小时	方伟达教授
7		定向寻宝：湿地大进击	本课程以台湾师范大学公馆校区湿地为主题，运用定向原理，利用激光测距仪器，进行剖面地图的绘制，并利用跑站的方式，认识湿地树木的高度，了解湿地水文、土壤及植物，活动中将学会高程测绘方式，并认识多彩多姿的校园湿地环境	1.5 小时	方伟达教授
系所单元总计课时				10.5 小时	

音乐、舞蹈或戏剧：将教学内容运用音乐、舞蹈或者戏剧表演的方式呈现。

角色扮演：运用角色扮演的方式引发学习者对于环境议题与教学内容的了解。

演讲或影片观赏：聘任专业人员针对某个特定主题进行直接演讲或者通过影片观赏进行教学。

诗的欣赏或写作：运用新诗欣赏与各种诗体的写作，让学习者展现对于环境议题与问题的感受。

卡通与图画教学：通过有趣的图案鼓励学习者学习有关环境的知识，并且可以通过其中的图片进行议题的讨论。

引导式冥想：让学习者静下心来，通过冥想的方式去感受与思考有关环境的种种关系与现况。

游戏：游戏除了帮助学习者对于课程活动有新奇的感受外，更可以对其有关特定环境议题上的知识、态度或者技能有所了解。

价值与态度：通过图表、阅读以及聆听等方式，帮助学习者认清自己的价值观，并且帮助他们思考并建构正向的环境价值与态度。

思考与判断：环境的问题常常是人类缺乏知觉或者无意间所造成的状况，让学习者学习各种批判性思考与判断的技巧，让他们对于自己与别人的行为有所反思。

第三节　学习模式

环境学习从某种程度上讲，涉及学习者所经历的社会、身体、心理或文化因素，这些会影响学习者的学习能力。环境学习的评估，需要确定知识、态度以及实践，需要确定可持续发展是否纳入教师整合教育，是否已经纳入教学阶段和学习阶段（Norizan，2010）。

学习理论主要分为六种重要的理论：行为主义（Behaviourism）、认知主义（Cognitivism）、建构主义（Constructivism）、基于设计（Design - based）、人文主义（Humanism），以及其他种类（Miscellaneous）的流派。在所有学习理论中，大多数教育专业者都依赖于一种经典和操作条件（classical and operant conditioning）行为主义。

一　三元互惠决定论（Triadic Reciprocal Determin - ism）探讨教师和学生的依附关系

环境社会学者班杜拉（Albert Bandura）在20世纪60年代提出社会认知理论，产生了行为主义和认知主义的联结关系。班杜拉于1986年发表了《思想与行动的社会基础：一种社会认知理论》，指出"所有行为都是基于满足感觉、情感，以及欲望的心理需求"。社会认知理论（social cognitive theory）基于人类通过观察他人来学习的观念，这只有在个人认知到行为和环境因素有利于学习时才会发生。人类预先设定的行为（pre - set behaviors），使他们能够依附于社会行为发展关键时期所存在的任何事物。在这个依附期（attachment period）之后，孩童成长阶段，将学会模仿教师、同侪以及兄姐，来解决问题。这些认知活动，不仅仅通过思考，而且通过社会和情感的联系进行。因此，班杜拉的社会学习理论（social learning theory）扩展为人类动机和行动的综合理论，借以分析认知、替代、自我调节，以及自我反思过程（cognitive, vicar-

ious，self – regulatory，and self – reflective processes） 在心理社会功能中
的作用。

班杜拉首先在思想与行动的社会基础上，提出了相互决定论（re-
ciprocal determinism） 的论点。图 6 – 4 所示我们称为三元互惠决定论
（Triadic Reciprocal Determinism） （请参考图 3 – 1）。简而言之，三元互
惠决定论可以解释为人们的思考、相信，以及感受 （think，believe，
and feel），会影响他们的行为模式。反过来说，人类行为的自然和外在
影响，也决定了他们的思维模式和情感反应 （Bandura，1986）。

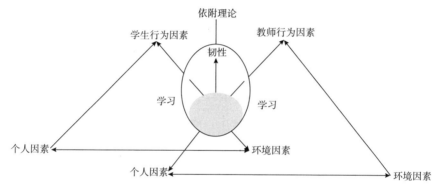

图 6 – 4　三元互惠决定论 （Triadic Reciprocal Determinism）
探讨教师和学生的依附关系
（改编自：Bandura，1986；Johnson，2019。）

所以，社会情绪学习就是在增强韧性 （resilience），以减少学习
迟钝的反应。韧性是人类从困难情况中迅速恢复的能力，这是一种受
大自然启发所得来的心灵恢复能力。在社会认知学习理论模型中，行
为因素影响环境因素，环境因素也影响行为因素。环境因素影响个人
因素 （认知、情感，以及其他生物习性），个人因素也会受到行为的
影响。因此，所有因素必须相互联系和相互作用，才能进行环境中的
学习。人类可以运用计划触发反应所需要的学习环境。通过行为改变
和个人因素改变，换句话说，通过加强上述所说社会情绪学习 （so-
cial emotional learning），然后加强其学习的韧性。在同侪共同学习的
场合之中，教师借由教导，引发个人和行为反应的过程，被称为情境
诱导 （situational inducement）。如果学习情况过于紧张，学习者表现

迟钝，将停止环境中的学习。请记住，社会认知理论的三个面向，必须共同发挥作用，才能创造有利的学习环境（favorable learning environment）。此外，如果情境诱导引发高压力的反应（high stress response），教师和学习者依附（attachment）关系破裂，师生关系受到影响，就会出现学习情境的恶化。

二　强化自愿进行的环境学习行为

社会认知（social cognitive）和依附理论（attachment theory）的目标，是让教师进行学生伴随，让学生知道教师在哪里，以及教师会提供积极的反馈（positive feedback）是什么（McLeod，2009）。学生应该认为教师可以信赖，不是因为教师拥有奖励和责罚的权限，而是因为教师的身份。行为主义倡导者桑代克（Edward Lee Thorndike，1874～1949）总结了"试误说"（try and error）的三大定律。

效果律：在学习者试误的过程中，如果其他条件相等，在学习情境进行特定的反应之后，能够获得满意的结果时，则其联结关系就会增强；如果得到不开心的结果时，其联结关系就会削弱。

练习律：在试误学习的过程中，任何刺激与反应的联结，一旦练习运用，其联结的力量就逐渐增强；如果不运用的话，则联结的力量会逐渐减小。

准备律：在试误的学习过程中，当刺激与反应之间的联结事前有一种准备状态时，如果学习具体实现，则会感到满意，否则就感到烦恼；反之，当此联结不准备实现之时，如果具体实现，则会感到烦恼。所以，"尝试－错误"学习模式对于人类学习来说，仍有很大的借鉴意义。

依据图6-5，建议教师在推动依附状态（attachment statement）、情感状态（affective statement），以及觉醒状态（arousal statement）之时，可以先布置一些较易完成的功课，强化正向的促进反应，这样学生们就有更多的自信心继续课程之研读。

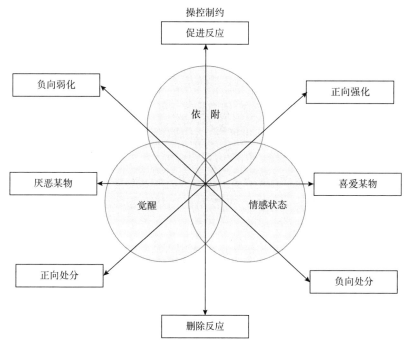

图 6 - 5　操控制约的作用对象，是个体原来就已经自愿进行的行为
（Cassidy and Shaver，2018；Johnson，2019）

三　通过不同类型的学习方法进行学习

在深层的环境教育学习中，可以利用决策分析、两难困境分析、价值澄清法、问题解决法、假说检定法、角色扮演法、游戏模拟法、户外教学和集体讨论等多元方式，进行学习。

生态环境教育是一种"观念体验"（conceptual experience），让学习者深入研究和了解学习资源与环境之间的关系。在学习的养成过程中，通过在学校学到的技能，联结预定的学习目标，以及环境保护真正的需要，运用重点思考的方式，并配合解决问题的技巧，关心社会影响、环境污染以及生态破坏等多元议题。在解说人员养成的过程中，需要订定野外活动的实习课程，以体验、了解、欣赏大自然为学习重点，经由对户外生态及文化资产深入了解，培养学生了解担任生态解说员的方式，通过环境教育活动的融入和引导，在环境学习中心进行解说教育的养成（方伟达，2010）。

在解说人员养成的课程中，要通过"麦奎尔信息处理理论"（McGuire's Information Processing Theory）进行解说训练（McGuire，1968）。麦奎尔认为信息接收有三个阶段："注意→理解→接受"，这三个阶段在20世纪60年代发展成六个阶段，而行为因为"注意→理解→接受"而产生改变。行为改变的可能性（B）的公式为：

行为改变＝呈现效果的可能性·注意程度的可能性·理解程度的可能性·信服程度的可能性，简写为以下公式：

$$B = P(p) \cdot P(a) \cdot P(c) \cdot P(y)$$

呈现（presentation，以 P 来表示）：接受者必须首先接收呈现的信息。

注意（attention，以 a 来表示）：接受者必须注意信息，并且产生态度变化。

理解（comprehension，以 c 来表示）：接受者必须理解整体信息并且能够剖析其含意。

信服（yielding，以 y 来表示）：接受者必须信服、同意及理解该信息传达的内容，并察觉其态度的变化。

记忆（retention，以 r 来表示）：接受者必须保留记忆，并在一定时间之内改变态度，而这种态度变化保留于一段时间之内。

行为（behavior，以 b 来表示）：接受者必须铭记于心，并且改变行为。

后来麦奎尔在1989年又提出12步骤，以解释行为的影响因子，包括——

（1）接触信息；

（2）注意信息；

（3）喜欢或对讯息产生兴趣；

（4）理解信息（其中可以学习到什么）；

（5）技能取得（学习如何操作）；

（6）信服信息（态度的转变）；

（7）记忆内容储存/同意；

（8）信息搜寻和检索；

（9）在检索基础上进行决策；

（10）行为符合决策；

（11）强化理想的行为；

（12）行为后的强化。

麦奎尔主张的 12 点论述，着重于"信息→行为"的心理层面和行为层面之间的影响，但是说教性太过浓厚，而且无法解释非信息性的教育方法，在环境教育"认知、情感及技能"的养成中，除了说明理性的"认知、技能"经验来源之外，独缺感性的"情感体验"。

许世璋、任孟渊（2014）认为，环境教育的学习过程应该涵盖理性、情感与终极关怀三个面向。他们评估大学环境通识课程过于强调认知领域的教学内涵，但情感领域与行动领域的教学目标并没受到足够的重视；因为绝大多数的课程并无法提升学生们的情感类环境素养与环境行动（许世璋、任孟渊，2015）。

情感体验为学习者在自然中心学习之后，所回溯的心理和生理的状态。旅游活动的过程包括期待、去程、旅游、回程、回忆等部分。在进行"情感体验"时，学习者必须学习用心体会环境。这种感受，不是走马观花所能体会得到的。当环境许可时，学习者必须携带旅行笔记，甚至以影像做成记录，运用视听设备，例如望远镜、照相机、录音机、摄影机等器材，在大自然中留下景观与人物的声音和影像。

当学习者尽可能地记录所有的情境时，在他的观察体验记录中以个人的诠释记载事实记录（fact sheet），并以爱护环境的心情进行无痕山林的体会。在旅游学习中，如图 6-6 所示，高斯林以一个简单的坐标显示深度体会的生态学习和蜻蜓点水式的大众旅游的差异性，他以一种"不悦的"感受，说明大众旅游因为体验太为肤浅，而且行色匆匆，不能产生深层体验的愉悦感觉（Gossling，2006：93；方伟达，2010）；高斯林认为，只有深度及缓慢地体会大自然的脉动与呼吸，才能愉悦地享受阅读大自然景观的乐趣。

"阅读生态"就像是翻阅一本好书，可以得到最深沉的心灵洗礼和飨宴。

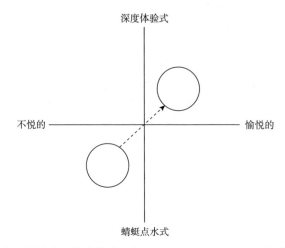

图 6 - 6　高斯林的生态旅游情感示意（Gossling，2006：93；方伟达，2010）

第四节　信息传递

从环境教育信息传递的角度来看社会科学的演进，一件环境社会事件所产生的信息量，是由其所能带来的社会冲击程度来决定的。也就是说，社会环境事件出现频率越低，实际发生之时，其所产生的信息冲击量越大。

以个人接受传播为例，信息价值取决于信息冲击所带来的意外程度，意外程度越高，代表个人发现与原有刻板印象扞格，则对于个人的认知冲击越大，其认知转变也会越大。

📍 **个案分析**

桃园埤塘的认知转变

我们以桃园埤塘为例，在过去一百年间，台北温度上升 2℃，台中上升 2.3℃，桃园埤塘地区的温度没有上升，埤塘降温效果相当于一座日月潭。我们将台湾气象局一百年以前的气温调出来计算，桃园温度改变不大，但波动非常厉害。尤其从台中一百年的温度历线，我们可以预测到 22 世纪，台中的温度会从 23.9℃ 至少要上升到 26.2℃，整个温度上升是非常可怕的。因为我们知道，上升 1℃、上升 2℃、上升 3℃ 我们几乎还能生存，只是多一些台风和暴雨，上升到 6℃ 大概全世界就消亡了。

"那么，桃园为什么有那么多的埤塘呢？"

在两万年前的时候，台北盆地发生地震陷落，古淡水河将古石门溪的河川整个引到台北盆地，桃园台地的河川变成了断头河，因此也就没有灌溉水源。没有灌溉水源，开发就比较慢，所以在中坜地方早期还有个名称叫"虎茅庄"，虎茅不是因为有老虎，而是因为芒草容易割人，非常危险。所以我们从过去来看，从过去的霄里社知母六，他是清朝一位台湾少数民族通事，在 271 年前率领汉人去挖掘第一个池塘龙潭大池，后来大概桃园台地陆陆续续有了成千上万个池塘。过去的池塘面积大概占了桃园台地总面积的 11.8%，现在土地面积只占到 3.8%，几乎 90% 的池塘面积都消失了。

"所以，我们该如何做复育呢？"在 2003 年的时候，那时候我们希望复育台湾萍蓬草，所以我们也挖了一些池塘进行复育，我们发觉埤塘有一些集体记忆，可以提供休闲、垂钓，还有一个功能就是保存客家的文化。客家的文化就是晴天耕田，雨天读书，所以客家人是非常勤奋的。客家人在读书风气之下，还有建造惜字亭文化，所以这里面谈到文化，对于传统来讲，意义非常深远。

然而，台湾在 2016 年研拟修订台湾"电业法"，第 95 条第 1 项规定 2025 年废核。台湾相关部门在非核家园与能源转型路上摸索前进，在仓促盲动的规划之下，宣称 20% 要使用再生能源。但是，这所谓的绿色能源、再生能源，或是绿色电力，在风驰电掣的政策效应之下，在台湾南部的盐田湿地，许多计划占用了 70% 盐田土地；到了新竹和桃园的埤圳地区，截至 2019 年，桃园市占用 9 座埤塘兴建光电板，未来还要继续兴建。太阳能光电板使用的化合物半导体薄膜太阳能电池，借由铜（Cu）、铟（In）、镓（Ga）、硒（Se）四种原料化合组成，最具发展潜力。由于上述元素具备光吸收能力佳、发电稳定性高、转换效率高、整体发电量高的特点，但是太阳能光电板会渗入硒（Se）、镓（Ga）、铟（In）、铊（Tl）等物质，在光电板经年累月锈蚀之后，有毒金属将渗入埤塘的水中，污染埤塘的水源。因为农民在埤塘养鱼，每年6月收成，大量的埤塘养殖鱼类进入市场贩卖，形成毒害人体的致癌物质。

这个案例告诉我们，因为桃园埤塘是鸟类冬季的度冬区，2003年至2019年的大规模埤塘鸟类调查的资料显示，埤塘鸟类至少发现有100种以上，我们每年调查45座埤塘，每年冬季的4个月至少发现15053只次的鸟类。此外，桃园9座埤塘光电板设置地区，经过观察，鸟类数目已经计算为零。经过生态破坏之后，桃园埤塘冬季鸟类，包括鸭科鸟类，已经不到光电板设置埤塘停栖。再者，光电发电产生的电力，是从非都市土地的埤塘进行输电配路的搭建，离都市地区甚远，消耗了输电能源，形成电力传输的损耗和浪费。此外，光电板效率不佳，在台湾北部地区阴雨绵绵的季节，发电量有限。以上埤塘光电重金属释出，造成埤塘污染的损害，进到食物链中的人体，造成人体健康的损害，又贻害桃园当地居民生命财产的安全。

从对埤塘的认知，到观念上的集体转变，需要长时间的大众教育。我们知道，环境教育的路途相当漫长。所谓的"绿电"，如果选错了兴建场址，选错了兴建材质，一样不是一种绿色和环保的表现。

当这些信息价值产生了信息冲击，民众发现越意外——与代表原有刻板印象（stereotype）中"绿电"是绿色和环保的表现扞格，则对于个人的认知冲击越大，社会认知转变所造成的压力幅度也会越大。这一发现，将会形成社会的一种震惊，以及给决策者带来莫大的压力。

一　信息传递的学习界面

环境教育系为通过信息传递的教学方式，将重要的环境信息，从专家范畴（domain/expert）的信息源，流动至学习者（learner）信息接收端的过程，通过信息传递，人类得以互相沟通、交换讯息，进行认知和情感的改变。1948年夏侬（Claude Shannon，1916~2001）提出的信息论，便呈现信息从信息源到信息端的传递过程。图6-7展现环境教育信息传递的过程中，涉及三个元素的动态互动：学习者、信息源专家范畴，以及教学模式（instructional model）的中间媒介。

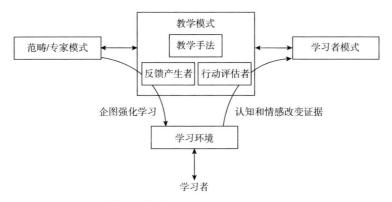

图 6 - 7　学习环境的界面（Lane and D'Mello，2018）

传播学界所关注的环境教育意义的"再现"和诠释，需要依据反馈产生者（feedback generator）和行动评估者（action assessor）的界定，进行取径。

通过学习环境的界面学习环境教育议题，需要融入相关课程，包含将环境教育议题融入各领域整合的主题课程、融入多领域课程，或是融入单领域课程。在课程之中，需要界定环境信息传递的基本规律，其要点如下（方伟达，2010）。

（一）计划安排

计划解说：依据生态学习者的需求、时间、地点等条件有计划地进行导览解说。

事先安排：解说时考虑时空条件，预先妥为安排。

精通知识：应有恒心搜集当地资料和生态小故事，熟读及研究如何应用。

熟记数字：说明年代、面积、高度、长度时，应说出数字。

（二）现场掌握

机动灵活：解说因人而异、因时制宜、因地制宜。在不同的季节、气候、场合及气氛下，适时调整解说内容。

视线投射：在进行生态解说时，视线应投向每一位听讲的学习者。

语气谦虚：避免使用"教育""你们"等不恰当的字眼，以免引起听讲人的不悦感。

语调适中：解说时不要太快或太慢，在野外时声音要轻声细语，以免干扰到野生动物安静的栖息环境。

说明清楚：生态解说要详细明确，不可刻意省略，但应力求简单扼要，而不要过分冗长。

良性互动：让学习者适时表达自己的想法或意见。

集体行动：特别注意学习者的安全，严禁发生交通及意外事故。

二 传递过程

在环境传播的控制学理论中，信息的处理基于彼此影响与控制，产生复杂互动后的结果。在复杂的系统中，平衡与改变的状态，会发生于不同输入和输出的情境之间，其复杂性会使不同阶段产生的结果异于单一的情境。在情境系统之中，每一个部分都仰赖其他的部分，同时亦受其限制。此外，反馈回路和自我调节回路，经常都是这一种系统的一部分，具有非线性的关系。系统也会借由接收输入来强化情境、进行教学过程的处理，并产出及输出成果，并且和环境产生互动，例如教学的成果可以产生工作机会、建立成长和满足的情境，如图6-8所示。在信息传递过程之中，比较简单的系统，可以镶嵌至比较复杂的系统之中。

在传统中，对于环境传播的影响，还有依据现象学的方法进行讨论，基本的假设是人类对于世界的了解和意义的产生，是经由对于现象的直接经验得来。因此，现象学有下列三种原则。

其一，知识是在有意识的经验下，与世界产生直接经验所创造的。

其二，事物的意义与个人生命的潜在因素产生联结。事物对于生命具有强大的潜在影响力，会赋予其更多重要的意义。因此，意义会直接涉及功能。

其三，从语言中传达意义。所以，引导知识的经验，会经由语言的频道而制造。

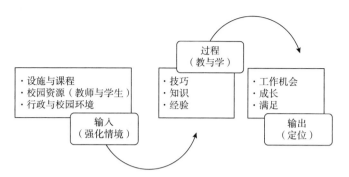

图 6 – 8　环境学习的传递过程（Singh et al.，2018）

通过诠释的过程，世界为个人所搭建，这样的诠释是心灵主动的过程，具有介于经验状态间来回波动的特性，以及对于世界经验所赋予的意义。

这样的过程也被称为诠释学循环。我们首先经验某些事物，然后诠释并赋予其意义。接着从下一次的经验经过再一次的测试，重新诠释，往复如此。这也反映了上面所说的，当个人经验发现这一次的经验与原有刻板印象的经验扞格，则对于个人的认知冲击越大，其认知转变也会越大，会重新诠释，进行思维修正。

现象学对于环境传播的重要性，在于对于个人经验的巨大冲击。例如，对于半数美国人来说，他们经常将气候暖化视为一个难以与个人经验联结的"抽象现象"，那是因为美国大陆幅员辽阔，无法感受到气候变迁的实际压力。举例来说，台湾人基本上相信气候变迁。因为当人类居住于位于东亚的小岛上，一年经历了七次的台风侵扰之后，对于这项议题有了个人的经验，比起单纯经由国际媒体报道的台风经验，会更容易受到信息影响。这些影响包括因为全球气候变迁传来的各种负面的环境信息，台湾岛民更容易产生负面联结。也就是说，现象学也强调个人对于信息产生的相关性。

当人类看待环境问题时，如果和自己有关，对所爱的人事地物，因为气候变迁所带来的灾难，产生了负面的影响，那么人类就比较相信气候变迁的事实了。此外，居住在与台风近在咫尺的台风受灾户，比起遥远地区的人类或生态系统遭到飓风或是海啸产生的灾变，会更加感同身受。

我们感到台风受灾户的同理心，会比海啸受灾户的同理心更强。因为台风对于台湾的居民来说，感受的关联性频率和强度都相当大。因此，环境现象受到个人经验、个人接触场景所影响。并且，人类对于环境灾难产生"这就是气候变迁所带来的影响"，形成一种学习联结，这些观念都是根深蒂固的，是不会因为一次和两次的信息传播所能改变印象的。这也正是从现象学理论惯例中，我们可以提取的环境教育主要教学的重点。

三　能力建设

能力建设（capacity building）又称为能力发展，是一种行为改变的概念，在实现中我们会去了解环境发展目标的障碍，并且衡量可以实现可持续发展的结果。环境教育能力建构，是个人获得环境保护知识、态度，以及提升技能发展的过程。

环境教育在能力建构的过程当中，许多组织以自己的方式解释社区能力建设（community capacity building）的内涵。联合国减灾办公室（The United Nations Office for Disaster Risk Reduction，UNDRR），将减灾（disaster risk reduction，DRR）领域的能力发展定义为："人类通过组织社会系统化发展能力之过程。"这一过程在于有效实现社会和经济目标，包括改善知识、技能、系统，以及机构社会及文化环境。以下我们区分能力建设为社区能力建设，以及个人能力建设。

（一）社区能力建设

最早谈社区能力建设的国际组织，是联合国发展署（The United Nations Development Programme，UNDP）。自 20 世纪 70 年代以来，联合国发展署就提供募款、筹款，兴建培训中心，进行第三世界的接触访问，兴建办公室进行在地化的人才栽培、在职训练，兴建学习中心和提供咨询服务。能力建设的过程中运用了国家的财力、人力、科学技术、组织制度，以及资源管理，其目标是要解决国家政策和发展方向有关的问题，同时考虑国家发展中有关人力培训的限制及需求。但是，第三世界国家发展能力建设模式形成策略，需要采取独立自主模式。因为，一旦联合国款项停止之后，一定要采用自筹方式进行国家建设，以免过度依赖国际长期的援助，形成国际强权的系统化干预。

（二）个人能力建设

个人层面的能力建设，需要参与者"强化知识系统和技术能力，促使个人能够积极参与学习和适应环境变化的过程"。依据个人行动发展，需要进行学习系统反馈，且能平等互惠之学习，使其达到最佳技术水平。因此，能力建构不是单纯的人才培训或是人力资源开发，而是要转变思维模式。此外，提高个人能力，不足以促进社会可持续发展，还需要依据体制和组织环境之配合，方能毕其功于一役。

在管理培训方面，博德威尔（Martin M. Broadwell）在 1969 年 2 月将能力建设模型描述为四级教学（Broadwell，1969）。柯提斯（Paul R. Curtiss）和瓦伦（Phillip W. Warren）1973 年出版的《生命技能动力学教练》（*The Dynamics of Life Skills Coaching*）一书中提到了这个模型（Curtiss and Warren，1973）。这个模型系为学习任何新技能的四个阶段。这四个阶段表明人类最初并不知道自己知道多少知识内涵，同时也"没有自我认知或是意识到自己的无知无能"（unonscious incompetence）。当人类意识到自己的无能时，自我会有意识地获得技能，然后有意识地运用这一项技能。最终，这一种技能可能在没有被有意识地思考情况之下被运用。也就是说，个人已经熟稔了这一套技术，已经具备了"无意识的能力"（unconscious competence）。

将学习的元素导入，包括协助学习者了解"他们不知道的东西"，或是认识到自身的盲点。当学习者进入学习状态时，通过图 6-9 所示的四种心理状态，直到达到"无意识的能力"阶段。

无意识的无能（unconscious incompetence）：在"无意识的无能"状态之中，学习者并不知道存在技能或知识差距。

有意识的无能（conscious incompetence）：在"有意识的无能"状态之中，学习者意识到学习技能或是知识的差距，并理解获得新技能的重要性。正是在这个阶段，学习才能真正开始。

有意识的能力（conscious competence）：在有意识的能力中，学习者知道如何使用技能或执行任务，但这样做需要经常地练习，并且进行

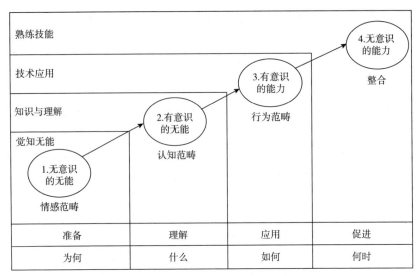

图 6 - 9　能力建设的四个阶段
（修改自：Broadwell，1969；Curtiss and Warren，1973。）

有意识的思考和努力工作。

无意识的能力（unconscious competence）：在无意识的能力中，个人具有足够的经验，并且能够轻松地执行技能，其在执行的时候，是在无意识的状态之下纯熟地进行。这个模型帮助教师了解学习者的情绪状态。例如，无意识无能的学习者对于课程的反应，不同于有意识无能的学习者。如果有人不知道自身有问题，就不太可能参与环境解决方案的思考。另外，如果某人具有意识能力，个人可能只需要额外练习，而不是强化训练。

通过了解图 6 - 9 模型，环境教育的培训计划，可以确定学习者的需求，并根据学习者的目标，在特定的环境教育主题之下，订定学习目标。

依据学习能力的四个阶段，教师通过了解学习者在特定主题的哪个阶段中，自课程单元中可以选择有助于学习者进入下一阶段的主题内容，甚至可以采用评估模式，向学习者证明其自身的能力差距，从而将学习者从第一阶段转移到第二阶段的学习。

第五节 传播媒体

在现代社会中，借由传播媒体进行通信联系，已经成为传播信息和获得信息的方式。因此，在环境教育传播方面，以正式出版、通信，以及网际网络等进行媒体传播，成为信息披露的路径。

大众传播媒体在环境教育中负有重大任务。世界各国大量运用传播媒体传播有关环境保护的科学知识，激发一般大众对于环境意识的觉醒，例如环境污染、土壤恶化、资源枯竭、物种绝灭，以及倡导一般大众有关环境卫生、公共医疗，以及营养的信息。由于对于这些环境问题的认识，形成强烈的民众舆论，激发社会抗争运动，并且促进环境保护的法律与环境影响评估制度的建立，这都是大众传播媒体之功效。

在发展中国家，过去采用收音机和电视进行信息传播，对于民众具有特别的教育功效（李聪明，1987：45），尤其是晶体管收音机的发明，使得收音机成为 20 世纪最普遍使用的大众传播工具。此外，20 世纪 90 年代之后，网际网络的发明，让世界成为无国界的领域。通过网站和部落格（blog）"过程模式"进行交流（锺福生、王必斗，2010：39），可以进行在线网络（online networking）意见反馈，并协助发展思路，促进形成深度学习的教学策略与方法（吴颖惠、李芒、侯兰，2017）。

此外，越来越多的环境教育推动者采用脸书群组（Facebook groups）、微信群组（WeChat groups）、Line 群组来分享想法。大量采用网络社交媒体（social media）可以协助环境教育推动者与全世界的同行保持联系。在使用社交媒体时，应该要保持清醒理性形象，不要任意在封闭的内部（in-house）网络中攻击环保同行或是攻击陌生人。网际网络都是一种"可资查询身份"的平台。理性讨论，或是保持缄默，可以降低信息滥用的风险，将精力集中于有用的网络软件和信息服务，而不是将其当成一种发泄情绪的管道，否则容易后悔莫及。

一　正式媒体（Formal media）

（一）研究社群

研究社群交流途径包括了系列书籍、专著、期刊论文、研讨会论文、海报、机构知识库（institutional repositories）的发表管道（方伟达，2017；2018）。许多大学和研究机构都有内部（in - house）开放式研究档案在线储存区。这些档案称为知识库（repositories），被列为一种出版品。如果研究者在开放的研究档案中存放作品，则应视为已经发表。如果是之前未曾发表的作品，将其存入档案库之后公开，可能会造成未来这些资料要进行出版时的版权归属问题。如果作品已经发表，原始出版商可以保留这些权利，而且不得通过存档，重新发布作品。但是，档案库提供在线可供大众阅读的版本，有利于对外界的传播。

（二）一般大众

维基百科、专题文章（feature articles）/访问/谈话；开放获取（open access）期刊和书籍的发布。

二　非正式媒体（Informal media）

（一）研究社群

会议开幕致辞、会谈记录；社交媒体（social media），例如：脸书群组（Facebook groups）、微信群组（WeChat groups）、Line 群组的文字发布。

（二）一般大众

社交媒体（social media），例如推特（Twitter）、脸书（Facebook）、部落格（Blog）的文字发布，或是 instagram 的图片发布。

（三）介于研究社群和一般大众之间

运用研究社群网站发布已经刊载的文章，例如 academia. edu 和 researchgate. net。

三　传播效果

（一）提高认知（increased awareness）

提高人类对于环境知识的认知程度，进行更深入的环保知识理解。

（二）知情选择（informed choices）

提高在替选方案之中进行知情选择的能力。

（三）交流信息（exchange of information）

提高信息、题材或是观点的交换程度。联合国教科文组织推动的国际环境教育计划中，对于大众传播媒体曾进行以下信息交流之建议。

（1）在定期的广播、电视、网络动画或是直播节目中，增加生动有趣的环境问题，例如播放精彩的生态纪录片或是生态音乐，以及动物和鸟类的乐音。

（2）邀请民众参与有关环境问题的讨论。

（3）广播、电视以及网络节目应该包含有关环境灾难和环境恶化等内容。

（4）提供广播、电视以及网络节目制作人参加环境教育之训练。

小　结

曾任山峦俱乐部主席（President of the Sierra Club）的环境传播学者卡克斯（J. Robert Cox）曾经谈到，环境传播领域由七种研究和实践领域组成，包括"环境论述（修辞和话语）、媒体与环境新闻、大众参与环境决策、社交营销和宣传活动、环境合作和解决冲突、风险沟通，以及流行文化与绿色营销中的自然表达"（Cox，2010）。从实践的角度来看，环境学习和传播采用有效的沟通方法，借由环境传播策略和技术，应用于环境管理和保护之中。我们意识到环境主义（Environmentalism），始于环境学习和交流；但是从 20 世纪 60 年代闹得沸沸扬扬之后，到了 21 世纪逐渐转为"环境怀疑主义"（environmental skepticism），美国社会大众热爱经济发展，厌恶环境保护。在 20 世纪 60 年代，环境运动是由作家如椽之笔的火花点燃的，或者更具体和准确地说，是由"卡森的打字机"（Rachel Carson's typewriter）所点燃的（Flor，2004）。因此，从历史脉络来看，环境学习和传播有以下基本要素："生态知识、文化敏感性、网络能力、运用媒体能力、环境伦理的实践、冲突解决能力以及调解和仲裁的能力"（Flor，2004）。从学者的研究来看，民众冷漠，远比缺乏信息的情形更为复杂。事实上，现今太多令人眼花缭乱的环境信息，常常会适得其反，让人无所适从。当人类理解到环境问题的复杂性之时，他们会感到不知所措和习得无助，这常会导致人类对于环境保护的冷漠或是环境科学的怀疑。因此，21 世纪人工智能研究兴起之后，虚拟环境成为意识主流。环境怀疑主义（environmental skepticism）的论点，认为人类终将与科技结合。对于环境论述（environmental rhetoric）之正当性来说，环境怀疑主义者针对环境保护的质疑，认为环境保护是经济发展的最大障碍。诸如以上这样的论点，将对于环境保护和社会可持续发展，形成越来越大的挑战（Jacques，2013）。因此，如何正本清源，如何拨乱反正，有赖于环境研究学者、可持续发展研究学者，以及大众传播学者携手合作，传达正确的环境保护知识和技能。

关键词

情感状态（affective statement）

依附期（attachment period）

依附理论（attachment theory）

惧怕自然假说（biophobia hypothesis）

能力建构（capacity building）

碳汇（carbon sink）

共同塑造专业知识（co - configured expertise）

自然联结性（connectivity with nature）

有意识的无能（conscious incompetence）

生态足迹（ecological footprint）

环境赏析（environmental appreciation）

环境学习中心（environmental learning center）

环境论述（environmental rhetoric）

事实记录（fact sheet）

正式媒体（formal media）

非正式媒体（informal media）

解说（interpretation）

共业（karmic forces）

学习风格清单（learning style inventory）

自然联结（nature connectedness）

非点源（non‐point source）

在线网络（online networking）

范式转移（paradigm shift）

同侪关系（peer relationships）

相互决定论（reciprocal determinism）

校本课程（school‐based curriculum）

情境诱导（situational inducement）

社会认知理论（social cognitive theory）

社会情绪学习（social emotional learning）

社交媒体（social media）

刻板印象（stereotype）

试误说（try and error）

无意识的无能（unconscious incompetence）

觉醒状态（arousal statement）

依附状态（attachment statement）

亲生命假说（biophilia hypothesis）

蓝碳（blue carbon）

碳足迹（carbon footprint）

公民科学（citizen science）

观念体验（conceptual experience）

有意识的能力（conscious competence）

生态伦理（ecological ethics）

自然情感亲和力（emotional affinity toward nature）

环境教育中心（environmental education center）

环境怀疑主义（environmental skepticism）

环境敏感度（environmental sensitivity）

反馈产生者（feedback generator）

实践活动（hands‐on activities）

封闭的内部（in‐house）

解说方案（interpretive program）

习得无助（learned helpless）

麦奎尔信息处理理论（McGuire's Information Processing Theory）

自然相关性（nature relatedness）

开销费用（offset expenses）

选择性学习（optional studies）

参与式学习（participatory learning）

进步学校运动（progressive schools movement）

相对剥夺感（relative deprivation）

科学术语（scientific jargon）

技能发展（skill development）

社会比较理论（social comparison theory）

社会环境（social environment）

社会政治知识（socio‐political knowledge）

三元互惠决定论（Triadic Reciprocal Determinism）

无意识的能力（unconscious competence）

大学社会责任（university social responsibility，USR）

第七章
户外教育

Process is important for learning. Courses taught as lecture courses tend to induce passivity. Indoor classes create the illusion that learning only occurs inside four walls isolated from what students call without apparent irony the "real world" (Orr, 1991：52).

过程对学习很重要。讲授课程导致学生很被动。室内课程让学生产生了一种错觉，以为学习只发生在四堵墙之间，而没有发生在出乎意料的"现实世界"。

——欧尔（David W. Orr, 1944 ~   ）

学习重点

　　环境教育是一种有利于促进人类文化与生态系统相互关系之教育。由于环境决策的政治性，环境教育领域面临着许多争议。例如：环境教育的正确定义和目的是什么？课程是否应包括环境价值观和道德规范，以及生态和经济概念和技能？学生环境行动在矫正环境问题方面的作用是什么？教师在开发有关环境教育的课程中，有什么适当的作用？什么年龄层的学生，应该了解环境问题？城市、郊区以及农村青少年，应该接受哪些类型的环境教育？使用什么样的技术，可以减缓生态破坏？在这些问题上，户外教育和环境教育，同样面临上述的问题。由于人类环境决策的政治因素，户外教育和环境教育一直处于定义不明的状态之中。教育工作者不断设计出更好的方法，来展开户外教育的定义，以完善户外教育的哲学和实践工作。户外教育包含了地球教育、生物区域教育、远足学习拓展训练，运用环境素材，整合地方环境、生态教育、自然意识、自然经验，以地方为基础的教学和教育。

第一节 户外教育内涵

户外教育（outdoor education）通常指的是在户外环境进行的有组织之学习，需要自由、自然，以及自在的环境，系为一种体验式学习（experiential learning）（王鑫，2014；黄茂在、曾钰琪，2015）。户外教育通常被称为户外学习、户外学校、森林学校，以及荒野教育（wilderness education）。户外教育结合冒险教育（adventure education）、环境教育，以及远足教育（expeditionary education）。在活动的过程之中涉及荒野经验式体验（wilderness‐based experiences）。户外教育计划有时涉及住宿型旅游教学，教师指导学习者参加各种冒险挑战营队以及户外活动（outdoor activities），例如远足、登山、划独木舟、绳索课程，以及团体游戏。户外教育借鉴了体验式教育和环境教育的概念、理论，以及实践方法（黄茂在、曾钰琪，2015）。

一 户外教育的历史

户外教育的哲学发展非常悠久，在欧洲运用直接经验的教学活动，在 17 世纪就已经进行。例如，捷克神学家和教育家康米纽斯（Johann Comenius，1592～1670）的著作《大教学论》中宣称"所有的人都应该被准许完全学会世界上所有东西"，强调"一切顺其自我内在动机而流，暴力远离事物"。康米纽斯提出学习的法则是在语言介入之前，先学习观察，将课程与生活进行联结。因此，他被认定为现代教育之父。法国哲学家卢梭（Jean‐Jacques Rousseau，1712～1778）创作了《爱弥儿》，卢梭提出了三种教育方式，一种是自然的教育，一种是事物的教育，最后一种是人的教育。卢梭认为好的教育者必须要根据人类的自然本性施加教育，让这三种教育和谐共存而不会互相冲突。瑞士教育改革者裴斯泰洛齐（Johann Pestalozzi，1746～1827）撰写了《葛笃德如何教育她的子女》一书，介绍他的教育理念。他的方法是从简单到困难。他强调实践的教育原则，发展观察力。因此，他教导开始观察，然后是知觉、讲述、测量、绘画、写作、数字，以及计算。

20 世纪初叶，美国进行自然研究的学者在"露营运动"中获得了动力。露营的目的是扩大学生认知基本过程中的情感联系，例如在户外获得食物、住所、娱乐、精神灵感，以及其他生活的满足。这些自然联结关系，抵消了城市化的负面影响。露营活动的学习过程与社区活动紧密联系，更为重视实际知识。在中国，中华民国童军创立于 1912 年，从民国初年的户外的童军训练，到 20 世纪 30 年代让学生进行户外大露营野炊活动的体验。

到了 20 世纪 40 年代，出现了"户外教育"的名词，希望通过直接经验，描述自然体验的教学过程，以满足学生在各项学科中的学习目标。这种涉及当地环境的背景学习，也被称为一种教育的实地考察、短途旅行，或是实地研究。在 19 世纪末期的美国，教育工作者意识到让学生走出课堂教室，可以改善教育的技能、态度以及价值观。

美国教育家杜威将上述目标纳入进步教育运动，该运动在 20 世纪上半叶引入美国的学校。随着进步主义在 20 世纪 50 年代开始在公立学校中逐渐消失，户外教育变得更加重要。西方国家德国、英国、澳大利亚、南非、洪都拉斯，以及斯堪的纳维亚国家纷纷展开计划，许多户外教育工作者看到了融入式教学课程的价值，开始展开训练营之设置。

南伊利诺伊大学（Southern Illinois University Carbondale）教授夏普（Lloyd B. Sharp，1895～1963）在 1940 年为许多户外教育工作者开发了领导力课程，推动自然接触（Touch of Nature）户外体验教育设施之兴建。在南伊利诺伊大学董事会支持之下，学校购买了小草湖（Little Grassy Lake）150 英亩土地，并且陆续开设了 3100 英亩的自然接触环境中心，推动探险教育和环境教育的体验式学习活动。

随着美国露营和户外教育课程风潮的兴起，克洛格基金会（W. K. Kellogg Foundation）在 1940 年开创了社区学校露营地，以支持进一步实验。美国政府通过国家保护区、教育部门、私人教育机构、专业教师组织，以及其他非政府组织的额外支持，在 1965 年推动《中小学教育法》，开发了创新的户外课程，奠定了环境教育的基础。1968 年，美国健康教育和福利部设立了环境教育办公室。到了 1971 年全国环境教育协会（后来成为北美环境教育协会）成立，成为领先的专业组织之一。从那时起，早期教师带领户外教育活动，运用露营的营地设施，来满足户外体验的学习目标。后来赓续发展课程，提高学习者的社交发展和休闲技能。由于户外教育活动通常与学校课程密切相关，因此户外教育学习领域，已经影响 21 世纪初的教育改革。

二 户外教育的场地规划

在进行户外教育场地的调查时，应先将户外教育调查区分为"户外教育基地"（outdoor education site）及"户外教育路线"（outdoor education route）分别进行调查。所谓"户外教育基地"，是针对户外教育时，进行住宿型旅游教学的地点，以及户外活动的地点；而"户外教育路线"，是指进行旅游时所有经过的行程路线，包含所搭乘交通工具行进的路线，这些路线也需要符合"户外教育"的定义。

（一）户外教育基地

户外教育基地具备生态属性、社会属性以及管理属性，其特征包括下列因素——取材自方伟达（2010）归纳上述三种属性的内涵。

1. 生态属性

（1）自然地理环境：属于非生物因素的当地地貌、地形、土壤、自然水文（湿地、小溪、河川、湖泊、瀑布、海滨、海域）等景观结构因素。

（2）人为结构环境：属于人为构筑、形成及管理的环境，如建筑、农地、水田、旱地、人工湿地等。

（3）植物群落：属于自然或人为栽种、复育或保育的植物群落。

（4）动物族群：属于自然存在或是复育的动物族群。

（5）嗅觉环境：属于视觉以外的嗅觉环境，例如开花植物的花香、湿地散发的沼泽气味等。

（6）听觉环境：属于自然界天籁及动物所发出的声音特征，例如流水声、瀑布声、风雨声、浪涛声、虫鸣鸟叫声等。

2. 社会属性

（1）户外教育参与人数：是否造成生态系统承载量（carrying capacity）的超载因子，以及因为人数过多，降低户外教育的质量，需要调查及了解。

（2）户外教育活动人数的团体及个人行为：户外行为强度及频率是否造成生态系统承载量的超载因子，需要调查及了解。

（3）户外教育载具及人类所带来的嘈杂声音引起的噪音分贝，是否造成生态系统承载量的超载因子，需要调查及了解。

（4）户外教育载具及人类活动所带来的气味和异味，是否造成生态系统承载量的超载因子，需要调查及了解。

3. 管理属性

（1）土地权利：土地及设施所有权和租赁契约。

（2）行政管理：政府户外教育管理相关法规/条例/规则/原则。

（3）设施景观：景观和设施的设计标准及施工监督。

（4）教育督导及考核：户外教育基地的使用频率、消防安全、设施安全、政府人员现场监督及执法、当地志愿者的环境教育、设施维修，以及设施保固年限。依据对生态属性、社会属性及管理属性的剖析，我们了解户外教育基地的调查，包括动植物生态调查、人类社会调查及旅游影响评估调查。

动植物生态调查采取一般野生动植物资源调查，通常希望能够通过搜集到调查范围内的动植物的组成、分布、族群数量和栖息环境等资料，了解户外教育的体验资源。动植物生态调查，包括生物部分和非生物部分。生物部分包括一般动植物资源调查，了解调查范围的生物组成、分布、族群数量、生物多样性；非生物部分包含栖地环境等资料。

因此，户外教育生态调查，需要以生物因子和非生物因子为基础，除了了解生物的结构，更进一步地要了解生物的基本功能，例如生物生长、发育、生殖、行为和分布现象，并以长期的生物和环境调查来掌握户外教育的基础资源。其中包含下列因子：气候、土壤、地形、水文、生物、人为影响等。生态调查中除了生物（动物、植物）调查之外（杨平世等，2016），还要进行社会经济背景调查与地理信息系统调查，通过调查进而能了解影响生物现象的因子，并提供生态经营与管理的策略，作为环境保护与生物保育努力的方向。

（二）户外教育路线

户外教育路线同时具备生态属性、社会属性和管理属性的特性。户外教育路线和户外教育定点基地，较不同的地方是户外教育路线具备交通通勤的特征，是旅客旅游至目的地景点及返回家中的所经空运（空域）、水运（水域）、陆运（公路、铁路、捷运路线、乡道、巷道、步道、小径）所有的距离。这条路线是旅客从家里到目的地的路线总和，包括搭载乘具、短暂停留、眺望及行进的地理距离需要符合节能减碳的教育趋势。

三　户外教育基地及生态旅游游程规划的原则（薛怡珍等，2010）

（1）户外教育基地和旅游路线依据生态旅游游程评估，应具有丰富的自然人文资源。

（2）户外教育基地必须采用低环境冲击的交通设施让游客可以抵达。

（3）地点的评选必须通过环境评估。

（4）地点和路线必须能顾及学习者安全，应有效控制潜在的危险。

（5）目的地事业主管机关应妥善监督户外教育基地的质量；而经营者必须能执行旅游规划、规范学习者的行为、定期监测及管理相关环境问题。

（6）户外教育地点的开发必须以能持续取得妥善管理所需的经费为先决条件。

（7）管理单位、经营者与在地社区愿意遵守相关规范。

（8）必须能对当地的生态保育有所贡献。

四　户外学习的内容

户外学习系一种课堂以外的学习（outside the classroom）。在学校的课程学习不是在室内，而是包括到荒野郊山参加生物的实地考察，或是在学校的花圃中寻找昆虫，或是到校外参观博物馆等活动。因此，户外教育可以补充正规环境教育之不足。在环境教育基地中学习，不仅涉及"舞台"（教育基地）的搭建和营造，更有"演员"（教育人员）和

"剧本"（教育课程）配合的课程开发（贾峰，2016）。

户外学习是一个目前正在兴起的概念，户外教学是将文化、历史以及艺术带入生活的学习范畴，可以发展社会技能，并且强化地理和科学的实察精神。阿贝德拉希姆（Layla Abdelrahim）在她的著作《野孩子——驯化的梦想：文明与教育的诞生》（*Wild Children—Domesticated Dreams：Civilization and the Birth of Education*）中认为，目前文明认识论建构和传播的机构，系以文明基础上的破坏性为前提，受到人类掠夺性文化所驱动的。为了回归可行的社会环境文化，阿贝德拉希姆呼吁重新塑造人类教育文化，人类教育文化系基于与其他动物相同的归化方法，所产生的教育原理（Abdelrahim，2014）。因为人类学习到 20% 的知识是从课堂中听讲来的，20% 的知识是从阅读相关书籍获得的，60% 的知识是从户外教育亲身经历和行动领悟中获得的。因此，环境教育过程大部分在户外进行。从上述的经验可以得知，美国的环境教育将自然研究、保育教育，以及学校露营视为环境教育的前期步骤，运用自然研究的技术，将学术方法和户外探索进行结合（Roth，1978）。"户外教育"探索的学习的内容，需要符合以下标准，如图 7 - 1 所示。

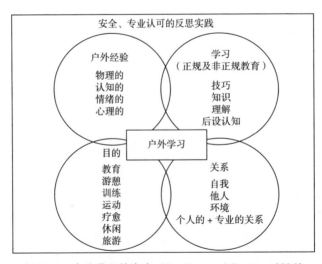

图 7 - 1　户外学习的内容（Leather and Porter，2006）

（1）户外经验：具备物理的实质收获，以及认知的、情绪的、心理的满足和愉悦。

（2）户外举办的目的：具备教育、游憩、训练、运动、疗愈、休闲、旅游多功能的举办价值。

（3）户外学习课程：包含了正规及非正规的教育，学习者可以通过户外技巧，学习到户外知识，以通过对大自然的理解，产生后设认知（metacognition）经验。

（4）处理人我之间的关系：依据自我、他人以及环境关系，强化个人和专业领域的实务内涵。

第二节　户外教育动机

近年来，人类社会逐渐朝大都市偏移，产生了少子化、都市化以及数字化等社会趋势。因此，学龄教育中的室内课程制式化的过程，开始引发种种问题。孩子的学习逐渐出现问题，例如学习动机低落，反映了大自然缺失症（Nature – Deficit Disorder）等征候（Louv，2005）。

如果教育是一种营造学生对于活动期待的手段，借此提升学生的学习动机，那么户外教育可以说诱导学生的学习动机与热情，营造较为轻松的学习情境，有助于学生有效学习。台湾地区“教育部”举办2018 年台湾地区户外教育博览会，展现户外教育推动成果。台湾地区“教育部”的户外教育相关规定期许“学习走出教室，让孩子梦想起飞”。因此，学校的教学不仅无须局限于课堂之上，而且应该借由造访台湾地区“国家”公园、自然教育中心、历史古迹，以及博物馆等多元场域，启发学生学习动机，提升学习效率。户外教育同时也是环境教育的一环，能够培养学生保护环境的价值观，并且具备适当的户外学习知识、技能、态度以及动机。在户外教育中，学习动机如下。

一　乡土学习

户外教育的实施，配合乡土教育。因为学童认知发展正处于“具体操作期”，若能综合上述户外教育概念及指导方针，让学生从熟悉的乡土环境中，借由实际的操作产生直接的体验，有助于学习成效更为持久。因此，通过户外教学，将达成乡土教育中"认识环境的教育"目的。同时，让学生在真实的情境之下学习，可以唤起学生的乡土情感和意识，培养乡土认同。

二　研究学习

学生在户外环境学习，选择自身关切而且感兴趣的议题，亲自搜集资料、调查问题发生的原因，展开思考、规划、设计、访问，并且进行实地研究采样。学生由于是自己亲身经历，更容易引起学习兴趣，而且在自然科学和社会科学的调查学习方面效果最为持久。学生经历户外教育活动中的调查，发展户外活动研究的经验，回到教室之后，再进行反思，并且进行讨论，通过发掘问题，以提出解决问题的方案（黄秀军、祝真旭，2018）。

三　体验学习

体验是人类由于好奇心而探索这世界的动机。由于孩童有好奇心，他们好动，对于这个世界喜欢进行实际体验。因此，德国哲学家海德格尔（Martin Heidegger，1889～1976）指出，生活世界才是存在的真实世界。海德格尔认为人类是在世存有，他说的人类与世界都是真实的，而不是概念化的。所以，唯有大自然的实在表征，才是真实的。其他如语言表达的大自然，既不真实，又充满虚假，因此不能感动人心。因为成人所见的世界，是被语言等抽象概念所遮蔽的，所以成人看不见真实的现象。如果，我们要了解大自然，就要走出户外，让世界以自然的方式呈现。

在现实世界中的学习，是人类学习存在的 99.9% 的学习方法。在西方国家，直到数百年前，人类才开始进入教室之内，进行纸笔学习。最有效的学习方式是通过户外活动参与，因此我们应该为孩童创造户外参与学习的机会。

四　情绪学习

户外活动，如图 7 - 2 所示，呈现的是一种冒险行为的波动现象，我们称之为社会情绪学习（social emotional learning），社会情绪学习是

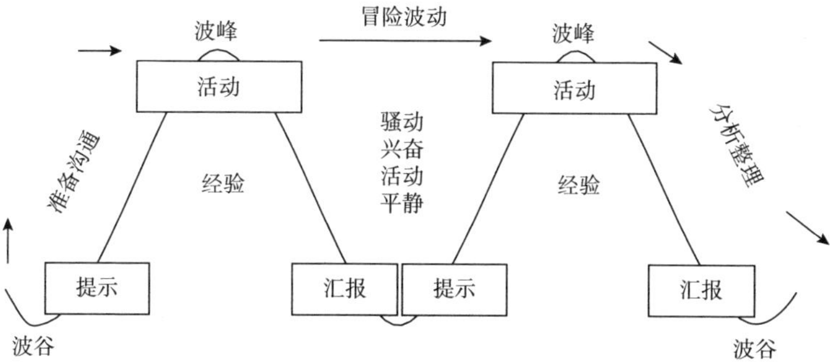

图 7 - 2 冒险和疗愈是一种户外教育之动机
（Schoel，Prouty，and Radcliffe，1988）

一种培力（Frey et al.，2019：8），需要建构对于技能的价值观，培养自我思考能力，以及与他人互动的方式。通过社会情绪学习中，培养学习者的认同感和对学习能力的信心，克服挑战，并影响周围的世界。社会情绪学习主要有下列四种特色。

（1）协助学习者进行辨别、描述，以及规范情绪反应。

（2）促进形成对于环境决策和解决问题的重要认知调控技能。

（3）培养学习者的社交技能，包括团队合作和分享，以及他们建立和修复关系的能力。

（4）让学习者成为知情（informed）和参与的公民。

台湾师范大学公众教育与活动领导学系教授谢智谋（2015）认为，"登峰"是："倾听生命最深刻的声音（Voice），并愿意行在这个召命（Vocation）之中。"在户外活动之中，参与未知的冒险（adventure）活动，是户外教育中体能锻炼和团队合作最常见的一种情绪挑战活动。不管这些活动属于正式、附加（add - on），还是随机的意外冒险，事后回想（afterthought），都是一种意犹未尽的学习情境和学习挑战。

一般来说，在活动高峰之后，通常会产生疲累和松弛的感觉。在事后回想的过程当中，对于活动的满足感觉，又会形成一种情绪平复的疗愈效果。户外活动可以成为儿童和成人理解和管理自我情绪的妙方。当进行冒险教育的时候，通过团队合作，设定和实现积极的活动目标，彼此依据野外的感受，表达对于他人经过痛苦和挫折的共情，建立和维持彼此祸福相依的积极关系，并做出负责任决定。

第三节　户外教育障碍

户外教育可以提供第二节中所述的优点，但是实施户外教育，也存在一些障碍，例如在学校方面，因为教学资源欠缺、抗拒改革的惯性，以及行政制度的僵化，校长和教师不愿意带领学生到户外实施冒险教育及体验教育。此外，学生家长因为户外教育的危险性，宁可将学生关在家里，也不愿意让学校或是安亲班将自己的子女带到户外实施教育活动。说明如下。

一　学校教育的障碍

（一）教学资源欠缺

教师受到传统教育的影响，认为教室中的粉笔和黑板（白板笔和白板）学习，是一种有效的学习。此外，由于校外教学需要活动和交通经费，受到教学资源短缺及信息交流匮乏的影响，户外活动的可能性降低。

（二）抗拒改革的惯性

户外教育需要运用游览车、申请经费，或是校长支持等诸多因素的支援。教师因为在校内带班，平常教学就已经很辛苦，虽然有意带学生到户外"放风"，但是真正要带到户外实施教育，已经是有心无力。

（三）行政制度的僵化

户外教育涉及学生的安全和保险问题，此外，因为还有学校针对交通事项的经费问题、学生家长对于学生安全的疑虑问题，学校校长针对教师是否可以安全带领一班学生出游，产生了最大的疑虑。所以在多一事不如少一事的心态之下，认为最好全校学生都关在"有铁门、有围墙"的校园之内，就是校长"保护学生安全的德政"。

二　家庭教育的障碍

（一）心理的障碍

因为少子化的影响，父母对于子女的呵护无微不至，出于避险考虑，家长不愿意让子女从事户外多样化的活动。这种忧患意识，影响儿童许多活动参与的机会。图7-3显示，在美国经过对5500人次的调查，结果显示40%的美国人在他们30岁的时候，认为户外空间是不安全的，对美国人来说，到户外成为一种障碍。如此喜爱参加户外活动的美国人都有这样的心理障碍，其他国家的民众更是视到户外如畏途。

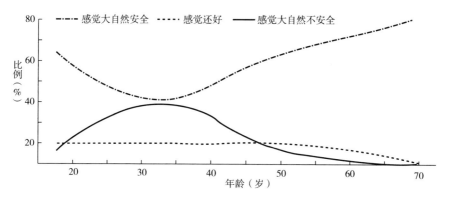

图7-3　户外不安全对年轻人来说可能是一个障碍（**Nature of Americans. org**）

（二）生理的障碍

现今人类大多居住于都市，很多学校都远离郊区。由于户外教育的场域和基地都远离都市，位于偏远地区，形成交通的障碍。尤其有些肢体不便的学生，因为个人的因素，如果户外地点没有设置无障碍设施，他们就无法参加这些地点的户外活动。

（三）经济的障碍

目前因为到户外实施教育的成本增加，包含了交通费、入园费、保险费，以及其他实质开销，形成户外教学的经济障碍。因为实施户外学习的高成本需要家长支应，许多家庭无法支付校外教学的费用。然而，政府鼓励户外学习环境不需要庞大建设经费。对于贫寒子弟，应有补助学生的奖励方式。当政府关心下一代的学生环境素养时，户外学习是一种更为有效的方法。经济障碍的考虑，影响到家长陪同学生到户外共同体验校外教学的经验，经济障碍导致家长意愿不高，甚至无法满足个别学童在整体环境中学习，以及未来身心发展的教育需求。

第四节　户外教育场域

户外教育实施地点，内容丰富多元。越来越多的教师和孩童喜欢从事自然生态休闲旅游，主要是可以亲近秀丽的自然景色和丰富的野生生物环境。这些地点提供游客置身于大自然的环境，通常希望重视通过解说引导学校教师和学生，深入了解当地环境，并且欣赏当地特殊的自然与人文景观；提供环境教育内涵，以促进学习者的环境意识养成，强调环境责任的观光行为，并将经济利益反馈造访地点，借以协助当地保育工作的持续进行，并且提升当地居民的生活福祉。户外教育实施的场域，需要注意下列的选择范畴。

一　场域依附的发展

校园师生及家庭教育中的成员，创造更高层次地方感（sense of place）的手段。通过人类对于所居住的区域和遥远环境的理解和联系，以体现整体地理的地方感。因为地方感是环境保护主义和环境正义的一种基石，地方感在地方依附理论之中，维持个人对于特定生态系统的重要意义和价值。户外教育的场域依据下列理论（见图7-4），进行场域之选择（Morgan，2009；曾钰琪、王顺美，2013）。

（一）"探索-主张"动机系统

"探索-主张"动机系统（exploration - assertion motivation system）是人类青少年成长期间，因为自身的好奇心，对于一处地方充满了探索的憧憬，从而产生探险和游乐的行为。在探索的过程之中，具备了自我的地方觉醒（place arousal），这种动机影响到对于大自然征服和冒险的

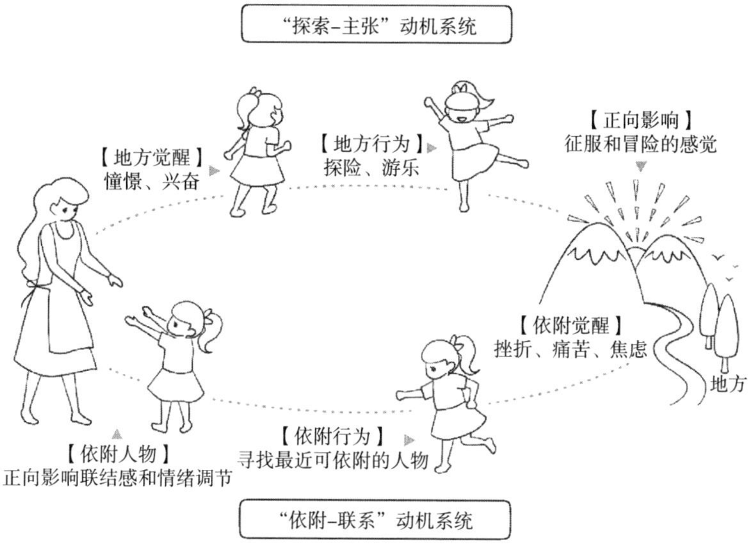

图 7 - 4　场域依附的发展理论（Morgan，2009）

企图心，例如攀越高山、滨海潜水。曾钰琪、王顺美（2013）认为，青少年的自然经验发展，分为依赖期、启蒙期、探索期与自主期等阶段。在自然环境的选择上，青少年在成长之后，表现出从半自然环境到原始环境的变化趋势。然而，大自然的冒险征服行动，刚开始以兴奋的心情期待超越巅峰，但是到了一个人独处和茫然之际，甚至碰到生命的危险，无法克服自然界的危险性之际，则在茫茫荒野中，开始恐惧不安，心中充满了寂寞、挫折、痛苦和焦虑的感受。因此，青少年无法长期离群索居，容忍寂寞，需要寻找可以依附的人物谈心，则会返回到"依附－联系"动机系统寻求慰藉（Morgan，2009）。

（二）"依附－联系" 动机系统

"依附－联系" 动机系统（attachment－affiliation motivation system）是青少年在自我成长的安全感中，依附于特定人物的心理倾向。例如：在环境中受挫，需要母亲的安慰；在成长过程中，需要父亲的陪伴；在学校成绩受挫，需要同侪的支持。这种人类心理的慰藉，可以正向提供联结感并且平静心情，调整情绪。曾钰琪、王顺美（2013）认为，青少年随着年龄增长，同时养成了地方依附的发展现象（请见图 7 -4）。

二 场域选择的发展

公、私部门在推动户外教育的场域选择中，需要提供大众使用且收费低廉（或免费）的教育设施，例如公园、儿童乐园、偶戏馆、科学教育馆、自然科学博物馆、科学工艺博物馆、海洋科技博物馆、海洋生态博物馆、休闲育乐中心等。而以公司行号为经营体的私部门由于利益直接来自使用者，提供收费的户外教育设施，例如主题游乐园、休闲农场、餐厅、民宿等。我们以公、私部门户外教育场域，进行探讨。

（一）行政管理系统

依据行政体系将户外教育场域予以分类，如台湾地区的公园、台湾地区的风景区、县市风景区、森林游乐区、海水浴场、历史文化古迹等。依据户外系统分成下列的系统。

1. 游憩地区。

包括台湾地区级公园、自然公园，或是台湾地区级道路公园。

2. 地区性游憩地区。

（1）一般风景区。

（2）森林游乐区、自然中心，或是森林公园。

（3）海水浴场、渔场、浮潜地区，或是海滨观光游憩区。

（二）自然保护区及科学研究地区

1. 自然保护。

（1）动物保护区。

（2）植物保护区。

（3）地形保护区。

2. 大学实验林。

（三）历史文物古迹

1. 古迹区。

2. 寺庙区。

（四）产业观光区

以产业生产活动为主、观光游憩教育为辅的地区。例如农场、牧场、果园、茶园、园艺区等。

个案分析

台湾户外教育空间系统的分类

一　区域分类系统

北部系统：以台北为中心，将其周围40公里范围内所有户外教育及观光资源联结而成的系统。

中部系统：以台中、嘉义为中心，以四号、六号公路所及范围，将其周围40至50公里圈内划入。

南部系统：以台南、高雄、恒春为中心，将南区资源纳入。

东部系统：以花莲、台东为中心，将东部区域的观光资源纳入。

二　都会区、外岛以及公路系统

台北都会区系统以台北市为中心，在一小时车程内的观光游憩据点，包括阳明山台湾地区级公园及台北市内湖、外双溪风景区、指南宫、翡翠水库、碧潭、乌来、南势溪、北势溪各户外场域据点以及竹围、淡海、白沙湾、翡翠湾、和平岛、富贵角等海滨游憩区。

台中都会区系统以台中市为中心，在一小时车程内的观光游憩据点，包括大坑风景区、铁砧山、石冈水坝、八卦山、鹿港古迹及大安、通霄海水浴场、后里马场等区。

台南都会区系统以台南市为中心，在一小时车程内的观光游憩据点，包括台南古迹、虎头埤、鲲鯓海水浴场等区域。

高雄都会区系统以高雄市为中心，在一小时车程内的观光游憩据点，包括莲池潭、澄清湖、旗津、西子湾海水浴场、阿公店水库、佛光山等区域。

北宜公路、东北海岸系统包括北宜高速公路、北宜公路、束北海岸公路沿线风景据点及宜兰金盈瀑布、五峰旗瀑布、礁溪等户外据点。

北横公路系统包括大溪、慈湖、角板山、小乌来、拉拉山、太平山、石门水库、阿姆坪、六福村野生动物园及北横公路沿线户外据点。

中横公路系统以太鲁阁台湾地区级公园、雪山、大霸尖山等为主，包括中横公路主线、宜兰支线及雾社支线沿线等户外据点。

新中横公路系统以玉山台湾地区级公园为主，包括阿里山、瑞里、太和、草岭、杉林溪、溪头、日月潭等户外据点。

南横公路系统包括白河水库、曾文水库、珊瑚潭、关子岭及南横公路沿线据点。

恒春半岛系统以垦丁台湾地区级公园为主，包括恒春古城、猫鼻头、三地门、四重溪等。

花东系统以花东海岸、花东公路及秀姑峦溪峡谷据点为主，包括鲤鱼潭、知本、三仙台、长滨文化、巨石文化、卑南文化、秀姑峦溪、几崎、杉原等区。

兰屿绿岛以兰屿、绿岛两岛屿的重要风景据点为主。

澎湖群岛以马公为中心，将澎湖群岛的主要观光游憩据点连成一系，包括林投公园、莳里海水浴场、通梁榕树、跨海大桥、小门屿、西台古堡、天后宫等。

第五节　户外教育实施内容

在 1977 年伯利西国际环境教育会议中提出的环境教育指导方针（Guiding Principles）曾提到，环境教育应从本地的、全国的、地区的和国际的观点检视有关环境的主要议题，使学生了解地理区域的环境状况。此外，环境教育应运用各种学习环境和教学方法，并强调实际活动及亲身经验。所以，户外教育实施的内容，应该强调实施目标和实施方法，说明如下。

一　户外教育实施目标

1. 学习如何克服逆境。

2. 加强个人和社会发展。

3. 与自然发展更深层次的关系。

4. 户外教育跨越了自我、他人和自然世界这三个领域，通过学习，产生下列教学效果。

（1）教授户外生存技能。

（2）提高解决问题的能力。

（3）减少累犯（recidivism）。

（4）加强团队合作。

（5）培养领导能力。

（6）了解自然环境。

（7）促进师生灵性（spirituality）发展。

二 户外教育实施方法

户外教育在实施之前，教师应对户外教室和户外环境的背景知识进行了解，同时掌握户外学习技能。教师应该要了解学习者的特殊需求，针对户外学习的主题，例如自然资源保育、水土保持、生物多样性、环境影响评估以及户外体验，而对户外教育拥有整体的认识。教师不应求好心切，只求知识性的单向传输；应该在解说后，注意成果的评估工作，了解学习者和教师之间的"依附－联系"动机系统（attachment－affiliation motivation system）是否强化，学习者是否对于在户外环境的自我成长得到自我成长的安全感，通过学习成果事后的检讨、评估，可以提升下次户外教育活动时的解说品质。以下说明解说教育的方法。

（一）"流水学习法"

美国自然教育家解说专家柯内尔（Joseph B. Cornell，1950～　）撰写过《与孩子分享自然》，积极提倡户外学习。柯内尔有一套户外教学活动的程序，称为"流水学习法"（Flow Learning）。这是户外教育的一种很好的教学方式。他将户外教学的程序分为下列四个阶段（请见图7－5），至今柯内尔依然为学童思考更亲近大自然的新游戏。

1. 第一阶段：唤醒热忱。

2. 第二阶段：集中注意。

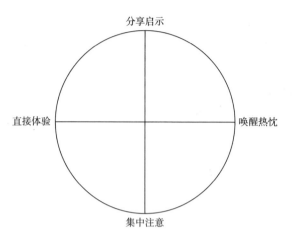

图 7 - 5　柯内尔"流水学习法"（Cornell，1998）

3. 第三阶段：直接体验。

4. 第四阶段：分享启示。

因此，户外课程的教材设计可以参考柯内尔以启发学习者"觉知自然"（nature awareness）为目的的"流水学习法"。依据"流水学习法"理念、原则与步骤，强化参与对象户外学习的知觉体验，是进行规划安排参与户外活动的第一步。在学习过程中，学习者的人数越少，解说的效果会越好。

借由对于环境认知的详细描述，创造轻松愉快的解说气氛，让学习者集中注意力，对于户外教室获得深刻的体认。此外，鼓励学习者仔细观察、发现问题，以获得知识。在学习者进行直接体验，通过户外活动观察发现进行生态调查时，体验了环境特质、发掘环境问题，并且具体记录和分析。最后，以分享启示的方式，进行双向沟通讨论，让学习者提高参与意愿。成功的解说模式，是在开始的时候进行重点提示，在结束的时候，教师需要进行总结。

（二）八方位学习法

在户外活动中，八方位学习法（8 direction）也是一种方式。八方位学习法扩大了柯内尔户外教学活动的程序，通过详细的事前规划准备，在现场经过鼓舞、振作、专注、内省、搜集、反思、整合、庆祝等阶段，教师带领学习者进入场域中进行社会情绪学习的过程。

1. 鼓舞

在户外解说的时候，教师像是一位演员，让学习者深入其境，一同进入戏剧的情境之中。因此，在举办户外活动的时候，教师需要运用肢体动作，带领肢体舞蹈及滑稽的语气和动作，让学习者在激昂的情绪之下，期待活动中的探索机会。

2. 振作

对于一个陌生的基地，学习者充满恐惧，这时学习者的心情处于"探索主张"的学习动机情境；但是经过教师教导进行户外活动的新生训练中的桌上游戏、大地游戏，或是定向游戏，强化了人类"依附－联系"学习的动机。

3. 专注

在教学时教师应该应用幽默感，教师不要只是说出一些物种的专有名词，重要的是让学员能够了解生态系统。要强调生态系统之中，物种和人类之间关系的说明，不要太强调生物种类的鉴定等细项的说明。在教学如沐春风的情境之下，可以提升学习者的注意力。

4. 内省

在学习的过程之中，让学习者静下心来，躺在地上。拥抱大自然，或是拥抱一棵树，善用学习者的感官知觉，体会大自然的奥妙。

5. 搜集

这一个阶段是让学习者自行发现、发掘大自然奇妙的过程，使用笔记本，记载观察所得及有趣的事，并且进行实物搜集。

6. 反思

学习者自行发表心得，是最有效的解说方式。在大家分享心得时，开始进入一种分析和解构的情境。教师需要把握重点，围绕着重点教学，进行学习现场的反思。可以处理的，就一并处理，不能处理的，就随风而逝（letting go），因为教师不可能一次就在现场教会学生一切环境事物。

7. 整合

教师在过滤所有的细节之后，运用简洁的结论处理方式，强化学习的成果。最后阶段不要说教，才能强化学习效率，教师在进行总结时，不要过于啰唆。

8. 庆祝

庆祝系户外活动的最高峰的情境，在营火中度过庆祝时光，并且开始烹煮食物，进行晚餐，让学员在轻松的情境之下进行庆祝。我们从营火晚会的火光之中，观察到学习者在户外中的完全放松的笑容。户外活动是一种爱的教育，也是最温馨的体验，在轻松的情境之下，强化了人类"依附联系"的教育关系，以利于下一阶段从容学习的开始（请见图7-6）。

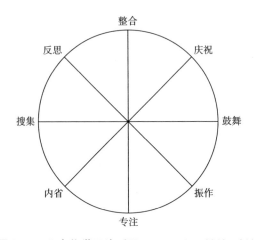

图7-6　八方位学习法（Young et al. , 2010: 211）

三　户外教育和环境教育发展

台湾地区"教育部"在2014年发布《户外教育宣言》（台湾教育主管部门，2014），并成立"户外教育研究室"（台湾教育研究院，2016），台湾教育主管部门推动户外教育不遗余力，以契合"台湾民众十二年基本教育课程纲要总纲"（台湾教育主管部门，2014）中"自发"、"互动"以及"共好"的理念。

户外教育和环境教育是密切相关的教育领域，户外教育和环境教育共享共同的内容和流程，也具备了各自的独特性。在20世纪60年代，环境教育学者曾经指责环境教育只是简单地将户外科学、自然研究，或户外教育计划的名称改为环境教育，但是仍然延续与过去相同的计划。然而，研究户外教育和环境教育计划中的做法在英国高等教育中，确实有重叠之部分，请见图 7－7。

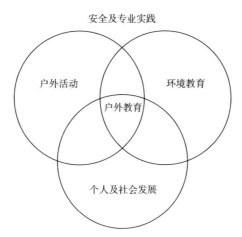

图 7－7　户外教育和环境教育息息相关（**Higgins et al.，2006：105**）

虽然这两个领域都是跨学科的教育方法，但是不同之处在于户外教育可以应用于任何学习之学科。黄茂在（2017）认为，不同的文化、历史、社会价值，以及特殊的环境，造就每一个国家户外教育内涵之独特性。

但是，一般性户外教育教学活动，可以适用于多数国家的国民教育。例如，户外教育可以通过数学测量运动场的周长，来教导数学面积的概念。户外教育可以通过参观公园，在公园中写诗，或是写生画画，进行国语、美术的教学；或是记录在古战场发现的信息，以了解历史事件历史；或是在校园测试水质 pH 值，以确定校园的人工湿地水质是酸性还是碱性等环境科学记录；或是采用体育课程的登山训练，来计算学生的心跳速率。户外教育可以是参观动物园、公园、博物馆、消防站、工厂、焚化炉、污水处理厂，或是任何建筑环境，以创造更有效的学习机会。

环境教育可以在教室内外进行，也可以在当地和全球场域之间进行联结。但是环境教育的重点通常是研究水质、水量、空气、废弃物、生态环境影响，以及土壤污染等问题。环境教育希望了解固体废弃物和有毒物质的处置方式，进行城市人口扩张的调查，进行砍伐森林的调查，通过对濒临灭绝的动植物的调查，了解生物多样性，或是进行干旱和洪水的地区研究。

当教师将学生带到户外了解人类发展对于生态系统的影响时，一般模糊了两个领域的界限。但是当两者的目标进行融合之时，争论哪些标签适用于哪些户外课程，相当没有意义。上述环境教育和户外教育的领域，揭露了两者相似之处和不同之处。简而言之，户外教育计划希望通过学校之外的第一手资料和调查经验，协助学习者更为有效地吸收实务的知识。根据户外教育的先驱夏普（Lloyd B. Sharp，1895~1963）的说法，重要的关键原则是，教学中最好能够将在教室内教授的东西，通过直接处理本土的经验，通过户外教育和生活情境，让学生较容易学会。大多数环境教育计划，以发现教学、实景体验协助学习者调查环境问题。然而，学生是否应该尝试解决这些争议点的问题，在教育理论上是有争议的。史密斯详细进行评论，尽管这两种领域都主张适用于广泛的主题内容，但是环境教育通常适用于针对较高年级学生的社会科学或是自然科学的课程，进行更为深入的教学（Smith，2001）。在小学阶段，户外活动通常跨越更多的学习课程，并结合社会目标和休闲目标，体验团队合作、服务和互助学习。

虽然户外教育和环境教育主要通过学校进行，但是自然中心和户外住宿设施提供了另外的一种选择模式。环境教育和户外教育工作者主要提倡以经验实践的学习策略，其中需要强调基于问题学习情境中采用的语境，以及采用体验的重要性。环境教育学者希望学生在探索内容之时，采用各种不同的感官经验，进行最大限度的学习。

小　结

针对户外教育内涵，从教育动机、障碍、场域，以及实施内容，我们强调了户外教育在跨领域行动中的重要性。哈佛大学教授加德纳（Howard Gardner，1943~　）确认人类多元智能中含有"自然主义"（Naturalist）智能。自然智能有协助人类认识植物、动物以及其他的自然环境的能力。因此，自然智能强的人，在户外活动、生物科学调查上的表现较为突出。自然智能可以归纳为探索智能，包括对于社会的探索和对于自然的探索。自然智能展示分类植物、动物以及文化艺术品的专业知识的方法，为将户外教育和环境教育纳入课程和教学提供了重要的教育理由。自 20 世纪 40 年代初以来，户外教育一直是推动在大自然中学习的重要教育改革因素。当环境教育在 20 世纪 70 年代出现时，环境教育关怀在地化和全球化的知识。户外教育的前身是野外露营、自然研究、保护教育，以及冒险教育。户外教育为大自然中的体验计划带来了环境教育的运作模式。黄秀军、祝真旭（2018）建议，环境教育教学方法，通过发现教学法、实景体验法、观察法、调查法以及科研驱动法，可以强化户外环境教育，开启教育创新的新途径。

📎 关键词

依附－联系动机系统（attachment – affiliation motivation system）

承载量（carrying capacity）

探索－主张动机系统（exploration – assertion motivation system）

体验式学习（experiential learning）

觉知自然（nature awareness）

"流水学习法"（Flow Learning）

大自然缺失症（Nature – Deficit Disorder）

户外活动（outdoor activities）

户外教育路线（outdoor education route）

户外教育（outdoor education）

地方觉醒（place arousal）

户外教育基地（outdoor education site）

社会情绪学习（social emotional learning）

地方感（sense of place）

荒野教育（wilderness education）

第八章
食农教育

I am forced to the realization that something strange, if not dangerous, is afoot. Year by year the number of people with firsthand experience in the land dwindles. Rural populations continue to shift to the cities... In the wake of this loss of personal and local knowledge, the knowledge from which a real geography is derived, the knowledge on which a country must ultimately stand, has come something hard to define but I think sinister and unsettling (Lopez, 1990).

我被迫意识到奇怪抑或危险的事物，正在酝酿之中。在这片土地上，年复一年，拥有第一手经验的人们逐渐减少。农村人口不断转移到城市……个人和地方拥有最真实的地理知识，却不断地消失。我认为最凶险不安的是，一个国家最终需要立基的知识已经变得难以界定。

——洛佩兹（Barry Lopez, 1945~　）

学习重点

食农教育是环境教育重要的一环。本章讨论了食农教育的历史和契机、行动和障碍。通过食农教育场域和实施内容，积极推广食农教育，内容包括饮食、农业、生态、营养、文化等面向。食农教育政策的目标是建构安全农业生产、强化全民对于国产农产品的支持，因为食物在生产过程、运输、加工、保存等阶段，都会产生温室气体，使得各国开始重视在地化饮食的重要。因此，食农教育推动在地生产、在地消费的重要，并且推广均衡饮食、营造低碳及友善环境的耕种方式，并且推广安全农产品验证，以推动社区农业的可持续发展。本章通过可持续教育发展，提出了将食农教育纳入台湾现有学校系统和部门计划的基本原则、理论基础，以及具体实践建议。依据食农教育可持续发展教育原则、培养可持续发展世界观，学习和思考可持续发展的观点。本章重点系为专业实践和教学方法，帮助阅读者深化自身的可持续性世界观（sustainability worldview），提供实践活动及拓展专业知识的功能。本章希望将食农教育工作重新定位于可持续发展教育，并且协助学生培养新思维和解决问题的能力。

第一节　食农教育的问题

自从工业革命以来，随着运输的便利，人类的生活空间不断扩大，以低价就可买到食物，让农民从事农业生产的动机降低，也让消费者直接向生产者购买农产品的念头减弱。此外，21世纪气候变迁造成全球暖化现象，进而削减了地方粮食的生产，严重影响食物供应范围。食物在生产、运输、加工、保存等阶段，都会产生温室气体，使得国际间开始重视在地化饮食的重要。

但是，跨国食物公司生产成本降低，使得在地生活的食物生产网络逐渐萎缩；取而代之的为全球化食物网络，让消费者可以用网络购买和超商购买的方式，以低价购买全世界进口食物。

在地农民因为赚不到钱，纷纷不再从事农业，并且转业迁居城市。近年来，由于农民离农现象频繁，台湾农地也因不断转用而流失，占用农地的非农业使用土地，包含了河川或水利设施以及违法工厂，产生了很多环境保护问题，同时因为我们看不到农业生产者，台湾居民与农业及食物的关系日渐疏离。目前台湾的休耕地面积占总耕地面积1/3以上。台湾居民与农民和农村以及农业的关系越来越疏远，甚至从心态上就看不起农业发展。

举例来说，2017年台湾农业总产值约为5280亿元新台币，比不上台湾积体电路公司（台积电）全年合并营收9774.5亿元新台币，这显示了台湾居民的一种"迎富拒贫"的心态。新竹科学园区的发展和在地科技新贵所得的家户所得，超过台北市居民的年收入家户所得，更不要说远远超过台湾其他农业县市的居民所得。

农业收入过低，已经是不争的事实。此外，食物与农业教育不足，农业化肥、除草剂以及杀虫剂问题重重，让海洋与陆域生态遭到破坏。因此，环境和农业保护，都是现阶段相关部门需要正视的问题。近年来，有机农业、整合式农业、惯行农业（conventional agriculture），集约或粗放的农业，都在农业发展过程中进行讨论；希望借由市场营销、环境教育以及田间农务合作，以增加农业政策发展的机会。如图8-1，农业推广首重展现经济的关联（linkage）效果，强化地方知识。也就是说，让现代社会中的人类与"地方食物"和"在地农业"的接触和食用关系，产生转变。例如，2014年台湾农地的"粮食自给率"为34%，但是到了2019年粮食自给率仅占32%。因此，台湾整个社会对于食物安全的概念，都要加强。在农业土地安全方面，需要强化社会资本的累积，以进行政策分析和教育推动，内容涵盖经济、社会、文化的层次。

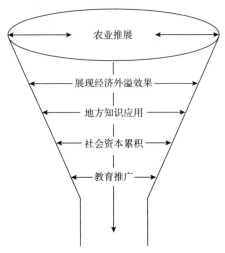

图8-1 从农业推广到教育推广，内容涵盖经济、社会、文化内容
（Abdu-Raheem and Worth, 2013）

如果说，近年来逐渐受到重视的食物与农业教育（food and agricultural education）涉及社会文化的层面，包括粮食安全与饮食文化联结。这种食物与农业教育，简称为"食农教育"。"食农教育"是借由教育和政策推动的方式，维持粮食自给率，促进粮食生产安全。

叶欣诚等（2019）就文化、生活、农艺、校园、社会、环境、产业等七项进行"食农教育"分析，较常出现在媒体报道中的主/次构面为教育与健康促进/教育推广、历史社会与伦理/社会正义。依据媒体报道内容，都会区偏好社会领域的食农教育，非都会区比都会区更偏重于文化领域的食农教学（叶欣诚等，2019）。所以，我们需要运用地产地销的方法，强化文化性的饮食和烹饪技艺，推动消费与农耕联结，提升社会公众的食农素养（food and agricultural literature）。通过农业生态旅游和食品促销活动，建立消费者对于本地产品的农业认同，以建构亲环境的食农行为。那么，我们为什么要推动食农教育？食农教育和环境教育有什么关系？以下进行说明。

一 农业土地发展的问题

台湾地区"行政院"农业委员会认为，2016年全台湾有68万公顷土地可供粮食生产。2016年规定农业用地面积278.1121万公顷，其中规定耕地面积共76.5655万公顷，目前真正从事农业生产的土地仅49.2608万公顷，包含农粮作物、养殖鱼塭、畜牧使用土地，若再加上3.4607万公顷非规定农业用地，目前实际从事农业生产土地仅有52.7215万公顷。此外，占用农地的违规工厂面积1.4万公顷，违规家数3.8万家。目前在平地的规定农业用地近62万公顷，也就是有2.26%的农地被违规工厂占用。

以上问题都是因为农业经济发展不如工业经济发展所带来的实质收益，所以产生了"离农现象"的非法土地占用行为。此外，农地因为毗连工业区发生重金属污染、因为施用肥料过多，产生超限利用土地等，都是目前台湾农业的问题。

二 农业生产和食品安全的问题

农作物的生产和加工处理过程繁复，在生产的过程之中，需要添加化学原料，以便贮存。等到消费者购买，进行菜肴烹调，还有饭后厨余的处理，都牵涉食品安全、环境保护，以及食材选择的问题。在台湾，因为少数不良商人将本求利，以低成本赚得暴利，产生了农业环境污染，这些污染进入了人体中的食物链循环。此外，台湾因为气候潮湿炎热，保存食物不易，经常以化学添加物保鲜。以下说明台湾农业污染和食品安全的诸多问题。

举例来说，1979年，台湾爆发了"米糠油中毒事件"和"假酒事件"，1982年桃园县观音乡大潭村爆发了"镉米事件"，当时有关部门查出高银化工为了生产含镉的安定剂，排放的工厂废水中含镉，造成观音乡农地遭受污染，而种出"镉米"。1985年台北市不良业者将养猪馊水交给化工厂提炼成食用油。1986年，台湾南部海域的牡蛎养殖受到

"废五金"处理的废弃物中铜离子（Cu^{2+}）污染，污染给养殖地区造成"绿牡蛎事件"。2005 年全台农田生产的稻米，经过抽查之后，发现含镉量超过食米重金属限量标准，销毁污染稻谷将近 3 万公斤。同年，彰化县线西乡生产鸭蛋因为"世纪之毒"戴奥辛（dioxin - like compounds）含量过高，每公克鸭蛋的戴奥辛含量超标，暴发了"毒鸭蛋事件"。2009 年高雄县又发现养鸭场遭到戴奥辛污染。

2009 年到 2019 年这十年间，台湾连续发生了三聚氰胺、塑化剂、香精、毒淀粉、病死猪肉、淡水河毒鱼含砷事件、猪肉施打瘦肉精及四环素等劣质食品事件。例如：2013 年胖达人连锁面包店的广告标榜"天然酵母，无添加人工香料"，但是制作面包时掺入人工合成的香精；2014 年消费者文教基金会抽查"市售塑胶包装食品"中含有塑化剂；2019 年彰化县顺弘牧场鸡蛋验出"芬普尼蛋"。这些环境保护事件造成的食品安全问题，农产品被验出过量农药、抗生素等事件层出不穷，除了影响消费者的健康之外，甚至波及国际观光客来台的意愿，引起境内外观光客对于台湾的信心危机。因此，从餐桌到农场，如何建立健康的饮食和农业生产方式的食农教育，更显示出其重要性。

三　农业生产与生态系统的问题

农业生产对于环境产生实质的影响，主要是生态系统产生变化。因此，环境影响取决于农民使用的生产原料、方式、技术，产生了自然环境和农业系统之间的联系。农业对于环境的影响，涉及土壤、水文、空气、动植物等生物多样性因素。农业造成的环境问题，包括气候变化、森林砍伐、基因工程、灌溉问题、污染物问题、土壤退化，以及废弃物问题。举例来说，农业生态同时也会影响大环境的气候变量，例如降雨量和温度的改变。农业生产因为二氧化碳（CO_2）、甲烷（CH_4），以及一氧化氮（NO）等温室气体的排放，增加地球大气中甲烷（CH_4）和氧化亚氮（N_2O）浓度。此外，农业开发过程改变了地球的森林覆盖率，影响大气吸收或反射热量的能力。以下我们分别说明陆域生态系统以及海域生态系统的问题。

（一）陆域生态问题

农业生产因为需要大规模进行以降低生产成本，因此，需要运用农药、肥料、除草剂进行施用，以保证农业生产不至于受到植物病虫害的影响。此外，在农产品加工，例如蔬菜采收之后，不良商人在脱水蔬菜的处理中，需要用到还原剂、漂白剂、防腐剂、抗氧化剂，以防止蔬菜中的绿色素变质发黄；在鱼类保鲜的做法中，需要运用防腐剂、抗氧化剂进行鱼类保鲜。

这些施肥和农药施用的药品、除草剂、清洁剂、消毒剂、杀菌剂，以及食品添加剂，也释放氨、硝酸、磷等物质，造成了灌溉水体的问题、毒性化学物质以及有害废弃物的问题。以上因为不当排放产生的农业非点源（non-point source）污染，可能是由于管理不善的动物饲养、过度放牧、翻耕、施肥，以及过度使用农药造成的。农业污染物除了以上的营养盐和杀虫剂，还包括沉积物、病原体以及重金属。如果以上的污染物没有经过处理去除有害物质，直接或是间接地排放到灌溉沟渠以及地下水中，就会引起水质污染。在农业废水中，含有氮、磷等营养物质，进入水体之中，会引发藻类和其他浮游生物的繁殖，使水体含氧量下降，造成藻类、浮游生物暴增，引起鱼类死亡，造成环境退化。因此，水质污染影响湖泊、河流、湿地、河口以及地下水，更会影响整个陆域生态系统。

此外，台湾农民近年来进行高经济作物的栽培，大量使用塑胶原料栽培。例如在农业生产中，使用塑胶覆盖物、塑胶薄膜，以及保丽龙包装的栽培。农民使用塑料薄膜和顶篷覆盖土壤，控制土壤湿度和温度。这些塑胶和保丽龙产生了废物量增加的问题。台湾高经济作物中的蔬菜、果树每年塑胶覆盖面积非常大。虽然大多数塑胶都会进入垃圾掩埋场或是焚化炉，但是这些塑胶含有稳定剂和重金属，并且经过风吹日晒雨淋，形成了塑胶微粒，进入了土壤和水域环境。

上述这些农药问题、农业废弃物问题以及农业灌溉用排水问题，将与当地的空气、动植物、人类食物以及人类的健康关系环环紧扣。

（二）海洋生态问题

海洋生态系统的问题，大部分是由于陆域生态系统产生的问题，影响到海洋生态（邱文彦，2017）。塑料栽培产生了塑胶微粒。还有因为施用杀虫剂和农药，经过地表径流，流入湿地、河流，以及潮汐滩地。这些化学塑料及农药，可能会导致螺贝类因为污染而死亡。此外，地表径流将化学物质带入了海洋环境。

近年来，人类创造的塑胶微粒，经过光分解后的碎片，将海洋转变成了塑胶汤。这些塑料微粒都是工业生产塑料的原料之一。海洋中的塑料微粒除了塑料袋、宝特瓶、玩具等分解所产生之外，还有化妆品、卫生用品、牙膏在海洋中经过分解之后产生。根据《科学》期刊的研究，全球有192个国家和地区拥有大规模的沿海人口，每年大约有15%到40%的废弃或倾倒的塑胶进入海洋（Chen，2015）；也就是说，在2010年约有400万到1200万吨的塑胶流入海中，约占全世界塑胶生产总量的1.5%至4.5%。这仅是问题的开始，因为科学家们仍然不知道99%以上的海洋塑胶碎片最后会在哪里，以及对于海洋生物和人类食物供应链的影响。未来10年内每年向海洋输送的塑胶废弃物数量，将会增加一倍以上；到2025年，还会以10倍的速率增加。

《美国国家科学院院刊》（*Proceedings of the National Academy of Sciences*）的研究发现，塑胶微粒影响了牡蛎的消化系统（Sussarellu et al.，2016）。牡蛎因为处理塑胶微粒消耗过多能量，无法繁衍下一代。雄体的精细胞将会失去活力，而雌体的卵母细胞萎缩。实验指出，受到塑胶微粒影响的牡蛎繁殖数量下降了41%，体积尺寸上也缩小了20%。

因此，人类污染海洋环境之后，因为海洋渔业的捕捞，经由食用海鱼、牡蛎、虾蟹等海鲜食物，进入人类饮食中食物链，影响到人类的肝脏和生殖系统。近年来，世界各地的海域都受到严重的污染。若不小心吃到受污染的海产，就会产生食物中毒，严重者导致死亡。因此，需要在可靠的店铺购买海鲜。购买有甲壳的海产，在烹调之前要用清水将其外壳刷洗干净。此外，购买海产，尽量选购鲜活的，尤其是购买龙虾、贝壳类，例如蛤蜊、蚝、蚌、蚬，以及螃蟹，要买活体，死体最好不购买。选购急冻海产时，应留意店铺的冰冻设备，以及存放方法是否恰当。

第二节 食农教育的历史和契机

由于全球城市人口正在迅速增长，到 2025 年，联合国预计世界人口将达到 85 亿人左右，居住于城市的人口将从 1994 年的 25 亿人暴增到 51 亿人。因此，超过 50% 的城市人口增长，对于世界粮食系统产生了需求，同时在消费过程之中，产生了许多浪费。联合国曾在 2015 年启动 17 项可持续发展目标（Sustainable Development Goals，SDGs）（见附录四），其中针对"在 2030 年前，将零售与消费者端的全球粮食浪费降低 50%"，显见减少食物浪费，推动食农教育已经成为现代社会重要议题。

在台湾，食品安全问题首先要避免食物污染（food contamination）。因为细菌污染食物之后，会被分解而产生有毒的物质，这些毒素会让消费者发生过敏性食物中毒。因此，据超商、量贩店、超市、餐饮等通路商统计，每年因为食物过期丢掉的剩食数量，约有 3 万 6880 吨。也就是说，食品还没到消费者手里，就被当成垃圾和厨余丢掉。减少食物浪费成为刻不容缓的课题。因此，要建立台湾农业和食物推广和检验体系，其涉及环境保护、生态保育，以及食品安全的问题。

我们推动食农教育，除了要检视环境教育的问题之外，还需要检视社会、经济、文化中的种种农业和食物的议题。过去，台湾农业推广组织以基层农会的农业推广股中的四健会、家政部门为主，推动了食农教育活动，我们可以借鉴境内外食农教育推动的背景和契机，并且以人类行为进行说明。

一 食农教育的历史

人类从农业时代进入工业时代，由于衣食无虞，开始将精力转投入追求华屋、美食、华服，以及其他奢侈品的采购（Victor，2010）。

伴随 20 世纪 60 年代全球经济扩张的效应，已开发国家在非洲及南美洲国家收购当地的农地种植咖啡和甘蔗，当地农民将生产所得的金钱换成粮食，成为跨国经济的共同经营体。然而，土地过度开发，农民砍伐森林，进行整地（land levelling）、挖沟（trenching）、堤防建设（embankment building），添加肥料，以及过度耕种造成有机物质贫瘠；而且过度放牧造成土壤压实、侵蚀，产生了畜牧污染。此外，反复耕作（repeated ploughing），大量生产咖啡和甘蔗之后，造成市场失灵，原有咖啡和糖的期货价值在短时间内暴跌，引起系统理论中所说的状态失灵，南美各国经济随即崩溃。再加上过度开发的结果，引发环境的外部效果，例如：非洲各国由于滥砍滥伐，为了栽种经济作物导致土地沙漠化的危机，造成严重的饥荒。以系统理论来说，这些行为造成污染的外部效果，而且因为污染的关系，形成公共财物被滥用的现象（方伟达，2010）。

在行为理论方面，因为 20 世纪 60 年代大众缺乏生态道德和知识，产生以上种种破坏环境的行为。此外，在增长理论方面，随着人口和经济增长，因为缺乏对于环境保护应有的素养，造成系统崩溃的危机。

从全球发展食农教育的历史阶段而言，食农教育是一种社会运动理念建构和教学方式的转换，除了受到美国农业部推广的农业素养（agricultural literacy）教育影响之外，同时受到了欧洲慢食运动（slow food movement）和日本推动《食育基本法》的影响。

（一）美国

美国在 1970 年推动农业教育，1988 年由美国国家科学院（National Academies of Science）建立的委员会在定义农业素养时，强调需要考虑从事农业文化的参与者，如何通过理解食品和纤维系统（fiber system），建构美国农业历史与当前经济的关系。对于所有美国人来说，农业具备社会意义和环境意义。因此，美国农业推广愿景，发展重点在于人类环境安全、饮食安全以及农业安全，并且特别强调都市的居民和地方社区是推广食物工作的重要范畴。

（二）欧洲

欧洲罗马和巴黎为饮食之都，品尝美食文化比美国更为悠久。由于美国快餐文化侵入欧洲，造成欧洲民众的反弹。于是，罗马居民于1986年为了抗议麦当劳于罗马市中心设立，教导消费者有关快餐的危害，兴起了一种"慢食"（slow food）文化。慢食文化要保留本地食品系统中在地的蔬果，发展及保护当地的传统美食，并且发扬光大。所以需要倡导传统食品和当季食品，包括食谱和制作方法。此外，慢食文化教导市民有关商业化单一作物农业以及大型畜牧业的缺点，扶持家庭农场，并且发展有机农业。

（三）日本

20世纪90年代日本开始提倡地产地消运动，在2005年立法施行《食育基本法》，推动食育运动（Shokuiku）。日本食农教育的专业人员以"营养教谕"为主，属正规教师，须取得营养教谕（营养士）的证照。"营养教谕"基于"和食文化"的基础，以推行饮食文化改造为目标，兼顾农业与环境体验学习，并且和里山里川，以及里海倡议结合（李光中，2016），改变农民农耕和生活方式，更深入学校，指导学生改正不良饮食习惯，建立个人健康饮食习惯。

二　食物选择的人类决策

我们从食物选择的人类决策来看，当消费者与生产者已经解离，在大规模工业化过程中，应进行食品生产、运输、加工，减少浪费和保存，以便在长途运输过程中保持食物质量和安全。因此，随着人类知识水平的提高，食物在运输过程之中，我们无法监测食物质量的情况下，需要考虑以何种鉴定方式，进行健康食物的选择。西华盛顿大学（Western Washington University）教育系教授罗力（Victor Nolet）在《教育可持续发展：教师的原则和实践》（*Educating for Sustainability*：*Principles and Practices for Teachers*）中以图8-2的购买饮料模式的决策树系统，说明了人类行为的复杂性，同时也说明了食农教育工作的复杂性。因此，如何培养幼儿园、小学和中学（K-12）学生在课堂实践可持续发展，并且协助学生培养新思维和解决问题能力，以促进"喝得健康、喝得环保"，是罗力推动可持续发展教育原则、培养可持续发展世界观、学习和思考可持续发展的重点。

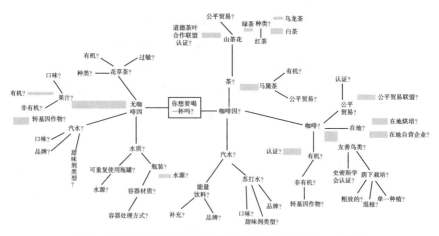

图 8 - 2　购买一杯饮料的决策树行为模式（Nolet，2015）

从农业栽培到消费者对于饮料商品生产重点的关注，包含：饮料、果汁、茶水的质量、口感，水土保持，病害虫管理，烘焙技术，以及环境卫生的认证。除了环境生态理论和方法学之外，所有这些内容都需要在茶树农业改良中进行培训。

因此，人类消费和国际营销行为，需要了解各种国际专利公约、国家法律，以及农民权利。许多跨国生产的国际食品，需要进行公平贸易联盟的谈判协议。

三　食农教育促进成果模式

我们观察到人类选择和决策行为中，食物选择的模式非常复杂。通过人类行为学的分析，我们知道食农教育需要通过经济影响指标、环境影响指标，以及社会影响指标，进行推动成果之促进。

（一）经济影响指标

以农民的生产方式为基础，促进"农业手段"，强化农业经济。

（二）环境影响指标

农业生产方式对于农业系统或环境排放的影响甚巨，所以需要"以环境为基础"的"生态效应"进行检核。

（三）社会影响指标

农业生产最终是以消费者健康为基础，这是一种社会集体现象，所以需要"以社会大众健康为基础"的"生态效应"进行检核。

图8-3的食农教育促进成果模式，需要基于农业发展手段的指标及基于效应的指标，推动环保成果、社会成果，以及健康成果。基于农业生产手段评估，主要着眼于农民的做法。此外，效果评估主要是评估农业系统的实际效果，包括生态效果。在健康评估方面，需要和食品卫生、健康保险、健康风险，以及健康职能进行大众食品安全和卫生健康促进的检核。

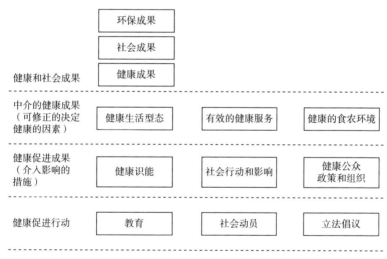

图8-3 食农教育促进成果模式
（修改自：Nutbeam，2000。）

第三节 食农教育的行动和障碍

近年来台湾因为少子化，薪水冻涨，又因为农业生产收入减少，导致农业用地不断转换而侵蚀了原有的生态地景，增加了对于环境的影响。由于全球暖化，造成植物病虫害大量产生，粮食生产因为施用了过多的农药和肥料，对于原有的生物多样性产生负面影响。从农业生产和环境保护的范畴来看，近年来生态农业（agroecology）已经是一种思考模式的转换。生态农业将符合生态运作的方式，使用生态学的原则来处理农业生态系统（agroecosystem）。生态农业包含了有机食农业（organic agriculture and food）、非基因转殖的作物（non - genetically transplanted crop），或是推广非基因改良食品（non - genetically modified food），是实践可持续农业的方向。

欧洲有机农业分析发现，有机农场的土壤有机质含量较高。此外，农民可以在较小规模的范围之内耕作，因为生产行为产生对于环境较小的生态影响；有机农业比传统农业平均高出30%的物种丰富度。然而，有机农业和非基改作物，在单位面积产量方面的收益率较低。此外，人类的饮食、农业以及环境行为，都是通过商业模式中的人际关系和生产消费过程，形成供应链和需求链的镶嵌关系。

因此，通过教育，让农业生产和学童的生活取得联系，通过食农教育过程，让森林小学的概念，激发学童对于土地的情感，让其与农业景观中的泥土、昆虫、杂草、作物、水圳、埤塘、湿地、森林，以及各种不同的自然景观产生学习互动，在大自然中体验农业生产活动和操作技巧，以及农业生产的采收、贮存，以及烹调技术，经由在农事和饮食制作上亲手操作而进入学习状态。此外，需强调环境友善式的农耕方式。这些都是学童成长过程中不可或缺的食农素养。

此外，食物充满了我们用嗅觉、触觉、听觉、视觉以及味觉感知的属性。我们生活在个人的感官世界中，我们对于食物的感知过程，也是个体察觉滋味的体验。因此，要教育学童在进食和烹饪过程中积极调查食物来源，鼓励他们进入饮食文化的世界，以最少化学添加物进行在地食材料理，扩大学童对于自然食物而不是加工食物的偏好。

一　食农教育的障碍

食农教育是一种农事和烹饪体验教育的过程，学习经由食物和在农事相关过程中进行互动，认识在地的农业、正确的饮食生活方式，以及农业文化。食农教育有很多优点，为什么推动过程之中，会遭遇到障碍呢？其中最关键的问题包括"谁应该开展食农教育活动""谁将从食农教育中受益""为什么开展食农教育会受到阻碍"。以下就规章、制度、学习，以及观念的障碍，进行说明。

（一）规章的障碍

食农教育相关规定的部会权责分工、有无专人执行，或是不同部会角色任务都需要采取行动。

（二）制度的障碍

在推动食农教育制度方面，缺乏统整性、完整性的政策依据去执行。此外，人力资源有限，需要各界更大的协助。学校单位教师是采用现有教师，还是另外去聘，都需要讨论。

（三）学习的障碍

1. 正规教育学习的障碍

正规学校提供给学生的食农教育，例如在台湾地区各地的幼儿园、小学和中学（K–12）课堂内外，以及在社区大学开办课程。这些计划都是让年轻学生接触餐饮和农事职业的方式。但是除了农业学校之外，有些教师并没有将农业融入课程之中，因为他们并不认为食农课程适合学生学习。仅有少部分教师将农业纳入台湾地区各地的幼儿园、小学和中学（K–12）教学之中，教师依据实际现况，将自然连结（connectedness）农业真实状况（authenticity）作为关键主题，并且采用教室花园（classroom garden）或是屋顶农园的方式，进行教学；但是在寒暑假的教学设施维护方面，碰到困难。

2. 非正规教育学习的障碍

近年来，台湾地区已经有许多组织长期开展食农教育活动，不过有些承办人员过于强调活动的趣味性和对于美食展览的味觉享受，造成食农教育成为一种免费的"吃喝玩乐的农村体验"，违背了食农教育保存农食文化的初衷，以及人类与环境健康共存的宗旨。

（四）观念的障碍

农民采用环境保护的有机耕作，系将原有收获作物的残留物，留在土壤之中。然而这种过程需要更昂贵的设备，并且需要较长时间才能看到环境保护的效果。推动保护性耕作政策的障碍是农民不愿意改变他们的传统做法，并且抗议比他们习惯的传统方法更为昂贵和费时的耕作方法。在台湾中部农民的个案分析中，我们了解主观规范、描述规范与环境友善行为有相关性；依据回归分析结果，主观规范与描述规范都会影响个人规范，个人规范又会影响亲环境的行为。因此，如何排除观念的障碍，非常重要。以下的个案研究目的，在于了解社会规范中的主观规范与描述规范如何影响农民环境行为。

📍 个案分析

台湾中部农民亲环境行为与社会规范之间的关系
（Fang et al.，2018）

本研究以 20 世纪 60 年代反映绿色革命的《创新的扩散》（*Diffusion of Innovation*）以及新世代农业范式转移（paradigm shift）来解释台湾农业发展的过程，讨论不同世代的农民对于农业创新（agricultural innovation）行为、拥有环保/不环保的不同诠释方式。我们在 2016 年至 2018 年，在台湾中部农业地区有效调查了 526 位农民，并且进行目标小组（target groups）深入的访谈。发现从青壮年与中老年农民所秉持的农业范式（agricultural paradigm），可以察觉他们在农业行为的个人规范（personal norms），以及知觉行为控制（perceived behavioral control）上有显著的差异。经由规范到行为的路径进行分析，环境友善耕作的路径也不相同。青壮年农民通过社会规范（social norm）内化成的知觉行为控制（perceived behavioral control）、个人规范，部分青壮年农民自觉农药的危害，进而推动友善耕作行为。另外，20 世纪 60 年代亚洲绿色革命产生的农业社会规范，造成中老年农民勤于使用除草剂、杀虫剂和化学肥料的行为，影响部分中老年农民不采用环境友善耕作模式。研究中除了量化分析，同时进行半结构式访谈，验证研究结果。研究结果显示：青壮年农民不受既有社会规范影响，并且接受新知，较易产生有机农业的行为；但是，中老年农民因为接受20世纪60年代亚洲绿色革命农业创新扩散（diffusion of agricultural innovation）影响，长期接受惯行农法（conventional farming）的社会规范，追求产量和产品外观，而增加农药使用量。

一　背景说明

在1930～1960年美国推动并且输出绿色革命（green revolution）之后，农业生产体系开始采用大规模的机械化耕作、采用化学制的农药和肥料，并且以不间断的单项农业，以密集且大范围的栽种模式，来增加农作物的产量。1963年农业社会学者罗杰斯（Everett M. Rogers，1931～2004）以1954年开始进行研究的博士论文为基础，出版《创新的扩散》，搜集148位爱荷华州（Iowa State）农民接受某种除草剂（herbicide）和化学肥料，说明美国在20世纪50年代基因改造作物的生产模式，并且推动采用农药和肥料，通过推广和扩散模式，鼓励农民进行大规模农业生产（Rogers，1957）。当时罗杰斯发现农民接受这些想法，认同农业创新的有效性。

《创新的扩散》在1962年出版之后，经过1971年、1983年、1995年、2003年改版之后，罗杰斯坦承他的错误（Rogers，2003）。他描述在1954年的博士论文中，有一位农民拒绝农业化学的创新，因为农药杀死了田间的蚯蚓和鸟类。但是，当时罗杰斯觉得这位农民是不理性的，将他列为创新农业的落后者（laggards）。从1954年到2003年，经过50年之后，他才承认这位拒绝喷洒农药的农民胜过任何一位20世纪50年代农业专家。如果用2003年的标准来看，他可是有机耕作的创新先驱（Rogers，1962，1971，1983，1995，2003）。因为有机农业中的土壤含有大量可以帮助植物吸取养分、对抗病菌的益菌或昆虫；但是在使用化学肥料或是农药之后，反而让粮食作物产生疾病，甚至造成了生态系统的崩坏（Dordas，2009）。

卡森（Rachel Carson，1907～1964）在1962年出版的《寂静的春天》（Silent Spring）一书，反映杀虫剂的使用、化学肥料的滥用，对于自然界造成了严重后果，然而这些后果终将影响到人类本身（Carson，1962）。这样对土地资源不当利用的生产模式，对于环境和人类健康造成了许多负面影响。

1962 年《创新的扩散》书中出现"可持续性"（sustainability）的概念，在 1960 年的字汇定义中是"永远继续"（Rogers，1962，1971，1983，1995，2003）。近年来，可持续性（sustainability）这个词在我们日常生活中被广泛利用，包含了可持续创新（sustaining innovations）的概念（Sherry，2003）。特别是我们粮食生产的方式，不但要重视粮食的生产力（productivity），还要重视土地的再生能力（regeneration capacity）。可持续农业指的是以维持生物多样性的管理及利用农业系统，最重要的是不破坏生态系统的农业方式。因此，我们探讨的是哪些因素影响农民可持续农业的耕作行为，这些可持续行为背后存在的原因是什么。我们通过调查了解行为现象，以及通过访谈，了解这些行为背后的心理因素。

二　文献回顾

自从 1930 年美国发生绿色革命以来，农业生产原理依据农业创新扩散（diffusion of agricultural innovation）理论进行推广，20 世纪 60 年代美国援助亚洲各国和地区运用改良基因、使用农药肥料，扩大农业生产。台湾在亚洲是农业的模范生，推动农业扩大生产。1950 年美国援助台湾，1965 年停止援助，15 年间总共提供台湾将近 15 亿美元。20 世纪 50 年代台湾重点发展的工业在肥料、食品加工、合板、纺织等。1950 年开始，台湾使用美国研发的肥料、农药技术进行生产，以及发展遗传物质的种质资源（germplasm）技术范式（technological paradigm），推动经济发展（Kao，1965；Brown，1969；Parayil，2003）。

美国的绿色革命输出，产生了农业生产创新扩散（diffusion of innovation），结果亚洲以中国台湾和韩国为首，在 1960 年到 2000 年之间，不断接受创新农业生产，扩大农地范围、施洒农药和肥料的观念，认为是一种提高生产力（productivity gains）的创新。但是，到了 2003 年，罗杰斯发现了农业的范式发生变化，农民采用有机农法，不愿意为了收获，施洒农药和肥料（Rogers，1962，1971，1983，1995，2003）。20 世纪 60 年代创新农法（innovative farming），在 50 年后，被视为一种惯行农法（conventional farming）（Curtis and Dunlap，2010）。这些惯行农法因为采用农药和肥料等不友善环境的农业生产，对环境造成了短时间内无法复原的伤害，对于土地、生态系统以及人类健康造成负面影响。农业学者在 2010 年之后，推动亲环境范式转移，例如以与自然和谐共处（harmony with nature）等方式进行。这些农业行为的范式转移（paradigm shift），从 20 世纪 60 年代技术范式和提高生产力的创新，进入生态规范、信念、觉知、共识、方法、标准、理论、政策的革命性改变（Kuhn，1962，2012）。我们发现在农业范式转移中，有些农民会容易接受新的技术、观念，有些则不易接受。在 21 世纪，友善环境的农业耕作技术也推陈出新。但是哪些因素影响农民可持续农业的耕作行为，这些可持续行为背后的原因是什么，这两项农民问题却少有学者进行农业社会心理学的研究。

心理学者海德（Fritz Heider，1896~1988）认为，人类行为的原因，可以区分为内部原因（internal attribution）和外部原因（external attribution）。内部原因是指存在于行为者本身的因素，外部原因是指行为者周围环境的影响因素（Heider，1958/2013）。海德在 1958 年提出社会归因理论（social attribution theory），他认为人类行为可以通过来自内部心理的因素与外部的社会因素共同形成。

内部的心理因素包含了知觉行为控制、个人规范，而外部的社会因素则为社会规范。知觉行为控制是个人对外在环境的控制能力（Ajzen，1985）；个人规范是指个人对于行为后果所产生的道德意识（Stern et al.，1999）。社会规范是塑造人们行为的重要因素，亦可将其分为主观规范和描述规范。主观规范主要来自社会的压力（Ajzen，1991）；描述规范则是人们在同一空间中相互的行为影响，并且有时是无意识的（Cialdini et al.，2006）。这两种由周遭同侪及社会影响产生的规范，在许多研究中共同列为社会规范（Bamberg and Möser，2007；Hernández et al.，2010；McKenzie-Mohr，2011；Stern，2000；Thøgersen，2006）。

近年来，台湾推动有机农业，愿意从事可持续农业（sustainable agriculture）的人越来越多（Wu and Chiu，2000），特别是 40 岁以下的青壮年农民更注重使用友善农业的方式经营其农业生产。有些研究也表明年轻人比年长者更关心环境（Arcury and Christianson，1993；Honnold，1984；Klineberg et al.，1998）。因此本研究欲以台湾农业长期的观察，企图回答三个影响友善环境农业行为的问题。

其一，年龄是否为友善环境农业的重要因子？

其二，农民在世代之间是否会因为社会规范和个人规范的差异，产生不同的知觉行为控制，同时这些路径影响了耕作行为？

其三，我们是否可以采用以上的社会归因理论，绘出影响友善环境农业行为的路径？

三 研究假设

友善农业行为可以视为一种亲环境行为。本研究认为农民的友善农业行为，可以运用社会心理学中的归因理论来解释。但一个问题是，如何进行年龄层上的划分，以进行两种年龄层的比较。因为文献相当缺乏，我们团队进行下列资料的搜集，并且分析台湾社会的年龄文化。

2017 年台湾人口为 2300 万人，台湾人口年龄的中位数为 40.50 岁。男性为 39.64 岁，女性为 41.35 岁（2017 年 3 月统计）。此外，台湾属东亚儒家文化圈，儒家领袖孔子（551～479 BC）在《论语·为政篇》曾经说"四十而不惑"。在东亚文化中，四十岁是一个人身体全面加速衰老的年岁，一个人到了四十岁之后，就明白自己的人生基本上是定型了。因此，在研究问题时，我们将 40 岁以下青壮年农民设为容易接受新知的试验组，40 岁及以上的中老年农民设为定型的对照组，我们假设年龄为友善环境农业的重要因子，40 岁以下青壮年农民，在接受新知之后，容易产生环境友善行为。

在农业人口方面，2016 年从事农业者为 55.5 万人，占总人口数的 2%，农民平均年龄为 62 岁。40 岁及以上的农民占农业就业人口的 90%；40 岁以下的农民占农业就业人口的比例为 10%。所以，我们需要在农业人口中，抽出 90% 的 40 岁及以上的农民，以及 10% 的 40 岁以下的农民，共同进行测量及比对。我们除了采用差异分析，探讨实验组与对照组的因子差异之外，还以结构方程式模型进一步探讨社会规范、个人规范的结构路径，研究两组农民的社会规范对友善环境行为的影响，并且依据前人研究，提出下列六种假设路径。

Hypothesis 1（H1）：农民的社会规范会直接影响其友善环境行为（Cialdini et al.，1990；Fang et al.，2017a；Ferdinando et al.，2011）。

Hypothesis 2（H2）：由于社会规范是环境行为的影响因子（Cialdini et al.，1990；Fang et al.，2017a；Ferdinando et al.，2011），我们假设农民的社会规范会正向影响知觉行为控制。

Hypothesis 3（H3）：由于社会规范是环境行为的影响因子（Cialdini et al.，1990；Fang et al.，2017a；Ferdinando et al.，2011），是个人规范的影响因子（Schwartz，1977），也被认为是规范的启动因子（Stern et al.，1999），因此，我们假设农民的社会规范会正向影响他们的个人规范。

Hypothesis 4（H4）：由于后果觉知会影响行为（Hansla et al.，2008；Schwartz，1977；Stern et al.，1999），我们假设农民的个人规范会正向影响他们的知觉行为控制。

Hypothesis 5（H5）：我们假设农民的个人规范会正向影响他们的环境友善行为（Hansla et al.，2008；Schwartz，1977；Stern et al.，1999）。

Hypothesis 6（H6）：我们假设农民的知觉行为控制会正向影响他们的环境友善行为（Bamberg and Möser，2007；Bortoleto et al.，2012；Han，2015）。

四　研究方法

这项研究是在亚洲重要的农产输出地区台湾中部地区进行的。台湾中部地区为台湾岛重要农业生产地区之一，具有丘陵及平原特色，且兼具温带及亚热带气候特性，适合于多种农作物，例如蔬菜和水果之栽培，产品特色丰富而多样化。台湾中部农业地区从低海拔地区到3000公尺高海拔山区，栽培了热带水果、温带蔬菜、水果、茶叶、花卉，是为消费者提供丰富的蔬果、茶叶、花卉等大宗民生物资的产地。本研究为探究友善农业行为，以目前在台湾中部地区从事农业生产行为的农民为抽样之对象，这个区域包括了台中市、苗栗县、彰化县、南投县四个行政区域。

（一）参与者

本研究使用立意抽样（purposive sampling）为抽样方法，选择了台中市、苗栗县、彰化县、南投县农会产销班的成员进行抽样调查，而且参与调查的对象必须有务农耕作的相关经验。在台湾，农民参加当地农会是一种义务，农会提供保险、耕作技术以及银行借贷的功能，形成了一种基层农业社会规范型的组织。本研究依据过去研究的建议，需要搜集至少384份样本数的调查问卷（Krejcie and Morgan，1970），以达到95%以上的信心水平的调查信度，所以将搜集的样本数订定为384份及以上。在研究中，我们在 2016 年 8 月到 2017 年 2 月进行问卷调查，最后发放了问卷 650 份，收回 615 份，回收率为 94.62%。不过收回的问卷中仍有 89 份漏答的无效问卷，我们以剩余的 526 份有效问卷进行分析，并且进行农民的访谈。

（二）分析（Measures）

本研究依据社会归因理论，主要有三个关键被认为与环境友善行为影响有关的维度：社会规范；个人规范；知觉行为控制。本研究采用问卷调查的方法，参阅国内外相关研究文献后，完成本问卷初稿设计，为提高本研究问卷严谨度及效度，于 2016 年 8 月邀请 3 位相关领域专家学者进行问卷构念效度（construct validity）检测，针对本问卷题目的合适性、语意及文句流畅程度进行检视，依专家学者的意见进行问卷内容的修正与整理，拟定出本研究问卷，随后用于实际调查。

研究中采用五点李克特量表（1 = 非常不同意；2 = 不同意；3 = 普通；4 = 同意；5 = 非常同意）进行测量后，问卷整体的 Cronbach's α 值为 0.735，证明了内部可靠性，因为它们的值大于要求的 0.6。此外，Kaiser - Meyer - Olkin 值记录为 0.751，属于大于 0.7 的中等（middle）等级（Kaiser and Rice，1974），并且记录到球形 Bartlett 测试值为 1124.249，$p < 0.001$。本研究利用社会科学统计软件 SPSS 23 进行分析。使用频率分析来确定关键维度（社会规范、后果觉知、知觉行为控制，以及亲环境行为），并计算人口统计问题和项目的总发生次数、平均值，以及标准差（SD）分数。使用皮尔逊相关技术来衡量这些关键维度之间存在关系的强度和方向。

本研究最后使用 SmartPLS 2.0 统计软件进行路径及统计分析，用于预测台中农民在社会规范、后果觉知、知觉行为控制方面，对于亲环境行为的影响。PLS - SEM 是探索性的多变量研究方法，可在小样本的研究中建立结构方程式模型。

（三）质性访谈（Interviews）

在量化研究中，可以了解社会现象。但是如果我们要了解社会现象背后产生的原因，需要进行和农民之间的对话，了解现象，并且诠释这种现象。本研究欲加深数据的解释能力，经过调查之后，看到农业社会现象。我们借由半结构式的访谈大纲，在 2017 年 12 月到 2018 年 3 月深入访谈了8位农民。其中有4位属于44岁以上的农民，4位属于44岁及以下的农民，我们询问参与者以下两个问题。

其一，你认为青壮年或是中老年农民，何者较会进行环境友善行为？

其二，农民之间是否会相互观摩学习，提升相关农业经营管理的技术？

为了确认最终结果的一致性，我们使用三角验证法（triangulation）来避免固有的潜在偏见。研究最后成功搜集了8人的最终访谈，其人口学资料，请见表8-1。

表 8-1　受访者之人口学资料

受访者代号	性别	年龄	受教育程度	从事农业时间
C	男性	57岁	高中毕业	34年
H	男性	43岁	高中毕业	3年
K	男性	30岁	大专毕业	3年
M	男性	31岁	大专毕业	4年
O	男性	44岁	大专毕业	22年
Q	男性	56岁	高中毕业	26年
X	男性	68岁	小学毕业	55年
Z	男性	56岁	专科毕业	32年

五　结果（Results）

（一）统计分析（Descriptive Statistics）

问卷调查结果显示，男性（66.7%）和女性（33.3%）在本研究中均具有代表性，从事农业男性比例比女性高。学历为初中及以下者（42.6%）、高中高职（37.1%）、大专（18.6%）、硕士及以上（1.7%）。教育程度在高中高职以上者约占一半，这结果与台湾地区"农粮署"2014年公布的农家户口抽样调查结果相符。而这些农民多半已是专业从事农业耕作，而且有超过50%农耕者从事耕作的时间在数十年，显示其在农业耕作上具有丰富经验与资历。

根据年龄分为两组：40岁以下青壮年农民抽样人数为73人；40岁及以上中老年农民抽样人数为453人，分别占14%和86%，基本符合台湾农民人口年龄的比例。比较青壮年农民与中老年农民的个人规范

（df = 524，双尾，$t = -2.403 > 1.96$，$p = 0.018$）、知觉行为控制（df = 524，双尾，$t = -2.753 > 1.96$，$p = 0.011$）均存在显著差异。表 8 - 2 简要地概述了青壮年与中老年农民社会规范、个人规范、知觉行为控制，以及亲环境行为的差异性检定分析结果。

表 8 - 2　青壮年与中老年农民的差异性检定分析结果

项目	青壮年（$n = 73$）		中老年（$n = 453$）		df	t	p
	Mean	SD	Mean	SD			
SN	2.51	0.67	2.65	0.69	524	1.71	0.09
PN	3.21	0.77	2.97	0.77	524	-2.403	0.018
PBC	3.53	0.82	3.25	0.90	524	-2.753	0.011
PEB	3.68	0.88	3.56	0.84	524	-1.07	0.28

说明：符号表现如下：社会规范（social norm，SN）、个人规范（personal norms，PN）、知觉行为控制（perceived behavioral control，PBC）、亲环境行为（pro - environmental behavior，PEB）。

社会规范（social norm，SN）相关项目的调查结果见表 8 - 3。在社会规范中，"我的朋友会推荐我使用农药和除草剂来解决病虫害及杂草"的得分最高，其次为"我周围的朋友都有喷洒农药和除草剂的习惯"，最后是"有很多的农民都在喷洒农药和除草剂"。显示台湾中部地区中老年农民认为，使用农药和除草剂是一种社会规范产生的集体氛围（3.47 ± 1.04）。这三题是以反向题的题型呈现环境不友善行为的初始路径，显示台湾中老年农民比青壮年农民受到使用农药和除草剂社会影响的感知程度更大。

表 8 - 3　社会规范调查结果

社会规范	青壮年		中老年	
	Mean	SD	Mean	SD
SN1. 有很多的农民都在喷洒农药和除草剂（R）	2.04	0.84	2.21	0.92
SN2. 我周围的朋友都有喷洒农药和除草剂的习惯（R）	2.21	0.73	2.28	0.82
SN3. 我的朋友会推荐我使用农药和除草剂来解决病虫害及杂草（R）	3.27	1.05	3.47	1.04
社会规范总分	2.51	0.67	2.65	0.69

表 8 - 4 调查使用农药和除草剂之后的个人规范（personal norms，PN）。其中"我知道使用农药和除草剂会对农作物及土壤造成负面影

响"得分最高，其次为"我知道那些残留农药和除草剂的作物会造成人体伤害与病症"，最后为"我知道喷洒农药和除草剂不是维护农业品质的最好方法"，表8-4列出了各自的平均得分。这三题都是正向题，显示台湾青壮年农民比中老年农民了解使用农药和除草剂之后所产生的后果。

表 8-4　个人规范调查结果

个人规范	青壮年		中老年	
	Mean	SD	Mean	SD
PN1. 我知道喷洒农药和除草剂不是维护农业品质的最好方法	2.53	1.08	2.33	0.93
PN2. 我知道使用农药和除草剂会对农作物及土壤造成负面影响	4.14	0.99	3.68	1.16
PN3. 我知道那些残留农药和除草剂的作物会造成人体伤害与病症	2.95	1.21	2.91	1.25
后果觉知总分	3.21	0.77	2.97	0.77

调查结果也列出了知觉行为控制（perceived behavioral control，PBC）相关的项目（请见表8-5）。平均分数最高的为"即使农田很多杂草，我也能控制自己不用农药及除草剂"，其次为"即使野生动物来损害农作物，我也不会捕杀它们"。这二题都是正向题，显示台湾青壮年农民比中老年农民知道控制使用农药和除草剂，并且愿意保护野生动物。

表 8-5　知觉行为控制调查结果

知觉行为控制	青壮年		中老年	
	Mean	SD	Mean	SD
PBC1. 即使农田很多杂草，我也能控制自己不用农药及除草剂	3.75	0.89	3.63	1.00
PBC2. 即使野生动物来损害农作物，我也不会捕杀它们	3.32	1.07	2.86	1.23
知觉行为控制总分	3.53	0.82	3.25	0.90

结果显示，关于友善农耕的亲环境行为（pro-environmental behavior，PEB）的影响有2项（请见表8-6），其中"我采用对环境友善的耕作方式，尽量不喷洒农药及除草剂"是平均得分最高的项目。其次是"我

没有使用农药及除草剂来处理农田中的病虫害或杂草"。这二题都是正向题，显示台湾青壮年农民比中老年农民更愿意控制使用农药和除草剂，并且不使用农药及除草剂来处理农田中的病虫害或杂草。在调查的过程之中，我们也进行现地观察和访谈，参观农田设施，查证接受调查的农民是否具有友善农耕的亲环境行为。2016 年 8 月到 2017 年 2 月进行问卷调查，实际走访台湾中部四县市农村进行农民行为的观察，发现农耕行为和问卷调查的结果一致。

表 8 – 6　友善农耕亲环境行为调查结果

友善农耕的亲环境行为	青壮年		中老年	
	Mean	SD	Mean	SD
PEB1. 我采用对环境友善的耕作方式，尽量不喷洒农药及除草剂	3.88	0.96	3.82	0.92
PEB2. 我没有使用农药及除草剂来处理农田中的病虫害或杂草	3.48	1.80	3.31	1.19
亲环境行为总分	3.68	0.88	3.56	0.84

（二）相关分析（Correlation Analysis）

如表 8 – 7 所示，相关分析结果显示个人规范与友善农耕的亲环境行为的相关性是最高的，为中度相关。除了社会规范、知觉行为控制为低度相关，其他各因子之间均为 0.3 以上的中度相关。

表 8 – 7　各因子相关性矩阵（均值）

项目	社会规范	个人规范	知觉行为控制	亲环境行为
社会规范	1.000			
个人规范	0.305	1.000		
知觉行为控制	0.204	0.416	1.000	
亲环境行为	0.414	0.488	0.398	1.000

全部 $p < 0.001$ 双尾

（三）路径分析与结构方程式模型

偏最小平方法（Partial Least Squares，PLS）结果揭示了青壮年农民与中老年农民不同的环境行为路径。

青壮年农民友善农耕行为的各构面以 Smart PLS 2.0 进行分析，结果如表 8 – 8 所示。青壮年农民除了个人规范构面之外的平均变异抽取量（Average Variance Extracted，AVE）值均大于 0.5，显示各构面达收敛效度水平，PN 的 AVE 值仍大于 0.4，属于可接受之值（Fornell and Larcker，1981）。各构面潜在变量的组合信度（composite reliability，CR）值均大于 0.7，显示各构面内部一致性符合标准。SN、PBC、PEB 之 Cronbach's α 皆达到 0.5 以上可信标准，PN 之 Cronbach's α 则达 0.4 以上。PN 的 R2 为 0.112，PBC 的 R2 为 0.202，PEB 的 R2 为 0.329。

表 8 - 8　40 岁以下农民分析指标数据

项目	AVE	CR	R2	Cronbach's α
SN	0.561	0.791		0.649
个人规范	0.489	0.74	0.112	0.484
PBC	0.68	0.807	0.202	0.56
PEB	0.664	0.797	0.329	0.503

　　青壮年农民友善农耕行为的模型结构如图 8 - 4 所示，以自助抽样（Bootstrapping）方法求得路径之 t 值，以检验其显著水平。青壮年农民的社会规范对知觉行为控制有直接的预测性影响，而对友善农耕的亲环境行为则无直接影响，亦即青壮年农民亲环境行为不是受到社会规范的影响。路径分析发现，青壮年农民友善农耕行为主要受到其知觉行为控制的影响，他们了解农药和除草剂的危害，产生自发性的有机农作。

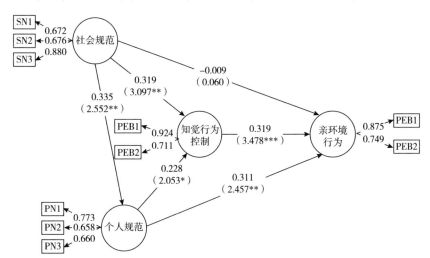

图 8 - 4　40 岁以下农民之行为结构（Fang et al.，2018）

　　而知觉行为控制又为社会规范、个人规范的中介变量。没有青壮年农民的自觉，就不会产生有机农业。此外，社会规范影响个人规范，个人规范是亲环境行为的中介变量（请见图 8 - 4）。

　　中老年农民有善农耕行为的各构面以 SmartPLS 2.0 进行分析，结果如表 8 - 9 所示。除了个人规范构面外之 AVE 值均大于 0.5，显示各构面达收敛效度水平，PN 的 AVE 值仍大于 0.4，属于可接受之值（Fornell and Larcker，1981）。各构面 CR 均大于 0.7，显示各构面内部一致性符合标准。表 8 - 9 中 SN 的 Cronbach's α 达到 0.6 以上可信标准，PN、PBC 的 Cronbach's α 皆达 0.4 以上，PEB 的 Cronbach's α 达 0.35 以上。PN 的 $R2$ 为 0.190，PBC 的 $R2$ 为 0.151，PEB 的 $R2$ 为 0.431。

表 8 - 9　40 岁及以上的 PLS 分析指标数据

项目	AVE	CR	R2	Cronbach's α
SN	0.55	0.786		0.618
PN	0.469	0.715	0.190	0.454
PBC	0.630	0.767	0.151	0.46
PEB	0.621	0.764	0.431	0.399

　　中老年农民友善农耕的亲环境行为的模型结构如图 8 - 5 所示，以自助抽样方法求得路径之 t 值，以检验其显著水平。中老年农民的社会规范对个人规范、友善农耕的亲环境行为有直接的预测性影响，而对知觉行为控制则无直接影响。路径分析发现，中老年农民亲环境行为主要受到其个人规范的影响，而个人规范又为社会规范的中介变量。个人规范也会影响知觉行为控制。

　　在这个模型之中，我们了解台湾农民平均年龄为 62 岁，中老年农民最高年龄超过 80 岁。他们曾经在年轻时，在 1950 年至 1965 年受惠于美国农业援助。在 1965 年美国停止援助之后，台湾地区继续以农业补贴的政策，鼓励农民扩大农业生产。农民多年来在田间，采用喷洒除草剂、农药的传统惯行农法（convention farming），他们工作环境中的农业同侪也是这样喷洒农药，防治病虫害，扩大农业的产量。因此，他们很难产生自我觉知的抑制不喷洒农药。

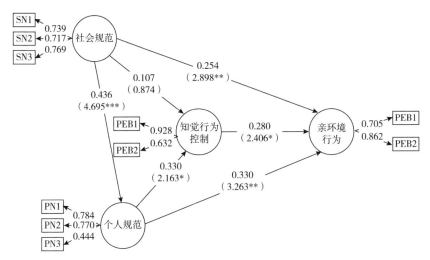

图 8-5 40 岁及以上农民之行为结构 (Fang et al., 2018)

(四) 访谈资料分析

1. 青壮年农民有较佳的友善农业行为

我们从上述的资料进行观察,如果农业工作环境中的农业同侪喷洒农药,防治病虫害,他们从社会规范之中,可以感受到喷洒农药、除草剂之后,增加农业产量的诱因。因此,我们走访台湾中部的农村,很难看到农民会产生自我知觉的抑制不喷洒农药。经过 2017 年 12 月到 2018 年 3 月的深入访谈 8 位农民,结果显示,受访农民均同意青壮年农民具有较为友善环境的行为,我们节录了其中几位受访者的说法,并指出两个观点。

青年农民获得的信息较新,也较多,因此其个人规范、知觉行为控制,以及友善农业行为之得分,都较中老年农民要高。

"比较老的农民都将之前老一辈的观念延续下来,青年农民就从新闻、书本、网络上……那边撷取很多新的知识。"(20171207 受访者 C)

受访者 H 也说:"因为目前青年农民的想法会比较新潮,不会像以前那个老一辈的做法,可能有关环境的部分都会比较去注重,比较不会去破坏生态。"(20171207 受访者 H)

这两位受访者指出青壮年不像中老年农民承袭既有的农业方法,这与本研究的结构相符合。中老年农民会受到外在的社会规范影响,这类社会规范很有可能就是既有的农业范式中的方法与价值,而青壮年的社会规范，因为是喷洒农药的农村社会氛围，无法直接影响友善农业的行为。

中老年农民有根深蒂固的传统农业行为，因此要改变其农业模式有困难。

"现在因为时代的变迁，整个对环境的规范一直在进步，因为年轻人接受的一些新的信息会比较多，而年纪比较大的一些农民可能就是一些观念比较根深蒂固，所以要改变他既有的一些行为比较不容易，所以年轻的农民可能对政府环境上的一些新规定，比较能够或是容易吸收。"（20171207 受访者 Z）

另外，受教育程度可能是影响友善环境农业行为的一个重要因素。因为现在年轻人大多是大学毕业，可能有较好的知识来源。

"我想是因为年轻的农民教育水准比较高吧，现在大学毕业的人一堆，跟过去年纪大的农民就会有差别。而且现在什么都讲求绿色环保，现在网络发达，年轻人获得新信息也比较多比较快，就会有比较好的方法来做（耕作）。"（20171207 受访者 K）

以上访谈结果显示，青壮年农民对新观念与新信息的接受度高于中老年农民，所以也较容易接受友善环境农业的方式。此外，青壮年农民受教育程度普遍较中老年农民要高，可见教育的重要影响。

2. 中老年农民的农药用量问题较严重

采访结果显示，中老年农民的农药使用问题较严重。我们节录了其中几位受访者的说法。传统观念根深蒂固使然，变成一种标准作业流程。

"因为这是根深蒂固啊，一方面是怕我们所喷的农药没有办法防治这个病虫害，或者是认为说我多喷一次，效果会好一些，所以会加喷几次，使用量会多一点。"（20171207 受访者 C）

还有一个观点是担心农产品产量降低，抑或是农产品品项较差卖得不好。

"老农会担心影响到整体产量或质量，我们农民基本上都有一个观念说，我这样子喷，用量会不会太少？次数会不会太少？生怕喷得不够，会影响后面整个质量和产量，所以基本上在自己的自有田，老农在用药方面，平均会比一般农民还要多。"（20180210 受访者 H）

然而他们却不知这样过量使用农药，可能会导致农药残留及对周遭生态环境的危害。

当然也有不同观点，认为青年农民与中老年农民使用农药的量，并不是绝对的。

"不一定啦，不是说年纪大使用农药就比较多，使用农药也是照农药行说的在做。有可能是因为农民不放心，就会一直射（喷）。而年轻的农民就认为够就好了，他不会一直喷，他对外见识得比较多，觉得这样子可以了足够了，就不再用。……但也不是每个都这样子，是部分农民，有的老农经验很丰富，也不会（喷），他就照顺（时）序，比如我们每年都射（喷）什么药，没有很准，但大概都会照比例去射（喷）。也就是什么季节会发生什么病，每年都是（嫁）接完后，那时候会喷什么，就会接续一直下去，这会跟往年类似，但没有很准确。"（20171207 受访者 X）

从以上受访者的访谈得知，除了固有的知识外，中老年农民较容易认为喷洒农药能换取较高的农业品质，并希望能借由农药来维护其农产品的品质与产量，且当病虫害增生时可能会采取增加用药量的做法。而青壮年农民则因为有较高的知识水平，较容易控制自身的用药量，或是不使用农药。

3. 农民之间会相互观摩学习，来提升优化相关管理经营的技术

采访结果显示，农民学习的管道多元，彼此之间的相互模仿、学习或是经验交流亦会决定其是否使用环境友善农法。我们节录了其中几位受访者的看法，并发现两种观点。

例如受访者 M，不排斥学习友善环境农法。

"你看别人做得不错，那你可能就想去学一下。有些人可能都不除草，你可以去看看他的田，他的泥土跟别人有没有什么不一样。或者是他产量为什么一样的环境，就是面对一样恶劣的环境他可以渡过那个难关，那你可能就会想去跟他学习。所以如果友善环境可以使农友的收益增加，其他地方的土地可以变得比较好种，那自然而然我们就会去学习。"（20180304 受访者 M）

然而亦有些农民学习如何增加产量或是农产品的价值，并不在乎是否对环境有害。

"一般我们农友会参加产销班，或几个比较要好的农民，都会互相

观摩学习。比方说喷哪一种药，对哪一种的虫害或是病害防治效果比较好，倍数用多少，然后施用哪种肥料可以提升水果的品质。"（20180303 受访者 Z）

　　由上述 2 位受访者的访谈内容可知，农民在学习栽培管理技术时会采取产销班等产业互助组织的社会学习的模式，此种学习方式对于农民学习新观念与技术，其效果更甚于官方正规的学习方式，而农民也能在学习情境中观察模仿，接受刺激到表现出反应，进而优化提升其自身的栽培管理技术。除了社会学习管道，社会规范会对农民的农业行为有积极的影响。借由观察周遭农民的耕作方式，并从中学习，甚至彼此比较。这样的结果与本研究结构认为有机农业的社会规范会影响友善农业行为的结果相符。

六　讨论（Discussion）

　　社会科学家认为，科学社会产生周期性的革命，称为"范式转移"（paradigm shift）（Nonaka et al.，1996；Chang et al.，2014）。孔恩认为，当科学家面对"常规科学"，不断地发现反常的现象，最后会造成科学的危机。最后，当新的范式被接受时，产生革命性的科学（Kuhn，1962，2012）。如果农民采用有机农业的模式是一种范式转移，这种转移涉及孔恩所谈的团体信念（group commitments）的重建，我们通过社会归因理论（social attribution theory），探讨农民愿意实施友善农业行为的原因如下。

（一）社会规范的影响

　　调查结果显示，在中老年农民的友善农业行为结构中，社会规范是能够直接影响友善农业行为的因子，且会通过个人规范、知觉行为控制等中介变量影响友善农耕行为。因此可知，社会规范对于中老年农民的行为起着至关重要的作用。周围农民所及社会氛围所型塑的社会规范，能够对中老年农民的行为产生积极的影响。但在青壮年农民的行为中，社会规范并不能直接影响友善农业行为，而必须通过个人规范、知觉行为控制等因子，间接影响友善农业行为。与中老年农民相比，青壮年农民会进一步地思考社会规范所传递的信息，并通过个人规范、知觉行为控制的内化才会影响行为。这显示了青壮年农民具有较高的自我意识与自主行为，并不会按照周遭农民的指示或是观察周遭农民的行为行事。

（二）个人规范的影响

调查结果显示，后果觉知是中老年农民最重要的影响因子，个人规范能够直接影响中老年农民的友善农业行为，且也会通过知觉行为控制对行为产生影响。因此可知了解行为所带来的后果，是最容易使中老年农民产生友善农业行为的方式。青壮年的行为结构中，个人规范也相当重要，个人规范对友善农业行为的影响仅次于知觉行为控制。

（三）知觉行为控制的影响

研究结果显示，无论在青壮年还是在中老年农民的友善农业行为结构中，知觉行为控制都会对友善农业行为产生影响。不过中老年农民的知觉行为控制只受到个人规范影响，而不直接受社会规范的影响。说明中老年农民必须要先有个人规范，才会产生知觉行为控制。而青壮年农民的社会规范则能直接影响知觉行为控制，而且青壮年农民的知觉行为控制是最主要的影响友善农业行为的因子。

本研究结果最后显示：青壮年农民倾向于在受到社会规范、个人规范的影响之后，借由知觉行为控制的主动影响，产生友善农业行为；而中老年农民则是受到社会规范、个人规范的影响，较为被动地产生友善农业行为。

基于前面所述的社会归因理论框架，本研究调查了青壮年与中老年农民知觉行为控制、个人规范以及社会规范如何影响他们的友善农业行为。本研究试图通过外在社会规范与内在个人规范、知觉行为控制的差异检验，来填补研究空白，进一步确定农民友善农业行为的具体路径和影响程度。

研究结果表明，青壮年农民的知觉行为控制是友善农业行为最大的预测变量。具体而言，本研究针对青壮年农民的分析结果表明，社会规范无法直接对其环境行为产生影响。青壮年农民会通过个人规范、知觉行为控制的中介变量，预测其友善农业行为。

此外，个人规范是中老年农民对友善耕作行为影响最大的预测变量。中老年农民的社会规范，通过个人规范，影响其友善耕作行为。而与青壮年农民最明显的不同，则是中老年农民的社会规范，能够直接影响其友善耕作行为。另一项重要的结果显示，中老年农民的知觉行为控制不能直接由社会规范产生，而是需要通过个人规范的中介变量才能产生，显示如果没有个人规范，社会规范无法直接促成知觉行为控制并影响友善耕作行为。

随后进行的事后质性访谈也确认了以下几点。

其一，青壮年农民更多受到知识与教育的影响，不受既有社会规范的直接影响，而较易产生友善农业行为。

其二，中老年农民较容易认为喷洒农药能换取较高的农产品品质，并会受到注重产量、质量的社会规范影响。

其三，农民会借由社会学习管道精进农业技术。除此之外，社会规范会对农民的农业行为有积极的影响。其借由观察周遭农民的耕作方式，并从中学习，甚至彼此比较。

（四）研究意涵、研究局限以及未来研究（Implications, Limitations, and Future Research）

20 世纪 60 年代之后，台湾因为遵循西方世界的绿色革命的农业生产方式，因此产生台湾农业生产的创新扩散（diffusion of innovation），结果从 1970～1990 年不断接受创新农业生产扩大范围、施洒农药和肥料的观念。但是台湾因为地狭人稠，农地不会产生分配和规模效应（scale effects），工作者效应的贡献（contribution of worker effect）影响了农业生产。此外，教育也影响了农业发展（Wu, 1977）。后来，范式转移（paradigm shift）产生（Kuhn, 1962/2012），新的农民接受有机农法，不愿意为了收获而施洒农药和肥料。这项研究的发现为农民的友善耕作行为影响提供了新的见解。此外，结果还会影响政府、农会的管理政策，例如需要从教育与社会规范的角度更多推广友善农业的方法，才能产生农民的友善农业行为。

本研究调查台湾中部农业重镇附近农民行为因子对友善农业的影响，从而限制了调查结果对于其他地区和部门的适用性。未来应该寻找和测试更具代表性的抽样人群，以总结研究结果。再者，需要进一步的研究来提供与其他国家与之间的比较，以确定在这种情况下的相似或不同之处。此外，未来的研究还可以深入探讨世代差异对环境知识、态度等可持续发展因素的影响，这可能会对其环境友善行为产生影响。

七　结论（Conclusions）

台湾中部因地势平坦，成为农业生产重镇，因此本研究针对中部台湾地区的四个县市的农民进行研究，本研究主要探讨创新扩散和范式转移两种理论，了解经过世代农业范式转移之后，青壮年世代和中老年世代在农业生产思维中的差异。调查结果显示，社会规范会直接影响中老年农民的友善耕作行为，并通过个人规范、知觉行为控制产生间接影响。而社会规范通过知觉行为控制的间接路径，影响青壮年农民的友善耕作行为，也能够通过个人规范影响青壮年农民，但无法产生直接的路径。而研究结果明显地区分了青壮年农民与中老年农民的友善耕作行为路径模型。青壮年农民仅会通过社会规范内化成的知觉行为控制、个人规范促进友善耕作行为。中老年农民的社会规范则能够直接影响其友善农业行为，同时借由个人规范、知觉行为控制发挥全面性的影响。

二　食农教育的行动

从以上个案进行分析，食农教育需要从源头做起。目前台湾有关部门推行的食农教育，是从生产者到消费者的个人环境行为进行倡导。台湾地区"行政院"农业委员会（农委会）为协助台湾居民培养良好饮食习惯以增进健康，从了解食物来源、饮食文化、在地农产业特色与环境生态的循环关系，认知到个人与粮食产消、健康饮食及环境永续互生互利的重要性，进而改变行为模式，支持在地农产业发展，促进食农系统的良性循环，制定并实施食农教育计划。

（一）食农教育概念架构

农业生产与环境——与环境共好。
饮食健康与消费——自发实行健康饮食生活。
饮食生活与文化——人际互动与传承。

（二）学习内容研提计划

教学主题：由食农教育概念架构中选择农业生产与环境面向，以及依据"学习内容"设计教材及规划教学。相关的产品，以地方特色作物为主，或从本计划提供的农业参考资料，选择一种品项聚焦发展教学内容。

设计教材与实际教学：申请单位所设计的教材，须规划实际教学，如以体验学习活动或课程的方式操作。

重要工作项目：包含"办理筹备会议""设计教材及规划教学""办理体验学习活动或课程"。在体验教学之中，需要纳入认识食物的原貌原味，强化品尝及感官教育，了解营养均衡及多样性食物摄取的价值，并且培养简单的饮食调理技能。

三 食农教育的重点

图8-6中，列出了促进健康饮食的障碍和促进方式，需要从个人、家庭、社区、社会等面向，进行食农教育的推动。

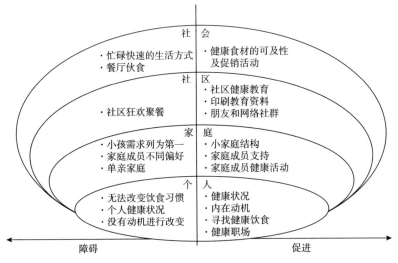

图8-6 促进健康饮食的障碍和方式（Zou，2019）

（一）生产端教育

过去政府教育对象主要是农民，教导用更安全的方法生产作物。农业推广体系对于农民有很多辅导，从科学角度去建立台湾农产品安全环境。

（二）消费端教育

台湾地区学校卫生相关规定要求，健康饮食教育需要优先采用在地农产品。因此，各级学校将生态教育、饮食教育概念纳入课纲。但是学校以外的消费者，有没有办法辨识产品？东亚国家都面临饮食西化问题，对外国产品依赖度高，如何通过食农教育，恢复传统饮食文化是非常迫切需要解决的问题。因此，需要加强本地农业认同。如果消费者从食物源头上与土地关系都不甚密切，不了解生产过程，当然对于食物不会安心。因此，要从教育本位出发，结合生活经验强化消费端的教育。

（三）教育单位的食农教育

各级学校的健康课程、健康饮食，融入了食农教育。在正式课程中，各级学校在课程纲要中加入食农教育。台湾地区相关部门需要举办食农教育师资培训课程，进行种子教师知识性培训，以提升食农教育的教学能力。但是为了避免增加学生的负担，鼓励各级学校采取融入式课程教育。

（四）动物福利教育

动物福利教育中，需要培养良好饮食习惯，以及对于生命的尊重。基本上，还需要考虑"后人类主义"（post - humanism）和"重要生命经验"（significant life experiences）等环境教育的深层概念（Lloro - Bidart and Banschbach，2019）。农业生态学家对于农场看待的领域是环境影响，尤其是牧业生产对于自然环境的冲击；但是动物福利学者看待农场和畜场动物是动物福利问题。动物福利的关键问题，是需要实现动物行为的自由，这是有机畜牧的基本原则。此外，还有免于饥饿、口渴、不适、伤害、恐惧、痛苦、疾病和疼痛的动物自由。其他条件还包含了足够的地板面积、饲料比例、奶牛的住房，以促进动物的基本健康。

（五）有机食物教育

1. 有机牧场

有机牧场食品是推动健康、无污染以及不会导致人类疾病的药剂。有机鲜奶没有化学药剂残留，而且在有机食品生产过程之中，不会验出抗生素和化学品。虽然有机乳牛牧场可能暴露于病原体环境下，但由于不允许施打抗生素，在有机牧场中的抗生素抗性病原体要少得多。

2. 有机农场

在有机农场中，认识健康的食品，并且了解食品过度加工及添加化学添加物的风险。

第四节 食农教育场域和实施内容

食农教育可以涉及教学活动、课程、计划、学科，甚至是一种社会运动。在食农教育的教学活动中，需要依据教学目标设计，从环境地景规划内容中，进行教学教法的推动，达成教学的目的。

一 食农教育场域

（一）城市农园

城市农园的设计，在于创造可食地景，了解"食物里程"及在地食材的观念。因此，城市设计需要参考海绵城市的基本概念，通过生态系统服务功能的创造手法，进行城市农园的雨水贮存和强化生物多样性的设计手法。在作物栽培之中，培养简单的农产品生产技能，并且体验农民的辛劳（见图8-7）。

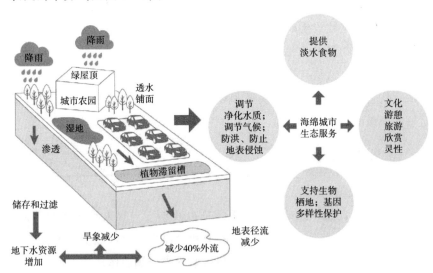

图8-7 理想的食农教育都市农园设计（Nguyen et al. , 2019）

（二）地方农园

在地方农园的食农教育中，主要是到农场认识作物季节性，以及品种的多样性，并且需要了解在地农业特有生产技能，以及饮食文化。在非正规的课程中，举办农田体验教育活动，参加活动也必须采用鼓励性质，而不是强制参加性质，否则教师交差了事，学童也没有受到食农教育。政府部门应该站在鼓励角度，协助提出方案、资源投入，不用期待短期之内会有什么成果。因为大量应付的计划之中，会有良莠不齐的现象，政府应该鼓励想做的部门去做，其他的社团自然会跟进。

二　食农教育实施内容

目前的食农教育，包含了农业、饮食以及环境教育三项内容。过去，以上的教育内涵是各自独立进行。但是台湾地区环境教育法规通过之后，规定加强民众环境教育、提升环境素养。因此在环境教育行动方案中纳入粮食安全等项目。根据台湾地区环境教育相关规定，政府机关和高中以下学校，每人每年必须接受 4 小时环境教育，并且有稳定的环境教育基金支应相关教育课程。因此，在环境教育师资上，经由认证的食农教育师资会公开在网络上，各机关都可以通过这个平台寻找教师进行教学。台湾农业推广学会 2016 年所著《当筷子遇上锄头——食农教育作伙来》一书中建议，食农教育需要纳入饮食教育和环境教育，让各政府机构、学校、农会、非营利组织、农场，以及农牧企业，都能够经由合作参与来共同完成下列的教学内容（台湾农业推广学会，2016）。

（一）亲手做

让学习者经由饮食调理和农事投入，亲自动手参与"从种子到果实""从孵蛋到小鸡成长"的生命成长过程，以及"从农场到餐桌""从采菜到烹煮"等完整生产消费过程，以具备简单的农事和饮食生活技能，体会农民的辛劳和食物的珍贵，也体悟生命价值和激发动力。

（二）农业食物

食农教育在意涵上隐含了尽量吃农业食物（eating agro/agri - food），而非化学工业食物的意义。饮食体验强调尽量吃从泥土中生产出来或自然养殖的食物，鼓励吃最新鲜、仅初级处理过的农产品，同时减少食用过度加工或加了大量化学添加物的"工业食物"。

（三）共耕共食

教学活动设计，尽量以与朋友或家人一起参加为原则，强调以团体方式从事农产品生产，以及共同开伙，进餐时营造良好饮食氛围和表现适当的进餐礼仪。

（四）绿色产消

不管是生产体验还是饮食活动设计的要求，都强调城乡资源交流、在地生产、适地适种和当季生产的重要性，鼓励对环境友善的生产和消费方式，并强调厨余的再利用，避免食物的浪费（请见图8-8）。

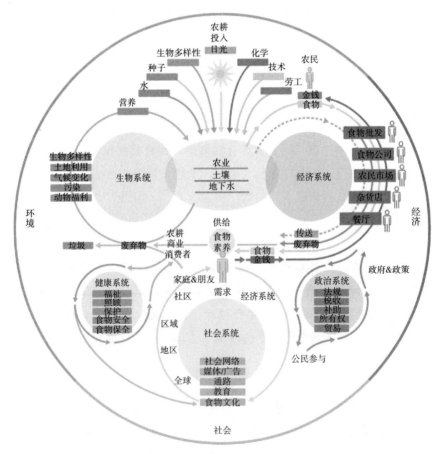

图8-8 食农教育系统需要考虑生物系统、经济系统以及社会系统支持

资料来源：Nourish initiative，n. d.，www. nourishlife. org/teach/food - system - tools/。

小　结

　　农业生态系统包含了生态系统生产力、生态稳定性、农业可持续性，以及社会公平性。自然科学了解农业生态系统的元素，例如环境资源的保护、土壤植物，以及生态系统的相互作用。社会科学协助有机农业的实践，对于农村社区的影响，以及经济制约生产方法，决定耕作方式的文化因素。因此，从社会科学的角度进行分析，目前台湾食农教育还停留在营养午餐，或是更换食材的阶段，我们应该传承饮食文化，协助教师联结食农资源，增加学生农事体验。此外，食农教育需要从生活角度切入，达到让消费者对于生产者产生信任的效果。教育手法需要结合在地农业食物网络联结的方式，配合环境友善、有机的生产方式，才是未来农产品营销应该发展的方向。在学校端从正规教育体制切入，逐步扩及青少年和成人，结合在地农场、农夫市集、食物银行、有机蔬果箱宅配等网购方法，整合教育和营销的元素于网络行为之中，也是推动在地食物网络的可行机会。

关键词

农业创新（agricultural innovation）

农业范式（agricultural paradigm）

农业生态系统（agroecosystem）

教室花园（classroom garden）

创新的扩散（diffusion of innovation）

堤防建设（embankment building）

食农教育（food and agricultural education）

食物污染（food contamination）

团体信念（group commitments）

整地（land levelling）

非转基因作物（non-genetically transplanted crop）

范式转移（paradigm shift）

后人类主义（post-humanism）

亲环境行为（pro-environmental behavior, PEB）

反复耕作（repeated ploughing）

重要生命经验（significant life experiences）

社会归因理论（social attribution theory）

可持续性世界观（sustainability worldview）

可持续发展目标（Sustainable

Development Goals，SDGs）

工作者效应（worker effect）

农业素养（agricultural literacy）

生态农业（agroecology）

后果觉知（awareness of consequences）

惯行农法（conventional farming）

吃农业食物（eating agro/agri‐food）

外部原因（external attribution）

食农素养（food and agricultural
literature）

绿色革命（green revolution）

内部原因（internal attribution）

非基因改良食品（non‐genetically
modified food）

非点源（non‐point source）

知觉行为控制（perceived behavioral
control）

提高生产力（productivity gains）

再生能力（regeneration capacity）

规模效应（scale effects）

慢食（slow food）

社会规范（social norm）

可持续农业（sustainable agriculture）

可持续创新（sustaining innovations）

第九章

休闲教育

Perhaps no single phenomenon reflects the positive potential of human nature as much as intrinsic motivation, the inherent tendency to seek out novelty and challenges, to extend and exercise one's capacities, to explore, and to learn (Ryan and Deci, 2000).

也许没有任何一种现象，可以反映人性内在动机的积极潜力。在寻求新奇和挑战之时，内在动机是一种与生俱来的倾向，扩展和锻炼个人探索和学习的能力。

——莱恩（Richard M. Ryan, 1953 ~ ）；迪西（Edward L. Deci, 1942 ~ ）

学习重点

1999 年古德比（Geoffrey Godbey, 1942 ~ ）在《生活中的休闲》（*Leisure in Your Life*）中定义休闲为："休闲是人类在文化和自然环境等外在环境下生活的一部分，这两种环境能驱动人类乐于依照自己喜好的享乐方式进行活动，这些享乐方式成为人们信仰或价值的部分基础。"（Godbey, 1999）如果我们建构好休闲教育内涵，休闲游憩的动机和抉择在于依据心流理论建立休闲游憩的方法，以诠释幸福快乐的含义。休闲为个体在活动参与中获得身心的满足、放松和愉悦的效果。参与休闲体验是自己选择的，而不是被强迫的。因此，选择参与休闲活动，纯粹是为了内在动机，而不是达到某种成就上的目的。这种选择的自由（free to choose）的休闲，是主观体验到休闲所带来内心实质的感受，本章所探讨的休闲观是将休闲视为一种素养，借以达到生命整体性的超越。

第一节　休闲教育内涵

休闲观念可以追溯到西方希腊哲学家柏拉图和亚里士多德的作品之中。亚里士多德曾说："战争是为了和平，工作是为了休闲。"亚里士多德认为，伦理生活包含了休闲（schole；scholia）的重要组成元素。在亚里士多德的论点中，他提出不同层次的休闲概念。休闲系立基于基本道德和公民教育（希腊原文 paideia）的观点上，他认为人类应该采取行动的方式，将幸福立基于美好生活之上。

在东方，休闲也是儒家的一种早期思想。本书于第一章中曾经讨论《论语·先进篇》。孔子的学生曾点说："莫春者，春服既成，冠者五六人，童子六七人，浴乎沂，风乎舞雩，咏而归。"夫子喟然叹曰："吾与点也！"《论语·子罕篇》中的子在川上曰："逝者如斯夫！不舍昼夜。"纪俊吉讨论《王邦雄先生休闲观之诠释：儒家面向的观点》一文，认为孔子强调环境休闲之乐。因此，儒家的休闲观是将休闲视为一种素养，借以达到生命整体性的超越，更希望借由休闲活动的参与，融会内圣外王的修为功夫（纪俊吉，2017）。

休闲被视为个人成长和社会进步的一种方式。虽然这种观点在 16 世纪中受到影响，在西方国家，随着基督教新教徒（Protestant）的工作道德（work ethic）的引入，其中休闲被视为有罪的（sinful）。之后，我们也看到休闲参与活动被视为平衡生活方式的重要成分。除了休闲的历史根源之外，考虑休闲促进健康和经济效益也很重要。休闲强化心理健康，有助于减轻压力。这些健康效益的具体成果，包括改善情绪、增强自尊、提高生活满意度，或是减少抑郁、焦虑以及孤独。通过休闲参与活动，可以获得以上的好处。

休闲教育（leisure education）对于希望提高整体生活质量的人类来说，都是一种具有价值的工具。所谓的休闲教育，是指针对休闲和运动活动的指导和教学。在大专院校观光学院课程之中，学生接受休闲教育，以便在毕业之后可以从事娱乐以及休闲管理相关职业。在制式教育中，参加夏令营的学童参加以教育为目的的环境教育活动。成年人和银发族同时需要参加以休闲为主的活动。休闲教育适用于幼儿园、小学、中学到大学各阶段的正规教育，以及成人教育类型的休闲计划。以下说明休闲教育定义。

休闲教育主要有两种方式。第一种为通过举办活动教授所需要知识和技能的教学过程；第二种是通过提供参与机会，教育人们休闲重要性的一种过程。休闲教育是教导别人如何最好地运用自我的空闲时间。休闲教育应该从过程（process）来观察，而不是从内容（content）来观察。休闲教育被教育者视为："一种理解个人发展对于休闲、自我与休闲的关系、休闲自身的关系的生活方式和社会关系的过程。"（Mundy，1998：5）休闲教育的主要目标，是让个人通过休闲来提高其生活质量。

在西方国家，休闲教育纳入大学的课程，已经拥有悠久的历史。1890 年，美国大学院校的董事会即将休闲教育纳入课余计划。这种努力得到了美国国家教育协会（National Education Association）的支持，建议将公共建筑提供于社区娱乐和社会教育使用。到了 1918 年，美国国家教育协会颁布了中等教育基本原则，提出了七项教育目标，其中包括值得运用休闲时间。因为美国是清教徒立国的国家，休闲通常被视为生活中最不值得重视的一环。然而，到了 1966 年，布莱特比尔（Charles K. Brightbill，1910～1966）认为，教育最重要的责任是确保身体健康，其目的系提供充足的休闲娱乐，以及为了学习者的心理发展和强化社会利益。

到了 1975 年，美国佛罗里达州塔拉哈西（Tallahassee）举行第一届休闲教育会议。通过国家游憩与公园协会（National Recreation and Park Association，NRPA），以及公园与游憩教育者学会（Society of Park and Recreation Educators，SPRE）的支持，在现有大学院校的课程中开展休闲教育，推动休闲教育促进项目（Leisure Education Advancement Project，LEAP）。由于休闲教育在学校课程中的重要性，到了 2002 年美国休闲观光领域学者推动户外、学校以及医院临床环境的休闲教育。

一　教育受众

在研究休闲教育时，有两个相关的问题："谁提供休闲教育机会""谁在休闲教育中受益"。首先，大学提供正规和非正规的休闲教育，在观光、旅游、休闲、娱乐、运动课程之中，提供了培训机会。此外，观光旅游服务相关科系师生，以及接受教育培训者获得利益。如前所述，休闲专业人士需要具备教育他人休闲活动的技能，因此从休闲教育和训练活动之中受益。有鉴于休闲教育的好处，参与休闲的儿童、少年、青年、老年人，以及其他领域从业人士，都因为参与休闲活动而在精神和身体中获得健康、满足以及愉悦的心理利益，甚至产生社会利益以及经济利益。

二　教育时间

休闲教育是一个发展和服务的过程，因此应该在整个生命周期中持续进行。对于休闲服务专业人士而言，休闲教育应该是他们工作的重要元素之一。因此，正规教育可以提升专业形象，建立专业组织在教育单位中取得服务认证。休闲教育者学习正规课程的同时，也必须在自己的生活中保持专业的形象。对于从事休闲行业以外的人士来说，休闲教育包括提高生活技能、强化生活资源，以及运用休闲机会提升自我教育。虽然在休闲相关领域科系毕业之后，可能不会继续接受休闲正规教育，但是应该定期针对自己曾经参与过的休闲活动，进行某种形式的反思和评估。

三　教育内容

休闲教育有两种形式进行呈现，一种是"为了休闲的教育"（education for leisure），另一种是"从休闲中进行教育"（education through leisure）。当人们谈论休闲教育时，他们更具体地谈论休闲专业人士教育社会大众休闲参与的过程。作为一位教育工作者，休闲专业人员提供专业信息，以便人们可以有机会参与休闲，因为个人需要有关休闲技能、计划以及资源的知识才能参与休闲活动。除了具体的知识之外，个人必须有机会提高休闲相关的"自我觉知"（self - awareness）。自我觉知能够让个人更深入地了解自己与休闲之间的关系，以及休闲运用和社会之间的关系。休闲教育者必须协助人们清楚地确定休闲对于他们的意义。

此外，通过休闲来检视教育内容也很重要。休闲提供良好的教育媒介，包括休闲主题。同样的，休闲教育者的作用是为个人提供机会服务，利用他们从过去的教育之中获得的技能和知识。休闲教育者鼓励个人获得休闲活动的经验，以提高技能和掌握知识。此外，这些机会能够让个人学习可以转移到其他生命领域的技能。例如，对于考虑与同伴共同参加障碍赛课程（obstacle course）的青少年来说，这可能是一项有趣的活动，而更重要的是青少年从参与中可以学到宝贵的经验教训，包括如何在小组中工作，如何共同制定决策，以及如何解决问题。通过参与这项活动，青少年可以开始学习如何在这个休闲机会之外，将这些专业技能转化为生活技能。在此情况之下，青少年通过使用休闲作为媒介，接受休闲教育。

此外，对休闲教育来说，相关的特定地点确实有一些挑战。然而，休闲教育方案已经开发了许多地方，以满足休闲教育的要求，包括医院、学校、冒险营地（adventure-based camps）、社区中心，以及大学校园等。休闲教育往往是治疗游憩（therapeutic recreation）的关键因素。事实上，休闲教育是最常用的治疗游憩相关服务提供模式的主要成分之一。

四　教育领域

虽然休闲教育有许多模式，但在这些模式要解决的问题之间，存在一些共同领域。休闲教育模式包括休闲觉知（leisure awareness）、自我觉知（self-awareness）、社交技能（social skills）、休闲技能（leisure skills），以及休闲资源（leisure resources）。

（一）休闲觉知

休闲觉知的重点是帮助个人理解休闲的概念。解决这个问题的一种方法是将个人暴露（exposing）于各种休闲活动中。

（二）自我觉知

自我觉知有助于个人对于休闲活动的理解。该要素的主要目标是帮助个人鉴别最喜欢的休闲活动及机会。

（三）社交技能

社交技能是与其他人互动所需的技能。这些技能通常包含在休闲机会之中，因为许多技巧的追求，往往涉及与其他人的互动。

（四）休闲技能

休闲技能包括两种技能，即参加运用特定机会所需要的直接技能和
进行个人决策、规划以及解决问题等间接技能。个人需要以上的两种技
能（有时称为传统技能和非传统技能），以能参与各种休闲活动。

（五）休闲资源

最后，个人必须了解自身可以取得的休闲资源。这些可能包括人
员、地点以及设备。但是除非个人可以进入休闲场域，否则将无法亲临
参与。在休闲资源中，具备大众旅游以及替代旅游的休闲场域。替代旅
游包含了社会文化旅游、冒险旅游以及生态旅游等内涵（Eriksson，
2003）（请见图 9－1）。

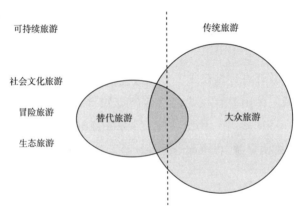

图 9－1　在休闲资源中，具备大众旅游以及替代旅游的休闲场域。替代旅游
包含了社会文化旅游、冒险旅游以及生态旅游等内涵
（Eriksson，2003）

第二节　休闲游憩的动机和抉择

有多少人参加休闲活动，是为了获得教育？在休闲的动机中，真正
学习休闲或是体验休闲的动机有多大？在休闲活动中，为什么有的人会

选择连续几个小时看电视、手机，以及打网络游戏？有的人会选择参加体育竞技活动，或者是冒着生命危险参加超级马拉松，或是征服珠穆朗玛峰（Mount Everest）？参加休闲活动的原因，是享受户外活动惊险刺激的乐趣，还是贪图一时的口腹之欲，品尝各地的美食？其实，休闲活动和人类一样，具有丰富多样的天性。游憩的爱好者从他们的活动中，获得不同的享受和满足。这些活动的质量是他们参与休闲体验的最大动力。我们称这些人类活动的驱动因素为激励因素（motivators）。在此，休闲动机（motivation）可以定义为人类施展行为的内部因素或是外部因素。与游憩休闲活动相关的激励因素，可能是发展体育中肢体动作的卓越技能，或是体验视觉、味觉、听觉、触觉、嗅觉，以及内心深处悸动的那一种对于艺术的渴望。

在心理理论研究讨论内心的动机时，罗彻斯特大学社会心理教授迪西（Edward L. Deci，1942 ~ ）和澳大利亚天主教大学（Australian Catholic University）正向心理及教育中心教授瑞安（Richard M. Ryan，1953 ~ ）的"自我决定理论"（Self - Determination Theory，SDT），成为人类动机发展的一种普遍的心理学理论。"自我决定理论"系为假设"当人类了解从事活动的意义和价值之时，人类天生就有动力推动自我成长以及进行自我实现，完全承诺并参与甚至相当无趣的工作"。

因此，"自我决定理论"重点关注于人类参与活动的内在动机，而不是外在的动机。瑞安和迪西描述了六种不同类型的动机，这些动机源于一种自我决定的连续（continuum）概念（Ryan and Deci，2000）。

一 自我决定的连续概念

（一）无动机（Amotivation）

人类在完成表现（performance）之前，本无意这样做。例如，当父母带着孩子去看一场棒球比赛时，孩子没有兴趣看球赛。该场活动孩子一起参加，是因为他别无选择，这是他无法控制的一种休闲活动之参与。

（二）外在动机（Extrinsic motivation）

由于外力或奖励而表现的活动。例如，职业运动员因为自己的球队参加比赛而获得一种金钱补偿（compensation）。这种补偿是一种外部奖励（external reward），很可能是运动员参与运动的驱动因素之一。另外一种激励因素的例子是对于网络在线游戏获得奖励的活动，因为想要赚取奖励，而邀集在线的网友参加。如果涉及金钱而参与比赛，那么这就是外在的激励因素。

（三）内向动机（Introjected motivation）

内向性的动机，系为人类表现一种减轻内疚和焦虑或增强自我（enhance ego）的活动。这一种心情针对心不甘情不愿，但是非得参与的活动。例如，参加一项活动，因为其他人都希望你能上场，如果你没有上场，就能感受到他人失望的眼神，这会导致你的内疚或是焦虑感。在增强自我方面，有些人参加活动，是因为可以向他人展示自己的技能。例如，职业运动员和职业演员在娱乐他人的时候，可以上场耍宝，获得球迷和观众的钦佩，而实际上运动员、演员，以及专业的表演者，并不喜欢这一类年复一年的重复活动，对他们来说，这只是工作。

（四）确定动机（Identified motivation）

有些人完成活动的表现，是因为个人看到了活动中的价值，并获得了活动的满足感。这些活动可能是培养运动技能，或是强化身体健康，保持健美。例如，如果一位大学女生，是为了减重提高健康水平而参加路跑，而不是出于纯粹跑步的兴趣，她是一种因为跑步体验而展现的确定动机。

（五）综合动机（Integrated motivation）

有些人活动的表现，符合个人自身的价值观和期望，但是这种期望，有某一部分属于外在的原因。例如，为了健身和减肥而进行路跑的人，相当理解这一种动机。因为他们想要身体健康，选择跑步作为实现身体健康的活动。

（六）内在动机（Intrinsic motivation）

内在动机属于行为表现本身产生的感受，完全来自活动。例如，第一次完成 21 公里半程马拉松，可能会产生一种达成目标的自我成就感和自豪感。这一种感受，属于内在的动力。参加半程马拉松，是因为参与持续运动之后的爽快感，而不是因为外部奖励。

在休闲服务的教育领域中，我们鼓励休闲教育者训练出来的学生，最具有的是一种内在动机（intrinsic motivation）。因为真心喜欢这一种产业，在服务他人，担任休闲服务、解说、规划、设计，以及自我进修的过程之中，能够自得其乐，获得学习的满足感。迪西和瑞安总结了内在动机的重要性：也许没有任何一种现象，可以反映人性（human nature）内在动机的积极潜力。在寻求新奇和挑战之时，内在动机是一种与生俱来的倾向（inherent tendency），扩展和锻炼个人探索和学习的能力。

当人类在内在动机获得强化之后，更有可能产生自主意识、自主能力，以及自我的觉知。自主意识决定自我行为的自由，也是指导人类自我行动，并且掌控局势的一种内心状态。当个人感受到自我之时，就会展现能力影响自身的行为。因此，在休闲教育中，要教导亲环境行为。因为自身行为表现得好，获得了奖励，是属于人类的内在自我启发，不假外来。所有愿意参加环境保护和旅游休闲活动的人，是因为强化了自身的利益而去做的。这些利益，包括了游憩活动的满意度和恬适度。

二　游憩活动的满意概念

我们从上述"自我决定理论"中了解，人类具有能力、技能，可以达到一种行为表现的水平。这些水平需要在行为之后，获得内心的激赏，或是外部的积极反馈。最后，休闲游憩的满意度，属于内心深处一种归属感（belonging）、安全感（security），以及与他人产生联结（connection）的感觉。以上的社会归属感、安全感，以及联结感，增强了内在动机的可能性。针对和休闲偏好相关的激励因素，我们就休闲心理学领域讨论了人类发展、行为科学以及环境心理的概念，其中包含了认知（cognitive）（指的是心理发展或是智力发展）、情感（affective）（情感和情绪或是情感状态有关），以及运动技能（psychomotor）（指的是运动方面的技术领域）。在休闲竞技相关领域，体能、社交、心理以及情绪方面，在体验的过程中获得满意度。基于休闲参与的激励因素，可以获得上述的体验满足感。图 9 - 2 谈到休闲游憩在旅游中的满意度，包含了参加休闲游憩的观光客的满意度和恬适度，同时包括了经济层面、社会文化层面、生态层面，以及当地居民组织层面的动机。

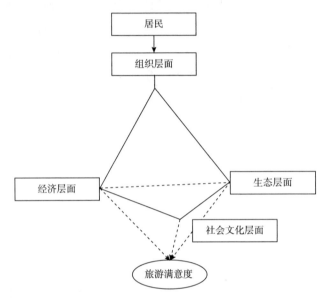

图 9 - 2　休闲游憩在旅游中的满意度，包含了可持续发展指标中的经济层面、社会文化层面、生态层面，以及当地居民组织层面（Spangenberg and Bonniot，1998；Spangenberg and Valentin，1999）

（一）组织动机

如果我们分析参加活动所能获得满意的程度，首先需要谈到组织层面。以服务的积极态度为建立休闲服务业的最高标准，取决于休闲活动与参与者之间的关系。也就是说，休闲活动的参与者对于休闲产品和服务满意程度，需要考虑到经济层面、社会文化层面、生态层面等方面。如果参与者满意程度越高，休闲活动产业的竞争力越强，也就是说，在活动市场的占有率就越大，产业效益就越好。所以，通过组织能力，提高休闲活动的经营组织和居民与休闲产业活动参与者的依存度，成为休闲产业界的共识。

（二）经济动机

在休闲产业，包含观光、旅运、游憩、传播、餐饮以及环境教育，都需要进行收费，以确保教育、交通、保险、导览、住宿以及餐饮的活动质量。因此，参与者满意度是一种评价活动主办单位以及管理体系绩效的重要手段。也就是说，收费是为了确保环境教育在休闲领域的质量。在收费之后，需要针对价格需求，包括价位、价质比、价格弹性等，进行深入的评估。通过顾客满意度和回客率的指标，进行顾客满意度分析，以进一步改善休闲活动的经济管理体系。

（三）生态动机

我们从环境教育休闲活动之中了解到，环境教育和休闲领域的活动如果能够兼筹并顾，需要考虑生态旅游的范畴（方伟达，2010；李文明、钟永德，2010）。也就是说，顾客满意度不能建立在侵犯生态和设施的基础上。比如说：在山林中行走，需要建立"无痕山林"的环境友善行为；在球场看球，或是在演唱会中欣赏明星的歌唱，需要减少环境资源的浪费，不要产生随地丢弃的垃圾，如仙女棒（sparkler）、传单、装饮料的杯子，以及装热狗的保丽龙盒；在都市中漫步，不要在街道上丢弃烟灰和烟蒂。这是人类在从事休闲活动时所需要的最基本的环境道德。人类在环境中进行休闲活动，可分为下面的基本生态需求：

环境质量需求：包括休闲环境的宁适性、实用性、外观性、设施可靠性、设施安全性，以及环境美学等；

生态服务功能需求：包括环境生态服务功能的主导性、辅助性，以及兼容性。

（四）社会文化动机

休闲游憩的体验，具有高度参与化、需求个人化，以及深受社会文化影响的特性。所以从社会文化的供需面进行调查，以质性研究和量化研究解释参与者在休闲体验中对其"放松程度"的满意度，以及休闲场所忠诚度的影响，同时建立参与休闲活动消费满意度调查的影响分析模式。满意度高低，除了经济层面、生态层面之外，事实上分析休闲游憩氛围的满意度评分，通常也需要验证社会文化因素，例如社交行为、时间层面、文化脉络、参与深度、体能因素、生理状况、人际关系、文化程度、职业收入、社会支持，以及跨文化适应等人口、社会以及文化统计变量，就对休闲游憩满意度有显著的影响。对于休闲游憩活动氛围的整体满意度的影响是否成立，需要关注社会文化层面的需求和供给。

三　社会与环境的抉择

在休闲游憩的生活课程之中，需要从个人层次到社会团体层次，进行以上个人因素（经济层面、社会文化层面、生态层面），以及当地居民组织因素的影响评估和抉择。图9-3为健康素养和公共卫生系统整合模型。在个人实质发展上，需要注意是否强化了个人的卫生保健、健康促进等个人行为发展，并且提供环境知识、培养正确环境态度，以环境行动减少休闲冲击的教育型游憩方式。因此，扩大健康服务、产生健康行为、扩大行动参与，以强调社会公平（请见图9-3）。

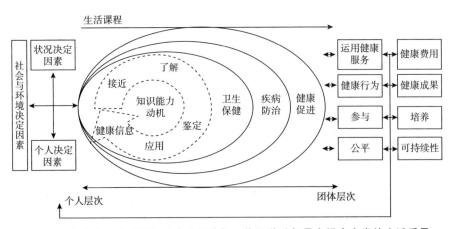

图9-3　从个人层次到团体层次进行抉择，休闲游憩都是在提高人类的生活质量，以强化健康的行为（Sørensen et al.，2012）

所以，从社会与环境决定因素策划休闲教育，是一种在医疗保健机构中的服务项目。休闲教育是一种专注于教育的广泛服务类别发展，并且获得各种休闲技能、提高环境意识，以及强化环境知识的教育（Peterson and Gunn，1984）。因此，从社会与环境决定因素进行抉择，强调休闲教育的团体目的是"通过休闲活动，提高人类的生活质量"。

第三节　休闲游憩的类别和心流理论

2008 年金融海啸，2019 年美国和中国贸易障碍导致贸易壁垒，全球金融景气情况不佳。为了维持中等的生活质量，人们被迫必须超时工作或是兼职上班，平均每周工作时数增加，休闲时间减少。并且，今日有许多人周末假日及夜间，仍然必须超时工作。

此外，因为服务业部门劳动人口比例不断增加，这些改变促使消费者的价值观改变，新兴劳动阶层在办公室使用传真机、电话机以及网络工具上班，在下班之后也需要以手机、简讯、电子通信、邮件信箱，以及社交媒体随时待命，等待上级领导的差遣。网际网络、信息广告牌、手机上网、手机简讯、电子通信，以及电子邮件信箱在旅游信息、休闲信息服务上，扮演及发挥了革命性的角色及功能。然而，手机上网游戏，花点数给网红买礼物，真的是休闲活动吗？媒体信息和新闻如排山倒海般而来，网络即时通信、网络直播随时通过手机，进入人类的视线之中；网络手机的游戏，以资讯淹没的模式，随时可以下载，满足人类对于在线游戏的渴求。但是这些庞大到让人喘不过气的游乐情境，真的可以达到休闲游憩的效果吗？以下我们谈到休闲游憩的类别（方伟达，2009a）。

一　休闲游憩的类别

纳什（Nash，1960：89）谈到人类使用休闲活动的概念，认为休闲要自幼养成，良好的休闲学习环境，可以引导孩童长大后享受正当休闲的习惯。但是现在家长因为工作忙碌，以手机"喂养"孩童，造成孩童沉迷于手机游戏之中，甚至造成手机成瘾的现象，以下为人类进行休闲活动的类别概念（Nash，1960：89），从中可以知道有些休闲活动不是很好的活动，应该要避免，说明如下。

（一）反社会行为

纳什称之为极端的行为，这种行为触犯了社会道德，违反者需要担负法律责任。例如吸食毒品、注射吗啡、抽大麻烟、酒后飙车，甚至于以纵火为乐等行为，都可以被列为极端的反社会行为。

（二）自我伤害行为

这种过度行为，在古罗马时期的庞贝古城就有，例如饮酒过量、彻夜不归，以及纵欲行为等。例如强尼·戴普（Johnny Depp，1963~　）在2019年影片《人生消极掰》（*Richard Says Goodbye*）饰演只有六个月生命的疯狂教授的冒险行径。自我伤害行为虽然不像反社会行为那么令人瞩目，但是会造成身心困窘，造成自我矛盾和放逐，衍生种种家庭、学校和社会的后遗症。

（三）娱乐／消遣／杀时间

系属解决无聊的方式。这些方式，包括呆坐在家中看电视，无聊到没有目的地逛街，或是和三五好友喝茶、看报纸、聊天，以及当宅男宅女玩手机、看网红（internet celebrity）、上网聊天、随便乱写酸文（troll）当酸民（hater）、看网路直播的行为等，都属于"杀时间"式的娱乐。在参与层次上属于被动式跟随活动或消极地参与，较为缺乏建设性。

（四）情感式参与

是积极从事休闲活动，以触动内在心灵，或联系到感触经验（touching experience），进而产生了情感共鸣。例如：亲自到纽约洋基队主场观看球赛，并分享比赛得胜的乐趣；亲自到波士顿观赏马拉松比赛，并且投入路跑活动。情感式投入需要亲身体验，并且可以清楚地诠释休闲所经历的过程。

（五）行动式参与

是以复制模式或是部分参与的方式，进行休闲主题的诠释，又称为"范式模仿"或"角色扮演"。在中国传统琴棋书画中，属于琴、棋演绎部分。例如：演奏家闲暇时照琴谱练琴，棋艺家闲暇时按照棋谱摆棋。这不属于原创的行为，而是属于复制的范式模仿形式。在部分参与方面，清晨在公园领导土风舞编舞的舞蹈老师，或是清晨在公园演绎外丹功、太极拳、香功、元极舞等精髓的师傅。他们在舞台或是公园所诠释的领导者角色，虽然也不属于原创者，但是经过舞蹈、拳法动作的不断复制过程，增加了舞步、拳法新意，在参与的过程中，借由休闲过程获得满足感。

（六）创造式参与

这是休闲活动的顶级参与者——被称为原创者的休闲行为。在中国传统琴棋书画中，属于书、画创作部分。例如在休闲的过程中，以业余的创作、发明、制作为休闲过程，从个人的经验或印象中获得创作的灵感，进而发展出艺术雕塑、金石书画、剧本小说、科学发明、理论创造等作品。以上创造式参与者称为作家、教授、研究员、艺术家、文学家、科学家、哲学家、发明家。

二　休闲的心流理论

如果我们以图 9 - 4 的说明来看纳什的学说，这是一种心流理论（flow theory）可以解释的休闲原则（Csikszentmihalyi，1975，2000）。契克斯森米海（Mihaly Csikszentmihalyi，1934 ~ 　）曾经以创造、游玩以及智慧属性，来诠释休闲在不同层级的属性，认为休闲活动除了松弛、娱乐自己以外，其实在行动机会和行动能力挑战之中，充满了创造式参与的心流特性。

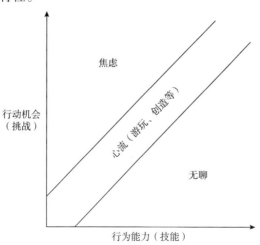

图 9 - 4　心流理论解释焦虑和无聊都是休闲可能的一种动机，
但是否能够除去焦虑和无聊，要看你从事的是
什么活动（Csikszentmihalyi，1975，2000）

　　事实上，在休闲活动参与的需求、功能和种类上，人类在工作范畴之中，如果工作挑战尺度过大，不能承受压力，就会在工作中充满了焦虑、担心，以及迷惘。如果工作上要超过人类的能力范围，则会产生另外一种挫折和焦虑现象。因此，如果在一种自由选择学习（free choice learning）的创造、游玩以及智慧属性的学习范畴之中，应该具备高层次的创造性、服务性和自我实现价值，这部分的架构和马斯洛（Abraham Harold Maslow，1908～1970）的需求层次理论有相符之处。因此，智慧属性的学习范畴处于自我实现之处，更会产生心流，图9-5说明了这一种学习状态。

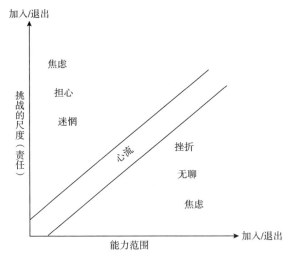

图9-5　在心流理论产生的时候，必须要克服学习过程中的迷惘和挫折，以达到物我两忘的学习状态（Csikszentmihalyi，1988）

📍 个案分析

1987 年的心流

　　我翻查日记，看到一段文字。

　　《春雷蛰伏》：欲证心之康泰，法道之常规，必通易而后觉，以效古之仁人。虽力有不逮，勉力而已矣。忆及文山之《正气歌》，乃觉学古通今，逝者斯时也。心契神会，慨然悠游如上古之麋。春雷蛰伏，跫音初动；春风驰荡，冬气幽幽。余正襟危坐，神清气闲，高诵："风檐展书读，古道照颜色。"

1987 年 2 月 2 日方伟达写于幻非居（时年 22 岁）

从以上的案例分析，心流产生时一定拥有一种氛围。从图 9－6 所示的挑战和技能的图说，我们可以看到一种突破挑战和技能，产生最高层次的心流。我们可以看到以觉醒（arousal）突破挑战，以放松（relaxation）、控制（control）突破技能的限制。

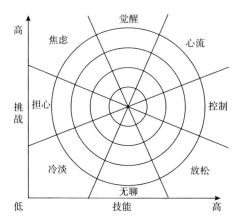

图 9－6　以觉醒突破挑战，以放松、控制突破技能限制的
心流理论（Csikszentmihalyi，1988）

在浑浑噩噩中，如何以觉醒突破挑战，以放松、控制突破技能的限制，达到沉浸于心流的境界？我大力推荐四本书给环境教育的学习者阅读：《无知的力量：勇敢面对一无所知，创意由此发生》（2016）（*Nonsense：The Power of Not Knowing*）（Holmes，2015）；《闲散的艺术与科学：从脑神经科学的角度看放空为什么会让我们更有创意》（2016）（*Autopilot：The Art and Science of Doing Nothing*）（Smart，2013）；《用科学打开脑中的顿悟密码：搞懂创意从哪来，让它变成你的》（2015）（*The Eureka Factor*）（Kounios and Beeman，2015）；《跟着大脑去旅行——分心时，大脑到底恍神去哪里》（2015）（*The Wandering*

Mind）（Corballis，2015）。我们可以从中看到无知、闲散、分心、恍神以及放空的休闲力量。如果我们的脑袋都塞了太多没有用和死记的东西，到了需要觉醒到控制的阶段，结果因为挑战压力和技能限制，学习兴趣彻底崩解。因此，多一些闲散，少一些压力，才会多一些心流，也才会有更多的环境教育论文和研究的产出（方伟达，2017）。

在心流理论之中，强调的为心流学习。如果休闲是为了学习的升华，那么，休闲是手段，学习才是目的。葛詹尼加撰写《切开左右脑：葛詹尼加的脑科学人生》（*Tales from Both Sides of the Brain：A Life in Neuroscience*），他建议进行整合（Gazzaniga，2016）。因此，我们在心流理论之中以西方哲学为体、西方哲学为用，佐以东方的思想，探讨以东方的融合观，进行自然科学和社会科学典故的分析，进行左右脑的学习活动。借由学习心流的训练，深入进行环境科学的学习，以及进行环境教育观念的厘清和探讨，进行改善。

第四节　21 世纪幸福快乐的诠释

当未来人类的休闲活动和机会越来越多的时候，机器已经协助人类进行运算，人类可以进行更高维度的心灵思考，产生更多的心流活动。如果，人工智能是人类的未来，环境教育已经被虚拟的环境所教育，那么，人类如何以休闲游憩的方式，运用人工智能产生的休闲游憩机会，协助解决人类心智（mind）疲惫和活化幸福快乐的问题，那是一种对未来学者的最大挑战，这个挑战，从来都没有学者解决过。

一　人类大命运的快乐

哈拉瑞（Yuval Noah Harari，1976~　　）于 2015 年出版《人类大命运：从智人到神人》（*Homo Deus：A Brief History of Tomorrow*），2017 年天下文化出版社出版了中文版。哈拉瑞谈到 21 世纪的人本主义（humanism），讨论了"长生不死""幸福快乐""化身为神"的 21 世纪主流人本思想。哈拉瑞以唯物主义的大脑科学谈"长生不死""幸福快乐""化身为神"的想法（Harari，2015）。上述的想法，是一种人类高度仰赖科技，自我膨胀的一种说法。这些想法，和道家思维很像，都是渴望靠着药物和修炼升天，只是道家讲求精气神的修炼方式，和唯物论的大脑科学主义者"置换器官、嗑药、运用科技"，所换取的"长生不死""幸福快乐""化身为神"方式不同，但是其实最终的目的是相同的。其实，对理论我们并不陌生，从中国传统来说，这种自私自利的利己思维，已经流传甚久。

上述这些见解可以说与他在《人类大历史：从野兽到扮演上帝》(*Sapiens：A Brief History of Humankind*)(Harari，2011)中大开大阖的大知识(gland knowledge)相得益彰。哈拉瑞在该书 2017 年天下文化出版社中文版运用了一个单词 post - humanist。我将这个单词称为"后人类主义"(post - humanism)，因为，人本主义和人类主义，都是过去的产物，该是"后人类主义"上场的阶段了。我在 2016 年刊登于国际期刊的论文中，采用了 post - humanism 这个单词(Fang et al.，2016；方伟达，2017)，当时我就有一种感受，"以人为本，自我满足"的时代，是不是该淘汰了。

卫报记者解释他的书名 *Homo Deus：A Brief History of Tomorrow*，Deus 这个字缘起于拉丁语词组 Deus ex machina，意思是在困局中，突然冒出一个大神人，以大能力解救一切危难。而这是不可能的。但是，哈拉瑞隐喻，即使部分人类因为医药科技的发展转变成神人(Homo Deus)，还是有大多数的人处于智人(Homo Sapiens)的阶段，当人工智慧又凌驾了智人(Homo Sapiens)的智慧，世界的不公平性又大幅度展开。

所以，哈拉瑞觉得当人工智能席卷未来世纪，未来人类接受教育，这些教育的效能(efficacy)很快就会失效了。21 世纪现代生活，确实存在许多令人担忧的因素，例如：恐怖主义，气候变迁，人工智能的兴起，对我们隐私产生侵犯，甚至国际社会产生关税壁垒，世界各国充满了敌对势力，不愿意相互合作(Harari，2018)。如果亚里士多德认为休闲教育应该要建立于基本道德和公民教育的观点上，那么 21 世纪之后，人类应该采取什么样的行动模式，将幸福立基于美好生活之上？在 21 世纪，这是一种残酷的演化过程吗？

哈佛大学人类演化生物学系主任李柏曼(Daniel E. Lieberman，

1964 ～　）认为，现代人类在 15 万年前出现（Lieberman，2014）。哈拉瑞在《人类大历史：从野兽到扮演上帝》中说明 10 万年前，地球上至少有 6 种人种（Harari，2011）；但是，目前只剩下我们这一种人种，智人（Homo Sapiens）将其他人种都消灭了。那么，这一种能力是怎么来的呢？主要是现代人类产生了心智，这些心智功能凌驾于其他人种之上。耶鲁大学考古博士泰德萨（Ian Tattersall，1945 ～　）在《人种源始：追寻人类起源的漫漫长路》（*Masters of the Planet*：*The Search for Our Human Origins*）中说："现今人类的祖先智人极有可能是因为 8 万年前的一场突变，突然拥有了处理抽象及语文的能力。"泰德萨认为，在认知方面，符合现代人类的人种首次出现在欧亚大陆，应该在 6 万年前（Tattersall，2013）。可是，这一种理论，依然会遭到驳斥。因为，6 万年前没有所谓现代人种心智（mind）的人类爸爸和妈妈，一夕之间，怎么会诞生出有了心智的孩子？这不合理！

　　虽然我看了哈拉瑞的书《人类大命运：从智人到神人》，但是对于人类最终命运还是一头雾水。不过我很喜欢他的推导过程，像是欣赏一部电影的运镜，相当气势磅礴。我最喜欢的结论是后人类主义的说法，推翻了人类主义或是人本主义的专擅，开始考虑到其他智慧生命的物种，这是一种进步，也是回应到我发表于期刊上的论文中（Fang et al.，2016；方伟达，2017），考虑"超越人类之外"（后人类主义）思考的伦理，认为人类应该与自然共存，享有互惠互利的关系。

二　人类精神升华的休闲意义

　　如果依据哈拉瑞于 2016 年出版的《人类大命运：从智人到神人》的论述，智人像是蚂蚁辛勤工作，未来世纪很难可以自由选择运用的时间与经费，甚至很难在"免付费"的自由选择学习的原则下，从事于健康愉悦的体验活动。我们从图 9 - 7 观察，21 世纪的生态创新系统，就是一种从服务到产品的供应系统，也就是有旅游、餐饮以及食农服务的需求，就会有从企业到企业的供给，同时联结企业到顾客的供给，这一切都运用到人类知识和技术的种种资源。因此，使用了资源，就需要付费。

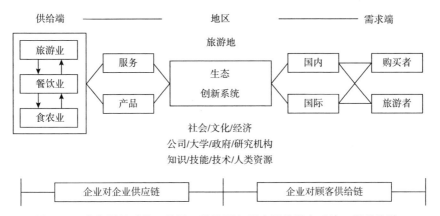

图 9 - 7　生态创新系统，就是一种从服务到产品的供应系统，提供旅游、餐饮以及食农的需求（Liu et al.，2017）

　　然而，是否依据上述的系统，我们就可以从人类精神升华的意义，进而探讨幸福快乐的诠释？答案是否定的。人类因为享有旅游、餐饮以及食农产业的服务，感到快乐的时候，是因为可以自由地选择，以及自由地学习。也就是说，这是一种主观的自由意志的选择。

　　但是，人类运用时间，享有旅游、餐饮，以及食农产业所带来的休闲活动，仅能说明客观状态，无法体现休闲所带来的欢愉价值。因此，定义休闲时，除以时间或活动定义以上的休闲活动之外，需要更进一步考虑第二种层次的进阶定义，包括参与者的心灵状态（state of mind）、态度倾向，以及领悟体验（experience）情形（方伟达，2009a）（请见表 9 - 1）。

表 9 - 1　享有旅游、餐饮，以及食农产业在休闲活动中，应有不同层次的定义类型（方伟达，2009a）

	学门演进	层次涵构	代表学者
成就型 （第三型定义）	休闲时代功能	信仰、文化、环境	古德比
进阶型 （第二型定义）	↑	情境、体验、状态	亚里士多德、派柏、纽林格
基础型 （第一型定义）	休闲基本结构	时间、活动	

　　第二个层次强调的是心灵层次，系广义的定义，可以定义为：生活

中为获得健康、愉悦和满足状态，而主动从事的活动。在国外，休闲又有"禅"、"沉思"及"觉醒"的意味，这是依据亚里士多德的古典休闲理论而来。以体验观点定义休闲，将旅游、餐饮以及食农产业休闲活动，视为个体在活动参与中所获得身心的满足、放松和愉悦的效果。参与休闲体验是自己选择的，而不是被强迫的；选择参与休闲活动，纯粹是内在动机，而不是出于达到某种成就上的目的。这种选择的自由（free to choose）的休闲，是一种主观体验到休闲所带来内心实质的感受。例如：派柏（Josef Pieper，1904~1997）以宗教体验来说明休闲的哲学观（Pieper，1963）；纽林格（John Neulinger，1924~1991）以心理状态说明休闲目的（Neulinger，1974）。

1963 年派柏在《休闲：文化的基础》（*Leisure*：*The Basics of Culture*）一书中定义休闲为：是人类保持平和、宁静的生活态度，是沉浸于整体创造过程中的情境，是上帝赋予人类恩赐的礼物。

1974 年纽林格在《休闲心理学》（*Psychology of Leisure*）一书中定义休闲为：心理状态的经验，必须是自愿的，必须是内在激励而达到本身愉悦之目的。

上述两个层次，属于休闲的个人体验小乘层次，尚未发抒到人类文明缔构的大乘层次，也不能将休闲代入人类文明关系的诠释架构中。哈波（William Harper）在 1981 年撰写《休闲的体验》（*The Experience of Leisure*）一文，就认为休闲是生活上的经历，而不是心智上的状态（Harper，1981）。因此，如能由人类文化、社会、环境等扩大观点加以弥补，必能更完整呈现休闲的本质。

美国宾夕法尼亚州立大学健康与人类发展学院教授古德比（Geoffrey Godbey，1942~　　）认为，应该依据人类文化和自然环境的差异性，定义休闲在个人享乐和价值基础上的不同。他强调休闲不应该仅从个人生命出发，应该进一步将焦点延伸至全人类。

所以本章最后，我们说明休闲的定义，应该建立起休闲的历史文化整体价值观，第三个层次属于休闲成就型的定义，定义如下（方伟达，2009a）：休闲是时间、活动、体验、心理自由及感受愉悦等综合体，休闲不只是个人脉络的延续，还具有促进价值信仰、社会参与及实践创造能力的功能。

1999 年古德比在《生活中的休闲》（*Leisure in Your Life*）中定义休闲为（Godbey，1999）：休闲是人类在文化和自然环境等外在环境下生活的一部分，这两种环境能驱动人类乐于依照自己喜好的享乐方式进行活动，这些享乐方式成为人们信仰或价值的部分基础。

归纳上述学者的研究，休闲提供了逃离日常惯性与压力来源的减压效益。在生理方面，能够恢复体力及生命活力。在心理效益方面，提供压抑心理的自然纾解。在社交效益方面，增加和朋友、知交、故旧交流的机会，以促进人际关系，强化自我实现和信仰认同的机会（Kelly and Godbey，1992）。在教育效益方面，借由增广见闻、启发心智、体验特色，增强对于在地文化风格及环境美学的鉴赏能力。

面对 21 世纪现代生活的压力，例如恐怖主义、气候变迁，以及人工智能的兴起（Harari，2018），人类依旧拥有幸福快乐的美学诠释，那就是提高生产力的好处，因此将导向更多的闲暇时间，而不是增加国内生产总值（Victor，2010）。以加拿大为例，假定劳动生产率继续温和提高，到 2035 年时，工作时数将减少约 15%（到每年 1500 小时），即可确保充分就业。人们会有更多的休闲机会，将进行更多的艺术体验，例如从事下列丰富的休闲教育活动。

音乐欣赏：聆听各种音乐类型以及歌手和音乐家的音乐。

艺术鉴赏：鉴赏各种艺术家创作的绘画、雕塑，讨论风格和技巧。

历史研究：选择娱乐、历史、政治方面的名人，讨论他们的生活和对社会的贡献。

历史阅读：阅读重要书籍中的事件，如战争、技术、空间以及发明等历史小说或是文献。

欣赏纪录片电影：到图书馆里观赏历史事件的电影和教育主题视频。

参加图书俱乐部：每周进行读书会，见面讨论某本书或某篇文章。

居民健康委员会：由社区委员会提供营养、健康，以及休闲游憩相关主题的讲座和教育机会。

户外活动的体验：到森林和瀑布区吸收芬多精和负氧离子，减少烦躁和浮动的情绪，活化身体机能。

运动竞技的体验：到球场上打球，在室内打壁球，到轮滑专业场地滑轮滑，进行路跑活动，提高身体机能。

海洋/海岸活动的体验：进行沙滩体验、海洋浮潜、海洋水肺潜水，观察海洋珊瑚礁生态。

📍 个案分析

休闲体验的海洋笔记

哪里是大陆最美的海滩？有时候，为了寻找那最美的海滩，沙要很白，海要很蓝，蓝到碧蓝蔚蓝青翠得如镶在大地上的翡翠，而波光粼粼就像是大地上的宝石闪烁出夏天悠闲的跳跃。

我知道夏天最美的海滩、最白的沙滩不在夏威夷，那是我倦怠于游客熙熙攘攘如火蚁般钻动的旅游胜地。如果可能，我宁可找到可以独处到无人打扰的大海，让海涛在身旁钻动，巨浪在身旁翻扰，直到已疲倦和海浪搏斗，卷藏在海水的韵律中，载浮载沉，如此才能细细品味水中光影的细微，然后躺在海床上，忍住海水钻进肺部，从海底深处仰望满天星辰从云边镶银透露出璀璨光芒，直到蓝色的波光隐约浮现，惊扰眼睛的虹膜，我才觉得氧气已经不够，从海底猛然跃起，想法子奔向海面探头呼吸。然后，今夜倦于和海力搏斗，突然内力与海力混同，才误以为黯然销魂掌已经练成。一股掌力，就可以如摩西一样，切割整座海洋，让海水向旁边告退，等着深海中，水晶宫从海流中涌现，然后人鱼公主向我招手。

我找到第一座练剑场，原来是墨西哥湾，蓝色的深海诉说着对白色沙滩的眷恋。海洋向沙滩吞吐浪漫，我则是奋力地拥向海洋，踢踏出涌身流的漩涡。我以为沉静的海水，已经不会诉说白色沙滩的秘密。这儿的那娃里海滨，拥有最白沙滩的秘密，沙滩白得像盐，整座海滩像是冬季隆雪整个从雪野铲平，一到夏天移植到这里。

沙滩太白，已经贫瘠得无法存活底栖生物，连贝壳都找不到。我想到低纬度海域，蓝天碧海，却是海洋墓场，完全没有生物能够存活。生物认为是可以避开的沙漠，没有海草，没有悠游的小鱼，但它却是人类最喜欢的海水浴场。

原来，人类不喜欢与生物为伍。只喜欢到迈阿密海滩，全身抹油，让癌细胞在老化的皮肤中慢慢滋长。我从佛罗里达南部游到东部海岸，才知道哪里的沙滩最白。在迈阿密，汹涌的人潮，已经将海涛惊退，也许这里的沙滩也曾经是白色的，可是我从大西洋捡起失落的水笔仔，还有贝壳沙，知道群集如工蚁般的人潮，早已驱离这里的海洋生物，于是流浪的水笔仔，飘落在孤零的大西洋岸，任凭海浪驱打和脚丫子的践踏，但是再白的沙滩，也有一天会被蜂拥云集的人类的脚丫子踩脏，直到挥洒如雨，整片滴落下的汗珠，将沙滩染黄，直到锈蚀。

于是我离开滔滔的大西洋，带回水笔仔和贝壳沙，水笔仔和我一般离群索居，返回不了归乡的路，但是流浪是我的另外一个名字，从大西洋到墨西哥湾，这个夏天，我将要继续我追寻真理浪迹天涯的路，到达如圣乐歌手恩雅（Enya Patricia Brennan，1961～　）所唱的加勒比海之蓝，虽然我已不知道加勒比海是否依旧如恩雅所唱的蔚蓝。

（方伟达，2002 年作于美国得克萨斯州）

小　结

休闲是一种主观的自由意志的选择。可以自由选择休闲的时间和活动，仅能说明客观状态，无法体现休闲所带来的欢愉价值。所以，我们定义休闲时，包括参与者的心灵状态（state of mind）、态度倾向，以及领悟体验（experience）情形。休闲提供了逃离日常惯性与压力来源的减压效益。在生理方面、心理效益、社交效益，以及在教育效益方面，借由休闲教育增广见闻、启发心智、体验特色，并增强对于在地文化风格及环境美学的鉴赏能力。从休闲教育和环境教育的结合来看，当未来人类的休闲活动和机会越来越多的时候，机器已经协助人类进行运算，人类可以进行更高维度的心灵思考，产生更多的心流活动。如果，人工智能是人类的未来，环境教育已经被虚拟的环境所教育；那么，人类如何以休闲游憩的方式，运用人工智能产生的休闲游憩机会，协助解决人类心智疲惫，以及如何活化大脑，产生幸福快乐的问题，将是未来学者面临的最大挑战。

📎 关键词

冒险营地（adventure – based camps）

为了休闲的教育（education for leisure）

增强自我（enhance ego）

外在动机（extrinsic motivation）

自由选择学习（free choice learning）

神人（Homo Deus）

综合动机（integrated motivation）

内向动机（introjected motivation）

休闲教育（leisure education）

障碍赛课程（obstacle course）

自我觉知（self – awareness）

社交技能（social skills）

治疗游憩（therapeutic recreation）

工作道德（work ethic）

无动机（amotivation）

从休闲中进行教育（education through leisure）

外部奖励（external reward）

心流理论（flow theory）

选择的自由（free to choose）

确定动机（identified motivation）

内在动机（intrinsic motivation）

休闲觉知（leisure awareness）

休闲资源（leisure resources）

后人类主义（post – humanism）

自我决定理论（Self – Determination Theory，SDT）

心灵状态（state of mind）

感触经验（touching experience）

第十章

可持续发展

"They are only cogs in an ecological mechanism such that, if they will work with that mechanism, their mental wealth and material wealth can expand indefinitely (and) if they refuse to work with it, it will ultimately grind them to dust." Leopold asked, "If education does not teach us these things, then what is education for?" (Leopold, 1949).

"一般大众只是生态机制中的齿轮，如果可以利用这一种机制，了解人类的精神财富和物质财富可以无限地扩大。但是，如果他们拒绝与之合作，自然界最终会将人类磨成灰尘。"李奥波德最后问，"如果教育没有教会我们这些东西，那么教育是为了什么？"

——李奥波德（Aldo Leopold, 1887~1948）

第一节　人类的危机

人类社会的生活环境，正面临着根本性的问题，并且在我们周遭的生态系统中产生了前所未有的冲击，这些人类与环境之间的激烈冲突，形成一种新的世代说明，称为人类世（Anthropocene）。人类世系指由18世纪末人类活动对于气候及生态系统造成全球性影响。随着全球化、科技化脚步的加快，人类在过度追求经济增长的同时，对于环境的破坏造成了生态系统无法弥补的伤害。例如：酸雨，臭氧层破洞，全球暖化，森林滥伐，物种灭绝，海岸侵蚀，水质污染，固体废弃物滥置，有毒气体排放，森林、湿地、珊瑚礁等自然环境遭到破坏和影响。

此外，由于全球人口增加，城市向乡村扩张，在产业工业化的条件下，经济一元体系开始形成。然而，这与生态多样性的原理是背道而驰的。在人类活动影响大气循环系统、生态系统以及土地使用系统的状态下，造成了气候变化、污染物增加以及土地利用系统崩坏。就土地利用系统体系而言，环境崩坏的问题包括资源耗竭、物种减少、人类生活疏离、交通不便、经济困难，最后造成人类痛苦指标增加（方伟达，2009b）。有关以上所述痛苦指标增加相关分析，可以包含天然与人为交互影响，所造成生产、生活、生态和生命的痛苦。然而，这类与环境、自然生态攸关的问题，具有相当的社会争议性，社会大众为了追求安适繁荣的生活，对于以上的问题，并没有一致的看法。一般来说，从环境保护到经济发展，需要涉及处理人类社会、环境与经济的兼筹并顾问题，请见图10-1。

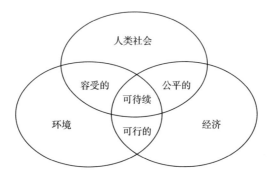

图 10-1　可持续发展的人类社会涉及与环境、经济的兼筹并顾
（Adams，2006；叶欣诚，2017）

一　复合式的灾害

上面产生的经济、环境以及社会问题，涉及复杂的背景和知识，称为环境议题（environmental issue）。所以，环境议题涉及的，不是只有环境保护的问题，而是我们要处理复合式的环境、经济和社会问题。所以，如何发展可以容受的社会环境，通过具体可行方案，推动更为公平的经济社会，成为环境科学家和社会科学家目前携手努力的工作。

举例来说，如果在以上的环境问题之中，我们谈到人类需要面对许多灾变，这些灾变是前所未有的。以温室气体排放来说，我们人类产生的大气问题，是工业社会造成大气中二氧化碳（CO_2）含量增加。在过去一百万年的冰期和间冰期中，自然过程造成二氧化碳产生100ppm（从180ppm到280ppm）的变化。但是，因为工业发展和交通运具造成二氧化碳的人为净排放量，所以大气中二氧化碳浓度从工业化前的280ppm 增加到400ppm。2019 年 5 月，二氧化碳监测数据显示已经超过了 415ppm。

地球气候系统不断发出求救的信号，环境改变的速度，比以前的地表变化要快得多，而且变更幅度更大。这种增加的幅度是由于煤、石油以及天然气等化石燃料的燃烧，或是因为水泥生产和土地利用变化（例如砍伐森林）所造成的结果。图 10 - 2 显示，全球暖化造成了许多复合式的灾害，例如海岸溢淹、增加风灾，产生了洪泛等。图 10 - 2 虽然没有量化每个因子的相对强度，但是可以看出其中的趋势。

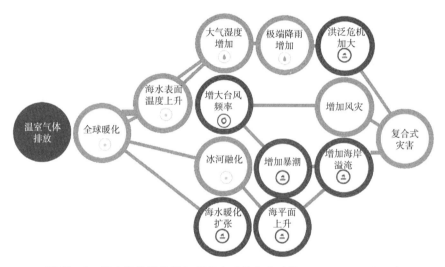

图 10 - 2　温室气体排放增加了复合式的灾害（Thomas et al. , 2017）

二　全球气候变迁的预测不易

以上的灾害问题，是由于全球气候变迁地球生态系统在自然和人为作用的交互作用下所产生的相互影响过程，全球气候变化的趋势，形成了气候极端波动。我们看图 10 - 3，由于人为活动改变景观利用方式，地表吸收太阳辐射的力道增强，对于生态水文产生了强化的反馈（positive feedback）。这些地表景观和土地利用的改变，会造成全球气候变迁，然后依据气候影响水文循环，形成了两项环境的不确定因子，影响未来的预测，其中包含了环境不连续性，以及环境"协同作用"

（synergism）。由于土地利用改变，水文循环的变化会造成环境不连续性。

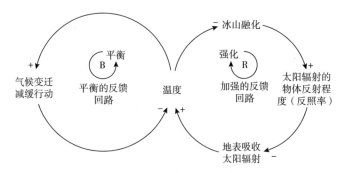

图 10 - 3　人类要学习如何进行气候变迁减缓的行动，以减缓气候变迁，
形成平衡的反馈回路（Laurenti et al. ，2016）

自然与人为冲击影响，造成地区性气候变化，使得水文循环变得难以预估。这种现象造成植被及土壤稳定的不连续性。此外，两个或数个环境因子共同造成的多重影响称为"环境协同作用"。环境协同作用比单一影响总和还大。由于这些环境因子之间的因果关系难以了解，在生态水文研究中，较少人将焦点放在"环境协同作用"。然而，"环境协同作用"对水文循环的影响与伤害非常普遍，环境不连续性与环境协同作用，都应该被视为造成环境衰竭的因素。因此，我们从图 10 - 3 中，应该要学习如何进行气候变迁减缓的行动，以减缓气候变迁，形成平衡的反馈回路。

第二节　环境经济与人类行为

从以上的地球环境分析，可得出地球无法维持全球经济持续增长的观点。即使以经济增长之研究获得诺贝尔经济学奖的索罗（Robert Solow，1924 ～　　），都在 2008 年的研究中表示，美国和欧洲可能很快就会发现"持续经济增长对环境破坏太大，太依赖稀有自然资源，或者宁可缓慢提高生产力"。2018 年诺贝尔经济学奖由美国耶鲁大学经济学讲座教授诺德豪斯（William Dawbney Nordhaus，1941 ～　　）和纽约大学教授罗默（Paul Michael Romer，1955~ ）共同获得，他们将气候变迁与科技创新融入长期总体经济分析（long - run macroeconomic analysis）。诺德豪斯认为："要解决温室气体造成的问题，最有效率的方法就是在全球统一征收碳税"（Nordhaus，2015）。因此，在发达国家，这种"均衡经济"（steady - state economies）、健康经济学、经济"去增长"（degrowth），或是长期总体经济分析的想法，产生了可持续发展的经济观。

一　再生资源经济

目前生态经济学家达利（Herman Edward Daly，1938~ ）提倡均衡经济模式，他建议限制材料的使用，推动再生资源。因此，他建立了下列的原则，例如：原料从生产过程到成品阶段，所耗费的资源，不应超过其可以再生的速率；此外，不可再生资源的产生速率，不应该超过可以再生替代品产生的速率。废物排放量不应超过环境的吸收能力。因此，我们应该加强保护土地和水资源，以减少人类和其他物种之间的竞争。这些原则的成功应用，包括了建立保护区与绿化带（Victor，2010）。因此，如图 10 - 4 所示，再生资源可以运用废弃物产生能源，从生物处理到高温处理，都可以进行资源回收。

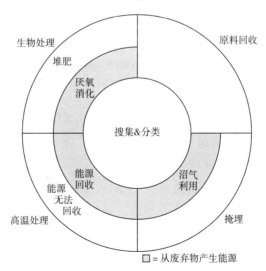

图 10 - 4　再生资源的回收，需要考虑从原料经过生产过程到成品阶段所耗费的资源，不应该超过其再生速率（McDougall，2001）

二　产品生命周期

人类经济社会中，所谓产品生命周期（product life cycle），指考虑产品的市场寿命，也就是指考虑一种人类制造的产品，从开始生产到进入市场销售，直到被市场淘汰为止的整个过程。但是，传统经济学者考虑的产品生命，是指营销生命，经历形成、成长、成熟、衰退这样的周期。但是对于环境经济学者而言，产品经历了如图 10 - 5 所示的原材料开发、制造、运输、安装、使用，等到产品自行成长、成熟发展后，进入衰退的阶段，需要维护、抛弃，进行到再生利用的阶段。上述的周期，在不同的技术水平的国家中，发生的再利用过程是不一样的。

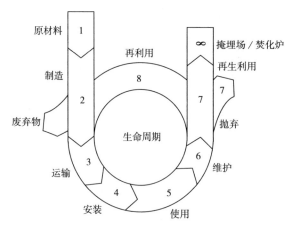

图 10 - 5　产品生命周期要考虑再生利用的阶段
（Waldmann，2009；Martinez – Sanchez et al. ，2015）

在环境污染经济学研究之中，发展出许多经济工具，将环境污染造成的外部成本，加以内部化。例如，图 10 - 6 所示的塑胶制品需要考虑的范畴，也许是能源回收（energy recovery），也许是资源回收（recycling）。如果塑胶制品进入生态系统之中，造成了环境污染成本，塑胶污染造成生态环境的损失。例如，塑胶微粒造成海洋鱼类和岛屿海鸟大量死亡的损失。因此，塑胶业者在处理成本之中，需要进行污染整治和塑胶微粒回收再利用。

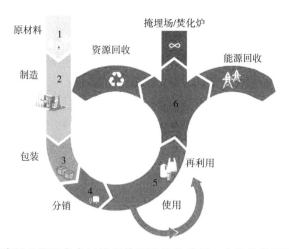

图 10 - 6 塑胶制品需要考虑环境保护再利用的范畴，也许是能源回收（energy recovery），也许是资源回收（recycling）（Waldmann，2009；Martinez - Sanchez et al.，2015）

三 产品社会责任

在环境污染成本中，我们需要考虑社会的公平性，也就是生产者成本应该要包括社会责任成本。一种产品在经过研究发展之后，由企业研究开发成为一种新产品，从概念设计、展示验证、工程制造阶段，即需要考虑研究及发展成本。到了生产阶段，需要计算制造成本，包括产品在制造过程中发生的原料、工本、费用等成本。到了营销阶段，需要计算维护和操作成本，这是为了确保产品质量、提高顾客满意度而产生的操作成本。

但是，最重要的社会责任成本，属于弃置成本（disposal cost），这是一种社会责任成本，包含了弃置、能源回收（energy recovery），或是资源回收（recycling）成本。在产品生命周期终了时，需要考虑废弃物的处理成本，以保证产品在使用期满之后，得到适当处置。例如，图 10 - 7 所示德国要求厂商在德国境内销售产品的公司，应该回收产品的包装物。这种做法是将处置产品和元件的弃置成本转移到生产商身上，而不是转嫁到无辜的自然环境身上。这一种成本考量，属于有良心的企业社会责任，扩大了成本会计的环境保护范畴，对于实现社会整体发展，具有重要的意义。

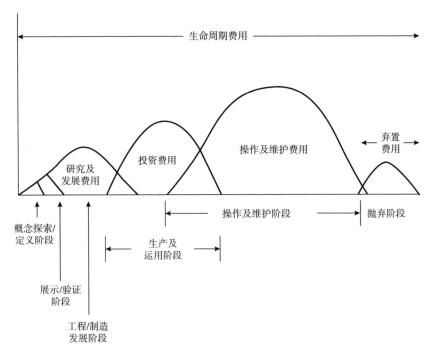

图 10－7　德国要求厂商在德国境内销售产品的公司，应该回收产品的包装物。这种做法是将处置产品和元件的弃置成本转移到生产商身上（Waldmann，2009；Martinez－Sanchez et al.，2015）

四　污染成本不能外部化

　　我们观察台湾地区的环境污染问题，通常是因私人在获取私有财物的过程中，产生对于不当公共财物的挪用，造成外部性的存在（请见图 10－8）。

　　如果从环境行为经济学进行考量，我们发现环境行为和标准经济理论之间的扞格。例如，标准经济理论考虑均衡，从来都不重视环境污染的外部化问题。所有的污染，都是由全民所吸收，导致污染成本要让全体国民的健康所承受。在经济发展的时候，因为重视竞争，生产者为了追求经济利润，形成损失规避（loss aversion）的倾向。这些损失规避，造成环境成本的增加，例如造成公共财物，如风景、空气、水、公共设施的大众损失，由全体国民承担。这一种承担，属于经济学上所说的外部化（externality）。成本外部化指的是经济上的行为，有一部分应享的

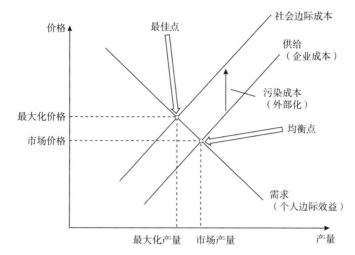

图 10 - 8　我们要讨论出产品生产的最佳点（optimum point），增加产品的售价，减少产品的总产量，以减少社会的损失（Zeder，2019）

利益，无法由自身享用，或是某些应负担的成本，自身却未负担。污染成本的外部化，属于外部的不经济行为。外部化经济产生社会成本，如图 10 - 8 所示。

　　一般来说，污染者最高"愿付价格"（willingness - to - pay），以及民众对于环境污染可以接受的"最低报偿要求"（willingness - to - accept）之间的差距甚大。因为环境造成污染之后，非点源（non - point source）的污染者已经逃之夭夭，但是点源（point source）污染者则不知所措，造成的污染却由全民买单。生产者原先进行的承诺机制（commitment devices），无法达到要求，产生了参考架构的依赖与折现问题。

　　当一座工厂生产时，若直接将废气排放到大气之中，则此时所造成的空气污染和全球暖化效应，需要社会额外负担成本。由图 10 - 8 中可看出，社会边际成本与个人边际效益两线相交点，为最符合社会效益的市场价格及产量均衡点。

　　当工厂不用负担空气污染成本时，可以以较低的价格，生产出较多的产品，得到较大的利益。但是这种利益，却是牺牲环境得来的有害生产，而环境污染的成本，却是由整个社会来负担，所以称为污染成本（cost of pollution）外部化（externality）。在这个例子当中，社会需额外负担生态破坏和空气质量污染的损失，所以称为外部成本。当外部化产生时，受益者为生产者，或是购买产品的消费者可以用较低的价格获得较多的产品，但是受害者则为整个社会大众。所以，我们要讨论出最佳点（optimum point），在均衡的态势之下，增加产品的售价，减少产品的总产量，以减少社会的环境损失。在此，所谓最大化产量，或是最大化价格，是需要进行污染的估算的最适化（optimum）产量（quantity）和价格（price）。包含弃置成本也需要内部化，当作产品成本的一部分；不能用太低的市场价格，以及太高的市场生产数量来计算低廉的成本。

从环境经济学的角度来看，以减缓发展的"经济与环境兼筹并顾"降低污染排放量，反映污染者所造成外部成本，需要提供污染者适当的诱因，改善污染排放的流程。目前的经济工具包括押金、碳税、排放费、排放权交易许可，以及总量管制、环境保护补贴、环保标章等。

第三节　人类行为与社会文化

社会文化环境影响了人类行为，同时工业化社会造成生态环境改变，也带来空气污染、水污染以及全球气候变迁等问题（张宏哲等译，2018）。从马斯洛（Abraham Harold Maslow，1908~1970）的基本需求层级来看，人类社会的发展，从物质需求面，到精神生活面，都需要提高"生活环境质量和素养"。但是，因为人类精神面的需求很难估量，通常人类都是以提升物质面的生活质量为人生目标。科技发展带来物质文明快速进步，同时也产生了环境污染、资源匮乏，以及人类信心的危机。

一　人类行为产生的驱动能力

法兰克福学派的哈贝马斯（Jürgen Habermas，1929~　）在社会批判中，明确指出在当代晚期资本主义中，科学技术已经成为第一生产力。他认为社会问题是由资本主义重商意识形态对于人类的本性产生的一种奴役和压制（Habermas，1989）。此外，人性的贪婪因为重商主义，而使人迷失了人生方向。从环境、文化、道德以及伦理的发展中，图10-9展现的人类行为产生的驱动力（driving forces）和缓冲力（mitigating forces），成为环境变迁的一种原因。

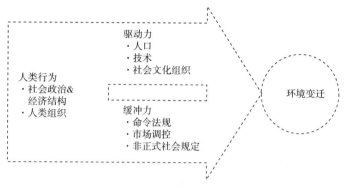

图 10-9 人类行为产生的驱动力和缓冲力，成为环境变迁的一种原因（Kates et al.，1990）

如果从联合国千禧年生态系统评估中观察生态系统服务功能的概念，我们将以人口、技术、社会文化组织，进行环境正向的改变；也就是说，我们必须强调一种气候变迁减缓和调适的生活方式，以减少环境的影响。

人类从生态系统中获得四种效益，包括供给功能（如粮食与水的供给）、调节功能（如调节洪涝、干旱、土地退化，以及疾病等）、支持功能（土壤形成、养分循环等），以及文化功能（如娱乐、精神、宗教，以及其他非物质方面的效益）。依据环境保护法规的限制，进行市场调控（market adjustment），以强化人类在环境中的安全、维持高质量生活的基本物质需求、强化健康、加强社会文化关系，以追求人类可持续的福祉。

二 人类行为产生的社会氛围

人类行为组成要素，和人类的自由权与选择权之间产生了相互影响。其中，我们关切环境文化以及环境社会层面的项目很多。其中生态系统评估指出人类福祉，包括维持高质量的生活所需的基本物质条件，以及强化人类在环境之中的自由权和选择权，以建构健康和可持续的社会。任孟渊、王顺美（2009）认为，环境教育需要提出"可持续消费主义"（sustainable consumerism）的教育观点。我们需要反省当代"大量消费、大量生产"重商主义的经济意识，唤醒消费者的环境公民意识，培养民主对话与行动能力，促使消费者联结伙伴关系，产生集体绿色消费环境认知、态度与行为，以创造超越经济数字的社会价值（social values）（简茉秝、黄琴扉，2018）。因此，环境教育的贡献在于提供更宽阔的可持续消费定义与行动策略，使个人由消费者形成环境公民集体意识之转变（任孟渊、王顺美，2009）。个人行为在公平意识和社会偏好中需要进行规范价值（norms values）的界定。例如，图10-10显示利他行为、信赖与互惠、社会文化规范，以及由家庭、学校、政府形成的社会氛围，提供了解决可持续问题的实证结果，以及环境教育的政策实践意义。

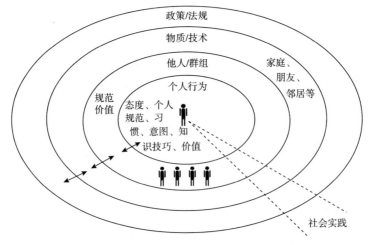

图10-10　人类行为产生的社会氛围，具备个人行为在公平意识和社会偏好中的规范价值。例如，利他行为、信赖与互惠、社会文化规范，影响态度、个人规范、习惯、意图、知识技巧以及价值等内涵（Arnesen，2013：27）

第四节　迈向可持续发展

联合国教科文组织于2005年开始推动联合国可持续发展教育十年计划，许多国家参与、拟定政策，推动社会学习与学校教育，以培养可持续发展教育人才（王顺美，2016）。柴慈瑾、田青（2009）认为，全球环境教育的进展与趋势，从环境科学知识体系教育，转向基于现实问题的教育，也就是说，强调实践的重要性。此外，环境教育与其所推动的面向"可持续发展的教育"（Education for Sustainable Development，ESD），逐渐改变人类的思维模式，进而使人类社会、文化在未来产生变化。联合国 2015 发布的全球"可持续发展目标"（Sustainable Development Goals，SDGs），提出了所有国家应该积极实践平等与人权，成为 2030 年以前所有联合国成员国跨国合作的指导原则。"全球可持续发展目标"兼顾了"经济增长"、"社会进步"与"环境保护"等三大面向。依据整体性的考量，可持续环境发展应该包含自然、人造、科技以及社会的环境。此外，推动可持续发展教育，应具有宇宙观，不应仅局限于地球的生态环境，同时应该考虑未来世代人类的生存问题（王俊秀，2005；2012）。因此，图 10-11 所谓的可持续发展，应该考虑提供人类安全公平的空间，还需要促进包容且可持续的经济发展。

图 10-11　可持续发展，应该考虑提供人类安全公平的空间，还需要促进包容且可持续的经济发展（Raworth，2012）

台湾地区环保事务主管部门 2014 年至 2019 年成立及运作了环境教育区域中心，在五年的时间中，台湾在六区建立学习社群，联合了产官学界的保育伙伴，共同推动台湾环境教育工作平台，提升区域内环境调适能力，提升资源保护素养，强化可持续发展目标。

环境教育学习社群，通过举办各项环境教育增能学习工作坊，以专业学者引导民众环境学习，带领民众和学生参与资源创意活动。以水资源保护为例，每年 2 月 2 日举办世界湿地日（World Wetlands Day）活动、3 月 22 日举办世界水资源日（World Water Day）活动，彰显水资源经营问题的重要与迫切性，提升民众对于水资源的重视，进而了解水与湿地环境的重要关联性。在推动台湾资源教育网络中，加入了许多属于台湾在地的资源保护、复育，以及教育的课程和案例，让本土性的教育模式更加深入实际的活动操作之中。在与美国等国家和机构的合作中，台湾地区"环保署"与美国环保署（US EPA）自 1993 年起签订《台美环境保护技术合作协定》，经过五次续约，以建立台美双方环境教育策略；并且于 2014 年启动与北美环境教育协会（NAAEE）合作推动全球环境教育伙伴（Global Environmental Education Partnership，GEEP）项目计划，以创建充满活力和包容性的学习网络，强化全球环境教育，创造可持续的未来（许毅璇，2017）。希望在分享资源经营合作成功案例之余，了解如何借由环境资源的整合管理与环境教育，因应气候变迁，发展社区教案及学校教案，强化参与行为，提供未来政府规划及环境保护与经营管理的重要依据（林明瑞、林姵辰，2016；林明瑞、张惠玲，2017；陈维立，2018）。通过本书的教学和实验活动，可以让学生进行环境教育和科学教育之间的对话，根基于健全科学（sound science）和生活方式的论点，以强化联合国推动可持续发展目标（SDGs），确保所有人都能享有资源，借由提高生活质量、减少污染，确保可持续资源的供应与回收，以全面实施一体化的环境、生态，以及资源管理，保护及复育生态系统，包括城市、山脉、农田、圳路、埤塘、森林、湿地、河流、湖泊、地下水层、海岸、外岛，以及海洋环境，以迈向可持续发展之路。

小 结

"可持续发展"的定义，在于"能满足当代的需求，同时不损及后代子孙满足其本身需求的发展"。可持续发展目标是建构在"环境保护、经济发展以及社会公义"三大基础之上（李永展，2012）。环境教育与可持续发展教育的发展有密切的关联，但各有其特性（叶欣诚，2017）。联合国于2015年发布"2030可持续发展议程"与"可持续发展目标"（Sustainable Development Goals，SDGs）（见本书附录四），在联合国积极推动可持续发展教育的今天，我们应该以更务实的角度看待环境教育与可持续发展教育的议题。可持续发展教育的范围广泛，包含了土地资源、水资源、能源、农业、海洋资源、环境保护、健康风险、教育、社会福祉、城乡发展、经济发展、科技研发，以及国际合作等，均为国家教育和生活情境学习之范畴。推动可持续发展教育，是由于人类生存发展取之于大地，用之于大地；但是因为人类的贪婪、愚昧，以及"便宜行事"的心态，将废弃物和毒性化学物质排放至自然环境。因为大自然涵容能力有限，环境负荷量过度饱和，导致地球环境污染问题。因此，环境教育课程规划推动，规划全民环境保护的行动方案，乃为当务之急。本书强化环境教育的社会心理层面，建议课程规划就认识地球环境、环境污染与大自然涵容能力、全球环境议题，以及可持续台湾环境展望进行讨论，针对地方环境、经济，以及社会议题特征及国际发展趋势，进行深入的讨论，推动可持续发展课程内容的具体实践。

📎 关键词

人类世（Anthropocene）	环境议题（environmental issue）
污染成本（cost of pollution）	外部化（externality）
弃置成本（disposal cost）	损失规避（loss aversion）
可持续发展教育（Education for Sustainable Development，ESD）	缓冲力（mitigating forces）
	规范价值（norms values）

最佳点（optimum point）

点源（point source）

个人边际效益（private marginal benefit）

资源回收（recycling）

均衡经济（steady - state economies）

可持续发展目标（Sustainable
　　Development Goals，SDGs）

愿付价格（willingness - to - pay）

承诺机制（commitment devices）

去增长（degrowth）

驱动力（driving forces）

能源回收（energy recovery）

均衡点（equilibrium point）

素养导向教学（literacy - based
　　pedagogy）

市场调控（market adjustment）

非点源（non - point source）

最适化（optimum）

教学素养（pedagogical literacy）

强化的反馈（positive feedback）

产品生命周期（product life cycle）

社会边际成本（social marginal cost）

可持续消费主义（sustainable
　　consumerism）

协同作用（synergism）

跋

凌之河，啸之山，雁渡寒潭云留影。

江自涨，水自流，吟罢归去风满怀。

——方伟达

自 1994 年，我从美国返回中国台湾，在环境保护部门担任环境教育官员，到了 2019 年，我担任台湾师范大学环境教育研究所优聘教授兼所长。在这 1/4 世纪之中，不管职位高低，从未忘记我在大学时代就开始关切环境保护的初衷。

环境教育是我一辈子念兹在兹的志业，同时"环境教育"也是我一直想要撰写的教科书题材。我们通常说，十年磨一剑，如果一把"环教之剑"磨了 25 年，我也自嘲"铁杵也能磨成绣花针"了。这本书中，有许多回顾，更多的是对于未来世界的环境忧虑。宋朝学者张载（1020～1078）对于未来世界的传世名言曾说："为天地立心，为生民立命，为往圣继绝学，为万世开太平。"在现实主义中，求取淑世的名望地位，以为太平盛世奠基，成为继往开来的学者使命，这是可持续发展最高的理想。儒家学者多半寄望圣王降生，创造太平盛世和大同世界。

佛教的环境观，希望未来娑婆世界降生弥勒佛（Metteyya）发展人间净土，所谓"地平如镜，雨泽随时"，山河石壁自然消灭，四大海水各减一万升。我看到古人对于高山和大海的厌恶，对于风调雨顺的渴望；或是对于往生之后，被接引至西方极乐世界（Sukhavati）的喜爱。极乐世界有七宝池，八功德水，池底纯以金沙布陈在地。四边阶道，以金、银、琉璃、玻璃合成。池中莲华，大如车轮。又有阿弥陀佛幻化的奇妙杂色之鸟——白鹤、孔雀、鹦鹉、舍利、迦陵频伽、共命之鸟，昼夜六时出和雅音。我看到了人类对于"生而不为王公贵族"的遗憾，但是死后希望享有王族乐拥"超越金银珠宝"铺天盖地的视觉震撼，以及享受稀有珍禽"和乐雅音"的渴望。

基督教《圣经》是上帝之书。救主弥赛亚耶稣基督和蒙上帝拣选的人类会统治地球一千年。那时，死去的人会复活，有机会得到永生。有病的人会被治好，疾病和死亡也会消失。《圣经·以赛亚书》65：25记载："豺狼必与羊羔同食，狮子必吃草与牛一样，尘土必做蛇的食物。在我圣山的遍处，这一切都不伤人，不害物。"基督徒渴望环境无害，生命永存，生态系统食物链关系完全不复存在，我看到了《圣经·旧约》中上帝的仁慈。

伊斯兰教认为真正的上帝是穆斯林的真主阿拉（Allah）。穆罕默德不考虑改造现世环境，而是设计《古兰经》中穆斯林死后的天堂花园（al-Jannah）。天堂中有高耸的花园、林荫的山谷、巨大的树木、麝香的山峦，有水河、乳河、蜜河以及酒河，也有樟脑或生姜味的甘泉；天堂有四季美味的水果；有金银、珍珠，以及宫殿，有"雪白炫目"的白马与骆驼等生物，还有以珍珠与红宝石砌成的谷地。我看到穆斯林因为中亚环境恶劣，生存不易，其对于珠宝、美食佳肴，以及肥沃丰腴的生态环境和永恒天女（houri, eternal virgin）服侍的渴望，融合成一种视觉、味觉、嗅觉、触觉的环境飨宴。这是居住于中亚的居民对于理想居住环境和富裕生活资源的想象。

从公元前六世纪到公元六世纪，地球资源和生活享受越来越贫乏，到了《古兰经》描写的天堂花园，人类对于天堂的想象，越来越像是人类现实富裕世界融合自然的改造，而不是一种"莫名未知"的奇幻世界。从宗教的经典来看，天堂除了需要金银珠宝，在公元六世纪，享有美味丰盛的食物都属于一种苛求。

到了21世纪，除了宗教道德家对于世界道德堕坏的忧虑，末世论者亦表示对于现实社会的悲哀，认为末世即将降临，人类需要悔改。因为人类造成环境的破坏，以及在20世纪第二次世界大战发生之后，许多人困居集中营，辗转沟壑痛不欲生的时候，弥赛亚并未降临；人们转而求诸宗教中对于"天堂"（伊甸园）的冀望。因为地球不美好，所以要在人类思维之中，创造一个生命长存、物种永续、金银珠宝满地、亭台楼阁高耸入云的天堂世界。

从宗教理论的"生命永续观",到达尔文主义的"生态竞争观",《环境教育》从未以"盖娅假说"欺骗世人,而是兼采了"美狄亚假说"的残酷现实,希望世人通过努力,改造我们安身立命的世界。我们采用了"为天地立心,为生民立命,为往圣继绝学,为万世开太平"的永续观点,依据荀子《天论》:"天行(大自然的运行)有常,不为尧存,不为桀亡。应之以治则吉,应之以乱则凶。强本(增加农业生产)而节用,则天不能贫。""不可以怨天,其道然也。"我们通过"亲亲而仁民、仁民而爱物"的爱有等差的做法,同时了解从公元前六世纪释迦牟尼佛(Gautama Sakyamuni Buddha)"法相觉悟",公元初年耶稣基督(Yahushua)"博爱泛众",到了公元六世纪穆罕默德(Muhammad)"皈依真主"的时代背景。在人类主要宗教奠基长达1200年间,创造了宗教的实质内涵,在于实现现世和平,创造来生实境。

到了21世纪,我想到虚拟实境(Virtual Reality,VR)和扩增实境(Augmented Reality,AR)的幻视和幻听,"如痴如醉,如梦幻泡影"。我想到了《黑客任务》(*The Matrix*)中的诺斯底主义(Gnosticism)的机器上帝,让人类选择在虚拟的母体(The Matrix)中生存,通过内建的各种程序,借由大脑神经联结的连接器,使视觉、听觉、嗅觉、味觉、触觉、心理等信号传递到人类大脑时,都仿佛是真实的梦境世界,而且是一种违反现实物理现象的超科技世界。我一直在想象科技和宗教,都是要带领人类走向美好世界。表面上科技和宗教是冲突的,但是其基本的原则,都是基于人类不满足现实空间和生态环境,希望借由宗教"天堂观"的概念,进行现实地球的改造,包含佛教人间净土、基督教弥赛亚降生,以及伊斯兰教天堂花园。

现世宗教标榜炫目夺人的天堂、净土、伊甸园式的环境观,影响了人类对于全球"环境营造"的态度。我在电影中设法寻找"环境营造"的答案。依据1999年《哆啦A梦:大雄的宇宙漂流记》漫画版电影,由于环境污染公害,原有星球"拉格那母星"没有植物,也无法生存。幸存下来的宇宙人组成的舰队,要找寻有绿色植物的居住星球。2009年的科幻电影《阿凡达》(*Avatar*)中地球因为人类的贪婪,被形容为"没有绿色植物"的科技世界。在2018年漫威电影宇宙（Marvel Cinematic Universe，MCU）《复仇者联盟：无限之战》（*Avengers：Infinity War*）中，反派角色萨诺斯（Thanos）一弹指间，消灭了宇宙里半数的生物，其中包含了一半的漫威英雄。我仿佛看到了"深层生态学"理论的滥用，萨诺斯误认为宇宙生命发展超过宇宙成长的界限，需要依据"深层生态学"消灭一半的生命，这是完全错解的宇宙生态理论。

然而，我常常开玩笑说，21世纪的环境教育形成了一种宗教观，简称"环教"。环境教育的宗旨在于"兴灭国、继绝世"，在于推动"宇宙大爱、世界和平"，在于为"宇宙继起之生命"创造可持续发展的生存空间。然而，人类生存的空间有限，人类对于环境的想象，本来就是美好多过现实。

我在2010年出版过《生态瞬间》一书，用生态保育、复育和教育的手法，记述对台湾地区进行生态调查、记录和重建的故事。我通过摄影镜头"瞬间捕捉"冻结当时的画面，以文字意象进行叙事旁白，谈到台湾民族的动荡不安。过去民族历史可以说在"原住民"之后，是平埔人，再后来是闽粤汉人、荷兰人、西班牙人、日本人、国民政府带来的汉人军民，再到我们现在有了新住民。我们的生存条件并不好，有台风，有洪水，也有地震，人居环境动荡不安，但是事实上台湾民众还能生活得恬淡自适。

依历史的波澜壮阔来说，台湾历经了中日甲午战争，清朝将台湾割让给日本，历经抗日战争，后来到了"二二八"事变，又到台湾"民主事件"，再到政党不断地轮替，事实上整个台湾历史的波澜壮阔，反而激荡产生了"狭域空间"中的人性美好价值。"台湾最美的风景是人"，这在全球激荡的宗教和民族冲突之中，是少见的实例。

到了2019年，我撰写完稿了《环境教育》，这是五南出版社出版我的第十本书。希望在小心翼翼的情况之下，我写出这些文字，让它有自己的生命。苏东坡在《赤壁赋》中曾说"天地间曾不能以一瞬"，人间倏忽，一晃即逝。我希望环境教育继往开来，通过文化、宗教以及社会的多元分析，努力创造子孙后代安身立命的美好环境，演绎出台湾生态拼贴的马赛克丰富的图像。通过学习东西方学者经典的"土地之爱"

理论，营造出台湾民众在宝岛土地上为环境打拼的辛勤回忆，以建构充满知识、热情以及环境行动的集体能量。

这些都不是人工智能（AI）产生的"虚拟"，而是活生生的"实境"。

2019 年仲夏于台北市兴安华城

附录一

台湾地区环境教育法规介绍

一 健全环境教育执行体系

明定各级机关应指定环境教育单位或人员；拟订环境教育纲领、环境教育行动方案及市、县（市）环境教育行动方案，并成立环境教育审议会，进行审议、协调及咨询等事项。（本规定第五条至第七条、第十一条、第十二条）

二 稳定充实环境教育基金

设置环境教育基金，其来源包括：自环境保护基金每年至少提拨5%支出预算金额。自废弃物回收工作变卖所得款项，每年提拨10%之金额拨入。自收取违反台湾环境保护相关规定或自治条例之罚款收入，每年提拨5%拨入。（本规定第八条）

三 建立环境教育专业制度

对环境教育人员、环境教育机构及环境教育设施、场所办理认证，以提高其质量并加强管理。高翠霞等（2014）认为，环境教育人员专业职能（competency）评估模式，分基础职能、产业职能以及专业职能。（本规定第十条、第十四条）

四 扩大全民参与环境教育

各机关、公营事业机构、高级中等以下学校及政府捐助基金累计超过50%之财团法人每年都要安排所有员工、教师、学生均参加4小时以上环境教育；另鼓励民众担任环境教育志愿者。使得有更多民众能借由本规定之推动，接触环境教育。（本规定第十九条、第二十条）

前项环境教育，得以环境保护相关之课程、演讲、讨论、网络学习、体验、实验（习）、户外学习、影片观赏、实作及其他活动为之。

五　违规须接受环境讲习

对于违反环保规定，处以停工、停业及罚款新台币 5000 元以上之案件，除原有之处分外将令其接受 1 至 8 小时之环境讲习，使其充分了解环境问题，体认环境伦理及责任，减少未来违反环境保护法规相关规定之行为发生。（本法规第二十三条、第二十四条）

台湾环境教育设施场所介绍

　　台湾环境教育法规第 14 条规定，各级主管机关及政府机构应整合规划具有特色之环境教育设施及资源，并优先运用闲置空间、建筑物或辅导民间设置环境教育设施、场所，建立及提供完整环境教育专业服务、信息与资源。环境教育设施、场所例如动物园、植物园、鸟园、地区级森林游乐区、自然教育中心、博物馆、地区级公园及自然保护区、生态农场、市民农园及展示馆等。吴铃筑、张子超（2017）认为，到通过认证之设施场所的户外学习人数，从 2011 年 9000 人次到 2015 年约 37 万人次，有逐年增加的趋势。通过认证，对于环境经营管理和环境教育产业发展，具有积极性的意义。截至 2019 年 7 月，台湾地区"环保署"已经通过台湾地区 188 处环境教育设施、场所的认证（https://eecs.epa.gov.tw/）。环境教育设施、场所需要包含四大要素：设施或场所的本身条件；课程方案；解说人员的素质；营运管理。

附录三
台湾地区政府部门环境教育课程查询地点

地区	名称	管辖单位
台湾北部	阳明山"国家"公园	营建事务主管部门
	翡翠水库环境教育学习中心	水利事务主管部门
	石门水库	水利事务主管部门
	野柳地质公园	观光事务主管部门
	东眼山自然教育中心	林业事务主管部门
	红树林生态教育馆	林业事务主管部门
	罗东自然教育中心	林业事务主管部门
	拉拉山生态教育馆	林业事务主管部门
	南澳生态教育馆	林业事务主管部门
	员山生态教育馆	林业事务主管部门
	关渡自然公园	台北市政府
	内双溪自然中心	台北市政府
	鹿角溪人工湿地	新北市政府
	武荖坑风景区	宜兰县政府
	双连埤生态教室	宜兰县政府
	深沟水源生态园区	台湾自来水公司
	老街溪河川教育中心	桃园市政府
	新竹县竹东头前溪水质生态治理区1、2期	新竹县政府
台湾中部	玉山"国家"公园	营建事务主管部门
	雪霸"国家"公园	营建事务主管部门
	奥万大自然教育中心	林业事务主管部门
	八仙山自然教育中心	林业事务主管部门
	二水台湾猕猴生态教育馆	林业事务主管部门
	火炎山生态教育馆	林业事务主管部门
	日月潭特色游学中心	观光事务主管部门
台湾南部	台江"国家"公园管理处	营建事务主管部门
	曾文水库	水利事务主管部门
	阿里山生态教育馆	林业事务主管部门
	触口自然教育中心	林业事务主管部门

地区	名称	管辖单位
台湾南部	双流自然教育中心	林业事务主管部门
	垦丁"国家级"公园	营建事务主管部门
	寿山"国家级"自然公园游客中心	营建事务主管部门
	云嘉南盐田及湿地环境教育中心	观光事务主管部门
	大鹏湾"国家级"风景区湿地公园	观光事务主管部门
	茂林环境教育中心	观光事务主管部门
	大树旧铁桥人工湿地园区	水利事务主管部门
	洲仔湿地公园	高雄市政府
	尖山埤环境学习中心	台湾糖业公司
台湾东部	太鲁阁"国家级"公园	营建事务主管部门
	池南自然教育中心	林业事务主管部门
	大武山生态教育馆	林业事务主管部门
	知本自然教育中心	林业事务主管部门
	瑞穗生态教育馆	林业事务主管部门
	鲤鱼潭环境教育中心	观光事务主管部门
外岛	金门"国家级"公园	营建事务主管部门
	东沙环礁"国家级"公园	营建事务主管部门
	澎湖南方四岛"国家级"公园	营建事务主管部门
	澎湖海洋环境教育资源中心	澎湖科技大学

可持续发展目标

（Sustainable Development Goals， SDGs）

可持续发展目标是联合国国际发展的一系列目标，共有 17 项主要目标 169 项具体目标。这些目标于 2015 年底延续千禧年发展目标，将从 2016 年开始推动，一直持续到 2030 年。

1. 无贫穷：消除各地一切形式的贫穷。

2. 零饥饿：达成粮食安全，改善营养及促进可持续农业。

3. 健康福祉：确保健康及促进各年龄层的福祉。

4. 优质教育：确保有教无类、公平以及高质量的教育，以及提倡终身学习。

5. 性别平等：实现性别平等，并赋予妇女和女童权利。

6. 清洁饮水和卫生设施：确保所有人都能享有水及卫生及其可持续管理。

7. 清洁能源：确保所有的人都可取得负担得起、可靠的、可持续的以及现代的能源。

8. 尊严劳动：可持续经济促进包容且可持续的经济增长，达到全面且有生产力的就业，让每一个人都有一份好工作。

9. 可持续工业：建立具有韧性的基础建设，促进包容且可持续的工业，并加速创新。

10. 消弭不平等：减少国内及国家间不平等。

11. 可持续城乡：促使城市与人类居住具包容、安全、韧性及可持续性。

12. 责任生产与消费：确保可持续消费及生产模式。

13. 气候变迁对策：采取紧急措施以因应气候变迁及其影响。

14. 海洋生态：保护及可持续利用海洋与海洋资源，以确保可持续发展。

15. 陆域生态：保护、维护及促进陆域生态系统的可持续使用，可持续地管理森林，对抗沙漠化，终止及逆转土地劣化，并遏制生物多样性的丧失。

16. 公平社会：促进和平且包容的社会，以落实可持续发展；提供司法管道给所有人；在所有阶层建立有效的、负责的且包容的制度。

17. 全球伙伴关系：强化可持续发展执行方法及活化可持续发展全球伙伴关系。

参考文献

一　中文书目

[1] 蔡慧敏（1992），《"国家"公园中的博物馆及其教育功能〉，《博物馆季刊》，6（3）：47～54。

[2] 柴慈瑾、田青（2009），《全球环境教育的进展与趋势》，《环境教育研究》，6（2）：1～19。

[3] 陈惠美、汪静明（1992），《博物馆的环境教育推展与计算机应用》，《博物馆学季刊》，6（3）：87～97。

[4] 陈仕泓（2008），《台北市关渡自然公园湿地环境教育活动方案执行现况分析》，《第一届亚洲湿地大会论文集》，台湾地区营建署。

[5] 陈维立（2018），《环境未来通识课程对于大学生气候变迁素养之成效分析》，《环境教育研究》，14（2）：1～56。

[6] 陈向明（2002），《社会科学质的研究》，五南。

[7] 方伟达（1998），《规划校园生态教材园》，《研习信息》，15（3）：27～30。

[8] 方伟达（2009a），《休闲设施管理》，五南。

[9] 方伟达（2009b），《城乡生态规划、设计与批判》，六合。

[10] 方伟达（2010），《生态旅游》，五南。

[11] 方伟达（2016），《节庆观光与民俗》，五南。

[12] 方伟达（2017），《期刊论文写作与发表》，五南。

[13] 方伟达（2018），《人文社科研究方法》，五南。

[14] 高翠霞、高慧芬、范静芬（2014），《"环境教育人员"之专业职能初探》，《环境教育研究》，10（2）：51～72。

[15] 高翠霞、高慧芬、杨岚智（2018），《十二年"国教"议题课程的挑战——以环境教育为例》，《台湾教育评论月刊》，7（10）：68～75。

[16] 何昕家（2018），《打开人与环境潘朵拉之盒》，白象文化。

[17] 何昕家、林慧年、张子超（2019），《学校与社区的合作经验之探讨——以偏乡台湾中小学特色游学为例》，《台湾社区工作与社区研究学刊》，9（1）：127～164。

[18] 黄茂在（2017），《放眼国际：户外教育的多元演替与发展趋势》，台湾教育研究院。

[19] 黄茂在、曾钰琪（2015），《户外教育的意涵与价值》，黄茂在、曾钰琪（主编），《户外教育实施指引》，8～25。

[20] 黄文雄、黄芳铭、游森期、田育芬、吴忠宏（2009），《新环境典范量表之验证与应用》，《环境教育研究》，6（2）：49～76。

[21] 黄秀军、祝真旭（2018），《环境教育教学法主题》，中国环境。

[22] 黄宇、田青、郭玉峰（2003），《学校中的环境教育：计划与实施》，化学工业出版社。

[23] 纪俊吉（2017），《王邦雄先生休闲观之诠释：儒家面向的观点》，《台中教育大学学报（人文艺术类）》，3（1）：59～78。

[24] 贾峰（2016），《环境教育基地指导手册》，气象。

[25] 简茉秭、黄琴扉（2018），《屏东地区民众绿色消费认知、态度与行为之调查研究》，《观光与休闲管理期刊》，6（2）：212～226。

[26] 靳知勤、胡芳祯（2018），《"国小"土石流模块教学之行动研究——学生立场选择、所持理由与认识观的改变》，《科学教育学刊》，26（1）：51～70。

[27] 李聪明（1987），《环境教育》，联经。

[28] 李光中（2016），《地景尺度着眼的里山倡议与生态农业》，《地景保育通讯》，42：12～18。

[29] 李文明、钟永德（2010），《生态旅游环境教育》，中国林业。

[30] 李永展（1991），《环境态度与保育行为之研究：美国文献回顾与概念模式之发展》，《台湾大学建筑与城乡研究学报》，6：73～90。

[31] 李永展（2012），《永续"国土"·区域治理·社区营造:理论与实践》，詹氏。

[32] 梁世武、刘湘瑶、蔡慧敏、方伟达、曾丽宜（2013），《环境教育

能力指标暨台湾民众环境素养调查项目工作计划"成果报告书》（EPA‐100‐EA11‐03‐A264），台湾地区环保署。

[33] 林采薇、靳知勤（2018），《小学生在社会性科学议题教学中的认知与立场改变——以全球暖化议题为例》，《科学教育学刊》，26（4）：283～303。

[34] 林明瑞、林姵辰（2016），《居民成为社区型环境学习中心解说志工所需的参与行为模式及影响解说满意度因素之探讨》，《环境教育研究》，12（1）：79～109。

[35] 林明瑞、张惠玲（2017），《"因应气候变迁"教案发展及社区民众学习成效之研究》，《环境教育研究》，15：51～76。

[36] 林素华（2013），《台湾环境教育的发展与现况》，《生态台湾》，41：6～13。

[37] 林宪生（2004），《文化与环境教育》，《湖南师范大学教育科学学报》，3（5）：57～61。

[38] 吕澂（1985），《中国佛学源流略讲》，里仁。

[39] 马桂新（2007），《环境教育学》（第二版），科学。

[40] 潘淑兰、周儒、吴景达（2017），《探究环境素养与影响环境行动之因子：以台湾大学生为例》，《环境教育研究》，13（1）：35～65。

[41] 邱文彦（2017），《海洋与海岸管理》，五南。

[42] 冉圣宏、王宏为、田良（1999），《环境教育》，教育科学。

[43] 任孟渊、王顺美（2009），《推动永续消费之环境教育观点》，《环境教育研究》，7（1）：1～26。

[44] 台湾地区"教育部"（2014），《十二年"国民"基本教育课程纲要总纲》，台湾地区"教育部"。

[45] 台湾地区"教育部"（2014），《中华民国户外教育宣言》，"教育部"。

[46] 台湾地区"行政院"环境保护署（1997），《台湾地区小小环境规划师研究报告》，台湾地区环保署。

[47] 台湾地区"行政院"环境保护署（1998），《"环保小种子"：86年度台湾地区绩优环保小署长实录》，台湾地区环保署。

[48] 台湾地区"行政院"农业委员会林务局（2017），《"学·森林"：

森林环境教育课程汇编》，台湾地区林务局。

［49］台湾教育研究院（2016），《台湾地区"教育部户外教育研究室"计划》，台湾教育研究院。

［50］台湾农业推广学会（2016），《当筷子遇上锄头——食农教育作伙来》，台湾农业推广学会。

［51］汪静明（1995），《社会环境教育之推动与落实推动》，《教育资料集刊》，20（6）：213～235。

［52］王俊秀（2005），《永续台湾评量系统的社会论述：理念与实务》，《都市与计划》，（32）2：179～202。

［53］王俊秀（2012），《台湾永续发展评量系统》，《永续环境管理策略》，晓园出版社。

［54］王书贞、王喜青、许美惠、陈湘宁、邱韵璇等（2017），《课程设计力：环境教育职人完全攻略》，华都出版社。

［55］王顺美（2004），《社会变迁下的环境教育——绿色学校计划》，《台湾师范大学学报》，49（1）：159～170。

［56］王顺美（2009），《绿色学校指标及其评量工具发展历程之研究》，《环境教育研究》，6（1）：119～160。

［57］王顺美（2016），《台湾永续发展教育现况探讨及行动策略之刍议》，《环境教育研究》，12（1）：111～139。

［58］王鑫（2003），《关怀乡土大地：生态维护与资源保育的永续发展》，幼狮。

［59］王鑫（2014），《概说户外教育的要点》，《学校体育》，140（2）：84～92。

［60］吴豪人（2019），《"野蛮"的复权：台湾原住民族的转型正义与现代法秩序的自我救赎》，春山。

［61］吴铃筑、张子超（2017），《探讨公私部门环境教育设施场所认证之发展概况：以100至104年间资料为例》，《环境教育研究》，13（1）：99～136。

［62］吴颖惠、李芒、侯兰（2017），《基于互联网教育环境的深度学习》，人民邮电。

［63］萧人瑄、王喜青、张菁砡、方伟达（2013），《论述美国环境教育

经验：〈环境教育的失败——我们能够如何补救它〉》，《看守台湾》，15（1）：35～44。

［64］萧戎（2015），《论环境伦理教育作为环境教育的本质与挑战》，《环境教育研究》，11（2）：33～64。

［65］谢智谋（2015），《登峰：一堂改变生命、探索世界的行动领导课》，格子外面。

［66］徐辉、祝怀新（1998），《国际环境教育的理论与实践》，人民教育。

［67］许嘉轩、刘奇璋（2018），《国家公园是否能成为议题教育的伙伴？以美国大峡谷国家公园的设施、课程方案与营运方式为初探》，《台湾教育评论月刊》，7（10）：46～59。

［68］许世璋、任孟渊（2014），《培养环境公民行动的大学环境教育课程——整合理性、情感与终极关怀的学习模式》，《科学教育学刊》，22（2）：211～236。

［69］许世璋、任孟渊（2015），《大学环境通识课群之教学内涵与成效分析》，《环境教育研究》，11（2）：107～146。

［70］许世璋、徐家凡（2012），《池南自然教育中心一日型方案"天空之翼"对于六年级生环境素养之成效分析》，《科学教育学刊》，20（1）：69～94。

［71］许毅璇（2017），《突破外交困境的环境教育策略：全球环境教育伙伴（GEEP）项目计划》，《环境教育研究》，13（2）：1～10。

［72］薛怡珍、赖明洲、林孟龙（2010），《应用生态博物馆理念规划七股地区生态旅游游程》，《台湾观光学报》，7：39～54。

［73］杨冠政（1992），《〈环境教育发展简史〉专题：博物馆与环境教育》，《博物馆学季刊》，3～9。

［74］杨冠政（1997），《环境教育》，明文。

［75］杨冠政（2011），《环境伦理学概论》，大开信息。

［76］杨平世、蔡惠卿、许毅璇（2016），《自然保育环境教育训练教材》，台湾地区环保署。

［77］杨平世、李蕙宇（1998），《悠游自然——校园生态教材园操作手册》，台湾地区环保署。

［78］ 杨懿如（2007），《守护三垈店的环境教育启示》，《生态台湾》，
　　　17：30～31。

［79］ 叶欣诚（2017），《探讨环境教育与永续发展教育的发展脉络》，
　　　《环境教育研究》，13（2）：67～109。

［80］ 叶欣诚、于蕙清、邱士健、张心龄、朱晓萱（2019），《永续发展
　　　教育脉络下台湾食农教育之架构与核心议题分析》，《环境教育研
　　　究》，15（1）：87～140。

［81］ 曾钰琪、王顺美（2013），《都市青少年自然经验发展特质之多个
　　　案研究》，《环境教育研究》，9：65～98。

［82］ 詹允文（2016），《将审议式民主运用于环境议题讨论：SAC 教学
　　　模式》，《绿芽教师》，9：43～46。

［83］ 张春兴（1986），《心理学》，东华书局。

［84］ 张宏哲、林昱宏、吴家慧、徐国强、陈心咏、郑淑方（2018），《人
　　　类行为与社会环境》（四版），原著：J. B. Ashford, C. W. LeCroy,
　　　and L. R. Williams, *Human Behavior in the Social Environment*：*A
　　　Multidi – mensional Perspective*（2009），双叶。

［85］ 张明洵、林玥秀（2015），《导览解说与环境教育》（二版），
　　　华立

［86］ 张子超（1995），《环保教师对新环境典范态度分析》，《环境教育
　　　季刊》，26：37～45。

［87］ 张子超（2013），《环境伦理与典范转移的通识内涵》，《通识在
　　　线》，46：14～16。

［88］ 锺福生、王必斗（2010），《网络环境教育的理论与实践》，中国
　　　环境科学。

［89］ 周健、霍秉坤（2012），《教学内容知识的定义和内涵》，《香港教
　　　师中心学报》，11：145～163。

［90］ 周儒（2011），《实践环境教育——环境学习中心》，五南。

［91］ 周儒、潘淑兰、吴忠宏（2013），《大学生面对全球暖化议题采取
　　　行动之影响因子研究》，《环境教育研究》，10（1）：1～34。

［92］ 周儒、张子超、黄淑芬（译）（2003），《环境教育课程规划》，
　　　原著：Engleson, D. C., and D. H. Yockers, *A Guide To Curriculum*

Planning in Environmental Education, Wisconsin Dept. of Public Instruction（1994），五南。

二　英文书目

［1］Abdelrahim, L. 2014. *Wild Children—Domesticated Dreams*：*Civilization and the Birth of Education*. Fernwood Books.

［2］Abdu – Raheem, K. A. I., and S. H. Worth Ⅱ. 2013. Food security and bio – diversity conservation in the context of sustainable agriculture：The role of agricultural extension. *South African Journal of Agricultural Exten – sion* 41：1 – 15.

［3］Adams, W. M. 2006. *The Future of Sustainability*：*Rethinking Environ – ment and Development in the Twenty – first Century*. Report of the IUCN Renowned Thinkers Meeting, 29 – 31 January 2006.

［4］Ajzen, I. 1985. From intentions to actions：A theory of planned beha – vior. In J. Kuhl, and J. Beckmann（Eds.）. *Action Control*：*From Cognition to Behavior*（pp. 11 – 39）. Springer Berlin Heidelberg.

［5］Ajzen, I. 1991. The theory of planned behavior. *Organizational Behavior and Human Decision Processes* 50（2），179 – 211.

［6］Ajzen, I., and M. Fishbein. 1977. Attitude – behavior relations：A theoretical analysis and review of empirical. *Research Psychological Bulletin* 84（5）：888 – 918.

［7］Allan, G. 2003. A critique of using grounded theory as a research method. *Electronic Journal of Business Research Methods* 2（1）：1 – 10.

［8］American Forest. 2007. *Pre K – 8 Environmental Education Activity Guide*（Project Learning Tree）, 9th. Project Learning Tree.

［9］Anderson, L. W., and D. R. Krathwohl et al.（Eds.）. 2001. *A Taxonomy for Learning, Teaching, and Assessing*：*A Revision of Bloom's Taxonomy of Educational Objectives*（abridged edition）. Allyn & Bacon.

［10］Arcury, T. A., and E. H. Christianson. 1993. Rural – urban differen – ces in environmental knowledge and actions. *The Journal of Environ-*

mental Education 25（1）：19 –25.

［11］ Ardoin, N. M. , J. Schuh, and K. Khalil. 2016. Environmental beha-
vior of visitors to an informal science museum. *Visitor Studies* 19（1）：
77 –95.

［12］ Arlinghaus, R. , S. J. Cooke, J. Lyman, D. Policansky, and
A. Schwab et al. . 2007. Understanding the complexity of catch – and –
release in recreational fishing：An integrative synthesis of global
knowledge from historical, ethical, social, and biological
perspectives. *Reviews in Fisheries Science* 15（1）：75 – 167.

［13］ Arnesen, M. 2013. *Saving Energy through Culture：A Multidisciplinary
Model for Analyzing Energy Culture Applied to Norwegian Empirical Ev –
idence*, Master Thesis. Norwegian University of Science and Technology.

［14］ Baggini, J. , and P. S. Fosl. 2003. *The Philosopher's Toolkit：A
Compen – dium of Philosophical Concepts and Methods.* Wiley –
Blackwell.

［15］ Bakhtin, M. M. 1994. Pam Morris（Ed. ）. *The Bakhtin Reader.* Oxford
University Press.

［16］ Bakhtin, M. M. 1981. Michael Holquist（Ed. ）. *The Dialogic Ima-
gination：Four Essays.* University of Texas Press.

［17］ Bamberg, S. 2013. Applying the stage model of self – regulated beha-
vioral change in a car use reduction intervention. *Journal of Envi-
ronmental Psychology* 33：68 –75.

［18］ Bamberg, S. 2003. How does environmental concern influence specific
environmentally related behaviors? A new answer to an old
question. *Journal of Environmental Psychology* 23（1）：21 –32.

［19］ Bamberg, S. , M. Hunecke, and A. Blöbaum. 2007. Social context,
personal norms and the use of public transportation：Two field
studies. *Journal of Environmental Psychology* 27（3）：190 –203.

［20］ Bamberg, S. , and G. Möser. 2007. Twenty years after Hines, Hun-
gerford, and Tomera：A new meta – analysis of psychosocial determinants
of pro – environmental behaviour. *Journal of Environmental Psychology* 27

(1)：14 –25.

[21] Bandura, A. 1986. *Social Foundations of Thought and Action：A Social Cognitive Theory*. Prentice Hall.

[22] Bandura, A. 1977. *Social Learning Theory*. Prentice Hall.

[23] Beute, F. , and Y. A. W. de Kort. 2013. Let the sun shine！Measuring explicit and implicit preference for environments differing in naturalness, weather type and brightness. *Journal of Environmental Psychology* 36：162 – 178.

[24] Black, A. W. 2000. Extension theory and practice：A review. *Australian Journal of Experimental Agriculture* 40 （4）：493 – 502.

[25] Blaikie, W. H. 1992. The nature and origins of ecological world views：An Australian study. *Social Science Quarterly* 73 （1）：144 – 165.

[26] Bloom, B. S. , M. D. Engelhart, E. J. Furst, W. H. Hill, and D. R. Krath – Wohl. 1956. *Taxonomy of Educational Objectives：The Classification of Educational Goals. Handbook I：Cognitive Domain*. David McKay Company.

[27] Borden, R. J. , and A. R. Schettino. 1979. Determinants of Environmentally Responsible Behavior. *The Journal of Environmental Education* 10 （4）：35 – 39.

[28] Bortoleto, A. P. , K. H. Kurisu, and K. Hanaki. 2012. Model develop – ment for house hold wast eprevention behaviour. *Waste Management* 32 （12）：2195 – 2207.

[29] Boyden, S. V. 1970. Environmental change：Perspectives and responsibilities. In J. Evans, and S. Boyden （Eds. ） . *Education and the Environmental Crisis* （pp. 9 – 22）. Australian Academy of Science.

[30] Braus, A. , and D. Wood. 1993. *Environmental Education in the Schools—Creating a Program that Works*. NAAEE.

[31] Brick, C. , and G. J. Lewis. 2014. Unearthing the "Green" Personality. *Environment and Behavior* 48 （5）：635 – 658.

[32] Broadwell, M. M. 1969. Teaching for learning （XVI） . *The Gospel Guardian*；wordsfitlyspoken. org. .

[33] Brown, L. R. 1969. *Seeds of change. The Green Revolution and develop - ment in the 1970's.* Pall Mall Press.

[34] Campbell, T. 1981. *Seven Theories of Human Society.* Clarendon Press.

[35] Capra, F. 1975. *The Tao of Physics.* Shambhala.

[36] Capra, F., and P. L. Luisi. 2016. *The Systems View of Life: A Unifying Vision.* Cambridge University Press.

[37] Carson, R. 1962. *Silent Spring.* Fawcett.

[38] Cassidy, J., and P. R. Shaver. 2018. *Handbook of Attachment (3rd ed.): Theory, Research, and Clinical Applications.* The Guilford Press.

[39] Chan, Y. - W., N. E. Mathews, and F. Li. 2018. Environmental education in nature reserve areas in southwestern China: What do we learn from Cao - hai? *Applied Environmental Education & Communication* 17 (2): 174 - 185.

[40] Chang, R. M., R. J. Kauffman, and Y. O. Kwon. 2014. Understanding the paradigm shift to computational social science in the presence of big data. *Decision Support Systems* 63: 67 - 80.

[41] Chawla, L. 1998. Significant life experiences revisited: A review of re - search on sources of environmental sensitivity. *The Journal of Environ - mental Education* 29 (3): 11 - 21.

[42] Chen, A., 2015. Here's how much plastic enters the ocean each year. *Science Shots*; doi: 10. 1126/science. aaa7848.

[43] Cheng, J. C. - H., and M. C. Monroe. 2012. Connection to nature: Children's affective attitude toward nature. *Environm ent and Behavior* 44 (1): 31 - 49.

[44] Chiang, Y. - T., W. - T. Fang, U. Kaplan, and E. Ng. 2019. Locus of Control: The mediation effect between emotional stability and pro - Environmental behavior. *Sustainability* 11 (3): 820; https://doi. org/ 10. 3390/su11030820.

[45] Cialdini, R. B., R. R. Reno and C. A. Kallgren. 1990. A focus theory of normative conduct: Recycling the concept of norms to reduce littering in public places. *Journal of Personality and Social Psychology*

58　（6）：1015 – 1026.

［46］ Cialdini, R. B. , L. J. Demaine, B. J. Sagarin, D. W. Barrett, K. Rhoads, and P. L. Winter. 2006. Managing social norms for persuasive impact. *Social Influence* 1 （1）, 3 – 15.

［47］ Comstock, A. B. 1986. *Handbook of Nature Study* （First with a Foreword by Verne N. Rockcastle ed. ）. Comstock Associates/Cornell University Press.

［48］ Corballis, 2015. *The Wandering Mind: What the Brain Does When You're Not Looking.* University of Chicago Press.

［49］ Cornell, J. 1998. *Sharing Nature with Children, Revised and Expanded.* Dawn.

［50］ Cotgrove, S. F. 1982. *Catastrophe or Cornucopia: The Environment, Pol – itics, and the Future.* Wiley, p. 166.

［51］ Cox, J. R. 2010. *Environmental Communication and the Public Sphere* （2nd ed. ）. Sage.

［52］ Crowther, T. , and C. M. Cumhaill. 2018. *Perceptual Ephemera.* Oxford University Press.

［53］ Crutzen, P. J. , and E. F. Stoermer. 2000. The Anthropocene. *IGBP Global Change Newsletter* 41: 17 – 18.

［54］ Csikszentmihalyi, M. 1975/2000. *Beyond Boredom and Anxiety.* Jossey – Bass.

［55］ Csikszentmihalyi, M. 1997. *Finding Flow: The Psychology of Engage – ment with Everyday Life.* Harper Collins.

［56］ Csikszentmihalyi, M. 1988. The flow experience and its significance for human psychology. In M. Csikszentmihalyi, and I. S. Csikszentmihalyi （Eds. ）. *Optimal Experience: Psychological Studies of Flow in Consciousness* （pp. 15 – 35）. Cambridge University Press.

［57］ Curtis, B. , and R. Dunlap. 2010. Conventional versus alternative agriculture: The paradigmatic roots of the debate. *Rural Sociology* 55 （4）: 590 – 616.

［58］ Curtiss , P. R. , and P. W. Warren. 1973. The Dynamics of Life

Skills Coaching. *Life Skills Series. Training Research and Development Sta - tion*, Dept. of Manpower and Immigration.

[59] Cutter – Mackenzie, A. , S. Edwards, D. Moore, and W. Boyd. 2014. *Young Children's Play and Environmental Education in Early Childhood Education.* Springer.

[60] Darnton, A. , B. Verplanken, P. White, and L. Whitmarsh. 2011. *Habits, Routines and Sustainable Lifestyles: A Summary Report to the Department for Environment, Food and Rural Affairs.* Report number: 1. AD Research & Analysis.

[61] Dave, R. H. 1970. *Psychomotor levels in Developing and Writing Behavioral Objectives* (pp. 20 – 21) . In R. J. Armstrong (Ed.) . Educational Innovators.

[62] De Groot, J. I. M. , and L. Steg. 2009. Morality and prosocial behavior: The role of awareness, responsibility and norms in the norm activation model. *Journal of Social Psychology* 149: 425 – 449.

[63] Denscombe, M. 2010. *The Good Research Guide: For Small Social Re - search Projects.* McGraw – Hill House.

[64] Devall, B. , and G. Sessions. 1985. *Deep Ecology: Living as if Nature Mattered.* Gibbs Smith.

[65] Digman, J. M. 1990. Personality Structure: Emergence of the Five – Factor Model. *Annual Review of Psychology* 41: 417 – 440.

[66] Dillion, J. , and A. E. J. Wals. 2006. On the danger of blurring methods, methodologies and ideologies in environmental education research. *Envi – ronmental Education Research* 12 (3 – 4): 549 – 558.

[67] Dordas, C. 2009. Role of nutrients in controlling plant diseases in sus - tainable agriculture: A review. In E. Lichtfouse (Ed.) . *Sustainable Agriculture* (pp. 443 – 460). Springer.

[68] Dunlap, R. E. 1975. The impact of political orientation on environmental attitude and action. *Environment and Behavior* 7 (4): 428 – 454.

[69] Dunlap, R. E. , J. K. Grieneeks, and M. Rokeach, M. 1983. Human values and pro – environmental behavior. In W. D. Conn (Ed.) .

Energy and Material Resources: *Attitudes*, *Values*, *and Public Policy* (pp. 145 – 168). Boulder.

[70] Dunlap, R. E., and K. D. Van Liere. 1984. Commitment to the dominant social paradigm and concern for environmental quality. *Social Science Quarterly* 65: 1013 – 1028.

[71] Dunlap, R. E., and K. D. Van Liere. 1978. The "new environmental para – digm". *The Journal of Environmental Education* 9 (4): 10 – 19.

[72] Dunlap, R. E., K. D. Van Liere, A. G. Mertig, and R. E. Jones. 2000. Measuring endorsement of the new ecological paradigm: A revised NEP Scale. *Journal of Social Issues* 56 (3): 425 – 442.

[73] Ellis, A. 2000. Can rational emotive behavior therapy (REBT) be ef – fectively used with people who have devout beliefs in god and religion? *Professional Psychology—Research and Practice* 31 (1): 29 – 33.

[74] Ellis, A. 1962. *Reason and Emotion in Psychotherapy*. Stuart.

[75] Ellis, A. 1957. Rational psychotherapy and individual psychology. *Journal of Individual Psychology* 13: 38 – 44.

[76] Emerson, R. W. 1979. *Centenary Edition*, *the Complete Works of Ralph Waldo Emerson* (2nd ed.). AMS Press.

[77] Engleson, D. C., and D. H. Yockers. 1994. *A Guide to Curriculum Planning in Environmental Education*. Wisconsin Dept. of Public Instruction.

[78] Eriksson, H. 2003. *Rhetoric and Marketing Device or Potential and Per – fect Partnership?* —*A Case Study of Kenyan Ecotourism*. Umea Univer – sity, pp. 1 – 8.

[79] Estabrooks, C. A. 2001. Research utilization and qualitative research. In J. M. Morse, J. M. Swanson, and A. J. Kuzel (eds.). *The Nature of Qualita – tive Evidence*. Sage.

[80] Fabinyi, M. 2012. Fishing for fairness: poverty, morality and marine resource regulation in the Philippines. *Asia – Pacific Environment Mono – graph 7*. Griffin Press.

[81] Fabinyi, M., M. Knudsen, and S. Segi. 2010. Social complexity,

ethnography and coastal resource management in the Philippines. *Coastal Management* 38 (6): 617 –632.

[82] Falk, J. H. , and L. D. Dierking. 2018. *Learning from Museums* (2nd Ed.). Rowman & Littlefield.

[83] Falk, J. H. 2017. *Born to Choose: Evolution, Self and Well – Being*. Routledge.

[84] Falk, J. H. and L. D. Dierking. 2014. *The Museum Experience Revisited*. Left Coast Press.

[85] Falk, J. H. 2009. *Identity and the Museum Visitor Experience*. Left Coast Press.

[86] Falk, J. H. , J. E. Heimlich, and S. Foutz (eds.) 2009. *Free – Choice Learning and the Environment*. AltaMira.

[87] Fang, W. – T. , Y. – T. Chiang, E. Ng, and J. – C. Lo. 2019. Using the Norm Activation Model to predict the pro – environmental behaviors of public servants at the central and local governments in Taiwan. *Sustainability* 2019, 11: 3712; doi: 10. 3390/su11133712.

[88] Fang, W. – T. , E. Ng, and Y. – S. Zhan. 2018. Determinants of pro – environmental behavior among young and older farmers in Taiwan. *Sustainability* 2018, 10: 2186; doi: 10. 3390/su10072186.

[89] Fang, W. – T. , E. Ng, C. – M. Wang, and M. – L. Hsu. 2017 (a). Normative beliefs, attitudes, and social norms: People reduce waste as an index of social relationships when spending leisure time. *Sustainability* 2017, 9: 1696; doi: 10. 3390/su9101696.

[90] Fang, W. – T. , E. Ng, and M. – C. Chang. 2017 (b). Physical outdoor activity versus indoor activity: Their influence on environmental behaviors. *International Journal of Environmental Research and Public Health* 14 (7): 797; doi: 10. 3390/ijerph14070797.

[91] Fang, W. –T. , H. –W. Hu, and C. –S. Lee. 2016. Atayal's identification of sustainability: Traditional ecological knowledge and indigenous science of a hunting culture. *Sustainability Science* 11 (1): 33 –43.

［92］ Ferdinando, F. , C. Giuseppe, P. Paola, and B. Mirilia. 2011. Dist-inguishing the sources of normative influence on proenvironmental behaviors: The role of local norms in household waste recycling. *Group Processes & Intergroup Relations* 14 (5): 623 –635.

［93］ Fielding, K. S. , and B. W. Head. 2012. Determinants of young Austra-lians' environmental actions: The role of responsibility attributions, locus of control, knowledge and attitudes. *Environmental Education Research* 18: 171 –186.

［94］ Fisk, S. 2019. Clean out your "jargon" closet: Simplify your science com –munications for greater impact. *CSA News Magazine*. January.

［95］ Flor, A. G. 2004. *Environmental Communication: Principles, Approa-ches and Strategies of Communication Applied to Environmental Management.* University of the Philippines – Open University.

［96］ Fornell, C. , and D. F. Larcker. 1981. Evaluating structural equation models with unobservable variables and measurement error. *Journal of Marketing Research* 18: 39 – 50.

［97］ Fraj, E. , and E. Martinez. 2006. Influence of personality on ecological consumer behaviour. *Journal of Consumer Behaviour* 5 (3): 167 –181.

［98］ Frey, N. , D. Fisher, and D. Smith. 2019. *All Learning is Social and Emotional: Helping Students Develop Essential Skills for the Classroom and Beyond.* ASCD.

［99］ Gärling, T. , and R. G. Golledge. 1989. Environmental perception and cognition. In E. H. Zube and G. T. Moore, *Advances in Environment, Behavior and Design* (Volume 2) . Springer.

［100］ Gazzaniga, M. S. 2016. *Tales from Both Sides of the Brain: A Life in Neuroscience.* Ecco.

［101］ Geller, E. S. 1987. Applied behavior analysis and environmental psychology: From strange bedfellows to a productive marriage. In D. Stokols, and I. Altman (Eds.) . *Handbook of Environmental Psychology* (pp. 361 – 388). Wiley.

［102］ Gifford, R. , and A. Nilsson. 2014. Personal and social factors that influence pro – environmental concern and behaviour: A review. *International Journal of Psychology* 49 (3): 141 – 157.

[103] Glaser, B. G. 1978. *Theorethical Sensitivity*. Sociology.

[104] Godbey, G. 1999. *Leisure in Your Life: An Exploration* (5th ed.). Venture.

[105] Goldstein, N. J. , R. B. Cialdini, and V. Griskevicius. 2008. A room with a viewpoint: Using social norms to motivate environmental conservation in hotels. *Journal of consumer Research* 35 (3): 472 –482.

[106] Goodman, P. , and P. Goodman. 1947. *Communitas: Means of Livelihood and Ways of Life*. Vintage Books.

[107] Gossling, S. 2006. Ecotourism as experience – tourism. In S. Gossling, and J. Hultman (Eds.) . *Ecotourism in Scandinavia: Lessons in Theory and Practice*. CABI.

[108] Gottlieb, R. 1995. Beyond NEPA and Earth Day: Reconstructing the past and envisioning a future for environmentalism. *Environmental History Review* 19 (4): 1 – 14.

[109] Gough, A. 2012. The emergence of environmental education research: A " history " of the field. In R. B. Stevenson, M. Brody, J. Dillon, and A. E. J. Wals (Eds.) . *International Handbook of Research on Environmental Education*. Routledge.

[110] Gough, H. G. , H. McClosky, and P. E. Meehl. 1952. A personality scale for social responsibility. *The Journal of Abnormal and Social Psychology* 47 (1): 73 – 80.

[111] Guez, J. M. 2010. Heteroglossia. In *Western Humanities Review* (pp. 51 – 55). University of Utah.

[112] Habermas, J. 1989. *Jurgen Habermas on Society and Politics: A Reader*. Beacon.

[113] Habermas, J. 1971. *Knowledge and Human Interests*. Beacon.

[114] Han, H. 2015. Travelers' pro – environmental behavior in a green lodging context: Converging value – belief – norm theory and the theory of planned behavior. *Tournament Management* 47: 164 – 177.

［115］ Hansla, A. , A. Gamble, A. Juliusson, and T. Gärling. 2008. The relationships between awareness of consequences, environmental concern, and value orientations. *Journal of Environmental Psychology* 28 (1): 1 – 9.

［116］ Harper, W. 1981. Freedom in the experience of leisure. *Leisure Science* 8: 115 – 130.

［117］ Harari, Y. N. 2018. *21 Lessons for the 21st Century*. Spiegel & Grau.

［118］ Harari, Y. N. 2015. *Homo Deus: A Brief History of Tomorrow*. Harper.

［119］ Harari, Y. N. 2011. *Sapiens: A Brief History of Humankind*. Vintage.

［120］ Heberlein, T. A. 2012. *Navigating Environmental Attitudes*. Oxford University Press.

［121］ Heberlein, T. A. 1972. The land ethic realized. *Journal of Social Issues* 4: 79 – 87.

［122］ Herberlein, T. A. , and B. Shelby. 1977. Carrying capacity, values, and the satisfaction model. *Journal of Leisure Research* 9: 142 – 148.

［123］ Heider, F. 1958/2013. *The Psychology of Interpersonal Relations*. Psychology.

［124］ Hernández, B. , A. M. Martín, C. Ruiz, and M. D. C. Hidalgo. 2010. The role of place identity and place attachment in breaking environmental protection laws. *Journal of Environmental Psychology* 30 (3): 281 – 288.

［125］ Higgins, P. , and A. Lugg. 2006. The pedagogy of people, place and activity: Outdoor education at moray house school of education, the University of Edinburgh. In B. Humberstone and H. Brown (Eds.) . *Shaping the Outdoor Profession through Higher Education: Creative Diversity in Outdoor Studies Courses in Higher Education in the UK* (pp. 103 – 114). Institute for Outdoor Learning, the University of Edinburgh.

［126］ Hines, J. M. , H. R. Hungerford, and A. N. Tomera. 1986/1987. Analysis and synthesis of research on responsible environmental behavior: A meta – analysis. *Journal of Environmental Education* 18 (2): 1 – 8.

[127] Hirsh, J. B. 2010. Personality and environmental concern. *Journal of Environmental Psychology* 30 (2): 245 – 248.

[128] Hirsh, J. B. 2014. Environmental sustainability and national personality. *Journal of Environmental Psychology* 38: 233 – 240.

[129] Holmes, J. 2015. *Nonsense: The Power of Not Knowing.* Crown.

[130] Honnold, J. A. 1984. Age and Environmental Concern some specification of effects. *The Journal of Environmental Education* 16 (1): 4 – 9.

[131] Hsu, C. – H., T. – E. Lin, W. – T. Fang, and C. – C. Liu. 2018. Taiwan Roadkill Observation Network: An example of a community of practice contributing to Taiwanese environmental literacy for sustainability. Sustainability 2018, 10 (10): 3610; doi: 10. 3390/su1010 3610.

[132] Hudson, S. J. 2001. Challenges for environmental education: Issues and ideas for the 21st Century. *BioScience* 51 (4): 283 – 288.

[133] Hudspeth, T. R. 1983. Citizen Participation in environmental and natural resource planning, decision making and policy formulation. *Environmental Education and Environmental Studies* 1 (8): 23 – 36.

[134] Hug, J. 1977. Two hats. In H. R. Hungerford, W. J. Bluhm, T. L. Volk, and J. M. Ramsey (Eds.) . *Essential Readings in Environmental Education* (pp. 47). Stipes.

[135] Hungerford, H. R. 1985. Investigating and Evaluating Environmental Issues and Actions: Skill Development Modules. *A Curriculum Develop – ment Project Designed to Teach Students How to Investigate and Evalu – ate Science – Related Social Issues.* Modules I – VI: ERIC.

[136] Hungerford, H. R., R. A. Litherland, R. B. Peyton, J. M. Ramsey, and T. L. Volk. 1990. *Investigating and Evaluating Environmental Issues and Actions: Skill Development Program.* Stipes.

[137] Hungerford, H. R., and R. B. Peyton. 1977. *A Paradigm of Environ- mental Action.* ERIC Document Reproduction Services (No. ED137116).

[138] Hungerford, H. R., and R. B. Peyton. 1976. *Teaching Environmental Education.* J. Weston Walch.

［139］ Hungerford, H. R., and A. Tomera. 1985. *Science Methods for the Elementary School.* Stipes.

［140］ Hungerford, H. R., and Volk, T. L. 1990. Changing Learner Behavior through Environmental Education. *Journal of Environmental Education* 21: 8 – 22.

［141］ IUCN. 1976. *Handbook of Environmental Education with International Case Studies.* IUCN.

［142］ Jacques, P. 2013. *Environmental Skepticism: Ecology, Power and Public Life.* Ashgate.

［143］ Jensen, B. B. 2002. Knowledge, action and pro – environmental behaviour. *Environmental Education Research* 8 (3): 325 – 334.

［144］ Joe, V. C. 1971. Review of the internal – external control construct as a personality variable. *Psychological Reports* 28 (2): 619 – 640.

［145］ Johnson, S. M. 2019. *Attachment Theory in Practice: Emotionally Focused Therapy (EFT) with Individuals, Couples, and Families.* Guilford.

［146］ Jöreskog, K. G., and D. Sörbom. 2015. *LISREL 9. 20 for Windows* ［Computer software］. Skokie.

［147］ Judge, T. A., A. Erez, J. E. Bono, and C. J. Thoresen. 2002. Are measures of self – esteem, neuroticism, locus of control, and generalized self – efficacy indicators of a common core construct? *Journal of Personality and Social Psychology* 83 (3): 693 – 710.

［148］ Kahn, P. and S. Kellert. 2004. Children and nature: psychological, sociocultural and evolutionary investigations. *Environmental Values* 13 (3): 409 – 412.

［149］ Kaiser, F. G., S. Wolfing, and U. Fuhrer. 1999. Environmental attitude and ecological behaviour. *Journal of Environmental Psychology* 19: 1 – 19.

［150］ Kaiser, H. F., and J. Rice. 1974. Little Jiffy, Mark IV. *Educational and Psychological Measurement* 34: 111 – 117.

［151］ Kao, C. H. C. 1965. The factor contribution of agriculture to economic development: A study of Taiwan. *Asian Survey* 5 (11): 558 – 565.

[152] Kaplan, M. S. , S. – T. Liu, and S. Steinig. 2005. Intergenerational approaches for environmental education and action. *Sustainable Communities Review* 8 (1): 54 – 74.

[153] Kates, R. W. , B. L. Turner, and W. C. Clark. 1990. The great transformation. In B. L. Turnery, W. C. Clark, R. W. Kates, J. F. Richards, J. T. Mathews, and W. B. Meyer (Eds.) . *The Earth as Transformed by Human Action* (pp. 1 – 17). Cambridge University.

[154] Kellert, S. R. 1996. *The Value of Life: Biological Diversity and Human Society.* Island Press.

[155] Kelly, J. R. , and G. Godbey. 1992. *The Sociology of Leisure.* Sagamore.

[156] Kemmis, S. , and R. McTaggart. 1982. *The Action Research Planner.* Deakin University Press.

[157] Klineberg, S. L. , McKeever, M. , & Rothenbach, B. 1998. Demographic predictors of environmental concern: It does make a difference how it's measured. *Social Science Quarterly* 79 (4): 734 – 753.

[158] Klöckner, C. A. , and A. Blöbaum. 2010. A comprehensive action determination model: Toward a broader understanding of ecological behaviour using the example of travel mode choice. *Journal of Environmental Psychology* 30 (4): 574 – 586.

[159] Klöckner, C. A. , and I. O. Oppedal. 2011. General vs. domain specific recycling behaviour—Applying a multilevel comprehensive action determination model to recycling in Norwegian student homes. *Resources, Conservation and Recycling* 55 (4): 463 – 471.

[160] Knapp, D. 1995. Twenty years after Tbilisi: UNESCO inter – regional workshop on re – orienting environmental education for sustainable development. *Environmental Communicator* 25 (6): 9.

[161] Koerten, H. 2007. Blazing the trail or follow the Yellow brick Road? On geoinformation and organizing theory. In F. Probst, and C. Keßler (Eds.) . *GI – Days 2007 – Young Researchers Forum* (pp. 85 – 104). 5th Geographic Information Days 10 – 12 September 2007, Münster, Germany.

［162］ Kolb, D. A. 1984. *Experiential Learning: Experience as the Source of Learning and Development* (Vol. 1). Prentice - Hall.

［163］ Kollmuss, A., and J. Agyeman. 2002. Mind the Gap: Why do people act environmentally and what are the barriers to pro - environmental behavior? *Environmental Education Research* 8 (3): 239 - 260.

［164］ Komarraju, M., S. J. Karau, R. R. Schmeck, and A. Avdic. 2011. The Big Five personality traits, learning styles, and academic achievement. *Personality and Individual Differences* 51 (4): 472 - 477.

［165］ Kounios, J., and M. Beeman. 2015. *The Eureka Factor: Aha Moments, Creative Insight, and the Brain*. Random House.

［166］ Krathwohl, D. R., B. S. Bloom, and B. B. Masia. 1964. *Taxonomy of Educational Objectives: The Classification of Educational Goals. Handbook II: Affective Domain*. Allyn and Bacon.

［167］ Krejcie, R. V., and D. W. Morgan. 1970. Determining sample size for research activities. *Educational and Psychological Measurement* 30: 607 - 610.

［168］ Kuhn, T. S. 1962/2012. *The Structure of Scientific Revolutions*. University of Chicago.

［169］ Kvasova, O. 2015. The Big Five personality traits as antecedents of eco - friendly tourist behavior. *Personality and Individual Differences* 83: 111 - 116.

［170］ Lafraire J., C. Rioux, A. Giboreau, and D. Picard. 2016. Food rejections in children: Cognitive and social/environmental factors involved in food neophobia and picky/fussy eating behavior. *Appetite* 96: 347 - 357.

［171］ Lalley, J., and R. Miller. 2007. The learning pyramid: Does it point teachers in the right direction? *Education* 128 (1): 64 - 79.

［172］ Lane, H. C., and S. K. D'Mello. 2018. Uses of physiological monitor - ing in intelligent learning environments: A review of research, evidence, and technologies. In T. Parsons, L. Lin, and D. Cockerham

(Eds.) . *Mind*, *Brain and Technology* (pp. 67 – 86). Springer.

[173] Laurenti, R. et al. . 2016. *The Karma of Products: Exploring the Causality of Environmental Pressure with Causal Loop Diagram and Environmental Footprint*, Ph. D. Thesis. KTH Royal Institute of Technology.

[174] Leather, M. , and S. Porter. 2006. An outdoor evolution: Changing names, changing contexts, constant values. In B. Humberstone, and H. Brown (Eds.) . *Shaping the Outdoor Profession Through Higher Education: Creative Diversity in Outdoor Studies Courses in Higher Education in the UK*. Institute for Outdoor Learning.

[175] Lee, Y. – J. , C. – M. Tung, and S. – C. Lin. 2017. Carrying capacity and eco – logical footprint of Taiwan. In B. Achour, and Q. Wu (Eds.) . *Advances in Energy and Environment Research* (pp. 207 – 218). CRC Press.

[176] Leopold, A. 1949. *A Sand County Almanac*. Oxford University Press.

[177] Leopold, A. 1933. *Game Management*. Charles Scribner's Sons.

[178] Liang, S. – W. , W. – T. Fang, S. – C. Yeh, S. – Y. Liu, H. – M. Tsai, J. – Y. Chou, and E. Ng. 2018. A nationwide survey evaluating the environmental literacy of undergraduate students in Taiwan. *Sustainability* 10: 1730; doi: 10. 3390/su10061730.

[179] Lieberman, D. E. 2014. *The Story of the Human Body: Evolution, Health, and Disease*. Vintage.

[180] Liem, G. A. D. , and A. J. Martin. 2015. Young people's responses to environmental issues: Exploring the roles of adaptability and personality. *Personality and Individual Differences* 79: 91 – 97.

[181] Lindstrom, M. , and P. E. R. Johnsson. 2003. Environmental concern, self – concept and defence style: A study of the Agenda 21 process in a Swedish municipality. *Environmental Education Research* 9 (1): 51 – 66.

[182] Lipsey, M. W. 1977. Personal antecedents and consequences of ecologically responsible behavior. A review. *Catalog of Selected Documents in Psychology* 7: 70.

[183] Liu S. – C. , and H. – S. Lin. 2018. Envisioning preferred environmental futures: exploring relationships between future – related views and environmental attitudes. *Environmental Education Research* 24 (1): 80 – 96.

[184] Liu, S. – T. , and M. S. Kaplan. 2006. An intergenerational approach for enriching children's environmental attitude and knowledge. *Applied Environmental Education and Communication* 5 (1): 9 – 20.

[185] Liu, S. – Y. , S. – C. Yeh, S. – W. Liang, W. – T. Fang, and H. – M. Tsai. 2015. A national investigation of teachers' environmental literacy as a reference for promoting environmental education in Taiwan. *The Journal of Environmental Education* 46 (2): 114 – 132.

[186] Liu, S. – Y. , C. – Y. Yen, K. – N. Tsai, and W. – S. Lo. 2017. A conceptual frame work for agri – food tourism as an eco – innovation strategy in small farms. *Sustainability* 2017, 9 (10): 1683; https://doi. org/10. 3390/ su9101683.

[187] Lloro – Bidart, T. , and V. S. Banschbach. 2019. *Animals in Environmental Education: Interdisciplinary Approaches to Curriculum and Pedagogy*. Palgrave Macmillan.

[188] Lloyd, A and T. Gray, 2014. Place – based outdoor learning and environmental sustainability within Australian Primary Schools. *Journal of Sustainability Education* 29 (2): 22 – 29.

[189] Loh, K. Y. 2010. New media in education fiesta (20100906, Day 1). In *Learning Journey* [Blog spot]. Retrieved from http://lohky. blogspot. ca/2010/09/new – media – in – education – fiesta – 20100906_ 07. html.

[190] Lopez, B. 1990. Losing our sense of place. *Education Week Teacher* 1 (5): 38 – 44.

[191] Louv, R. 2005. *Last Child in the Woods: Saving Our Children from Nature Deficit Disorder*. Workman.

[192] Lovelock, J. E. 1972. Gaia as seen through the atmosphere. *Atmospheric Environment* 6 (8): 579 – 580.

[193] Maloney, M. P. , and M. P. Ward. 1973. Ecology: Let's hear from the people: An objective scale for the measurement of ecological attitudes and knowledge. *American Psychologist* 28 (7): 583 – 586.

[194] Maloney, M. P. , M. P. Ward, and G. N. Ž Braucht. 1975. Psychology in action: A revised scale for the measurement of ecological attitudes and knowledge. *American Psychologist* 30: 787 – 790.

[195] Marsden, W. E. 1997. Environmental education: Historical roots, com – parative perspectives, and current issues in Britain and the United States. *Journal of Curriculum and Supervision* 13 (1): 6 – 29.

[196] Martin, P. Y. , and B. A. Turner. 1986. Grounded theory and organizational research. *The Journal of Applied Behavioral Science* 22 (2): 141 – 157.

[197] Martinez – Sanchez, V. , M. A. Kromann, and T. F. Astrup. 2015. Life cycle costing of waste management systems: Overview, calculation principles and case studies. *Waste Management* 36: 343 – 355.

[198] Mayer, F. S. , and C. M. Frantz. 2004. The connectedness to nature scale: A measure of individuals' feeling in community with nature. *Journal of Environmental Psychology* 24 (4): 503 – 515.

[199] McCrae, R. R. , and P. T. Costa. 1987. Validation of the five – factor model of personality across instruments and observers. *Journal of Personality and Social Psychology* 52 (1): 81 – 90.

[200] McDougall, F. R. 2001. Life cycle inventory tools: Supporting the development of sustainable solid waste management systems. *Corporate Environmental Strategy* 8 (2): 142 – 147.

[201] McGuire, W. J. 1968. Personality and attitude change: an information processing theory. In A. Greenwald, T. Ostrom, and T. Brock (Eds.), *Psychological Foundations of Attitude.* Academic Press.

[202] McKenzie – Mohr, D. 2011. *Fostering Sustainable Behavior: An Introduction to Community – Based Social Marketing.* New Society Publishers.

[203] McLeod, S. A. 2009. *Attachment Theory.* Retrieved from http://www.

sim – plypsychology. org/attachment. html.

[204] Meffe, G. K. , and C. R. Carroll. 1994. *Principles of Conservation Biology.* Sinauer Associates.

[205] Milfont, T. L. , and C. G. Sibley. 2012. The big five personality traits and environmental engagement: Associations at the individual and societal level. *Journal of Environmental Psychology* 32 (2): 187 – 195.

[206] Morgan, P. 2009. Towards a developmental theory of place attachment. *Journal of Environmental Psychology* 30 (2010): 11 – 22.

[207] Moritz, C. , and R. Agudo. 2013. The future of species under climate change: resilience or decline? *Science* 2; 341 (6145): 504 – 508; doi: 10. 1126/ science. 1237190.

[208] Mundy, J. 1998. *Leisure Education: Theory and Practice* (2d Ed.). Sagamore.

[209] Nash, J. B. 1960. *Philosophy of Recreation and Leisure* . William C. Brown, p. 89.

[210] Neulinger, J. 1974. *The Psychology of Leisure: Research Approaches to the Study of Leisure.* Charles C. Thomas.

[211] Newhouse, N. 1990. Implications of attitude and behavior research for environmental conservation. *The Journal of Environmental Education* 22 (1): 26 – 32.

[212] Nguyen, T. T. , H. H. Ngo, W. Guo, X. C. Wang, N. Ren, et al. 2019. Implementation of a specific urban water management— Sponge City. *Science of The Total Environment* 652: 147 – 162.

[213] Nonaka, I. , K. Umemoto, and D. Senoo. 1996. From information processing to knowledge creation: A Paradigm shift in business management. *Technology in Society* 18 (2): 203 – 218.

[214] Nordhaus, W. D. 2015. *The Climate Casino: Risk, Uncertainty, and Economics for a Warming World.* Yale University.

[215] Norizan, E. 2010. Environmental knowledge, attitude and practice of student teachers. *Journal of Environmental Education* 19: 39 – 50.

[216] Nourish Initiative, n. d. *Nourish Food System Map.* www. nourishlife. org/teach/food – system – tools/.

[217] Nutbeam, D. 2000. Health literacy as a public health goal: A challenge for contemporary health education and communication strategies into the 21st century. *Health Promotion International* 15: 259 – 267.

[218] Nyrud, A. Q. , A. Roos, and J. B. Sande. 2008. Residential bioenergy heating: A study of consumer perceptions of improved woodstoves. *En – ergy Policy* 36 (8): 3169 – 3176.

[219] Næss, A. 1973. The shallow and the deep, long range ecology movement. A summary. *Inquiry* 16 (1 – 4): 95 – 100.

[220] Næss, A. 1989. *Ecology, Community and Lifestyle.* Cambridge University Press.

[221] Ofstad, S. P. , M. Tobolova, A. Nayum, and C. A. Klöckner. 2017. Understanding the mechanisms behind changing people's recycling behavior at work by applying a comprehensive action determination model. *Sustainability* 9 (2): 204; doi: 10. 3390/su9020204.

[222] Ölander, F. , and J. Thøgersen. 1995. Understanding of consumer behav – ior as a prerequisite for environmental protection. *Journal of Consumer Policy* 18 (4): 345 – 385.

[223] Orr, D. 1991. What is education for? Six myths about the foundations of modern education, and six new principles to replace them. *The Learning Revolution* Winter, 52 – 57.

[224] Palmer, J. 1998. *Environmental Education in The 21st Century: Theory, Practice, Progress and Promise.* Routledge.

[225] Parayil, G. 2003. Mapping technological trajectories of the Green Revolution and the Gene Revolution from modernization to globalization. *Research Policy* 32 (6): 971 – 990.

[226] Penn, D. J. 2003. The evolutionary roots of our environmental prob – lems: Toward a Darwinian Ecology. *The Quarterly Review of Biology* 78 (3): 275 – 301.

［227］ Peterson, C. A. , and S. L. Gunn. 1984. *Therapeutic Recreation Program and Design: Principles and Procedures* (2nd ed.). Prentice – Hall.

［228］ Pettus, A. M. , and M. B. Giles. 1987. Personality characteristics and environmental attitudes. *Population and Environment* 9 （3）: 127 – 137.

［229］ Pieper, J. 1963. *Leisure: The Basics of Culture.* New American Library.

［230］ Pinchot, G. 1903. *A Primer of Forestry.* U. S. Government Printing Office.

［231］ Polanyi, M. 1966. *The Tacit Dimension.* University of Chicago Press.

［232］ Polanyi, M, 1958. *Personal Knowledge: Towards a Post – Critical Philosophy.* University of Chicago Press.

［233］ Purvis, B. , Y. Mao, and D. Robinson. 2019. Three pillars of sustainability: in search of conceptual origins. *Sustainability Science* 14 （3）: 681 – 695.

［234］ Raffles, H. 2010. *Insectopedia.* Vintage.

［235］ Raworth, K. 2012. *A Safe and Just Space For Humanity. Can We Live within The Doughnut?* Oxfam Discussion Papers. Oxfam International.

［236］ Regan, T. 1983. *The Case for Animal Rights.* University of California Press.

［237］ Richmond, J. M. and N. Baumgart, 1981. A hierarchical analysis of environmental attitudes. *Journal of Environmental Education* 13: 31 – 37.

［238］ Robine, J. – M. , S. L. K. Cheung, S. Le Roy; H. Van Oyen, C. Griffiths, J. – P. Michel, and F. R. Herrmann. 2008. "Solongo". *Comptes Rendus Biologies* 331 （2）: 171 – 178.

［239］ Rockström, J. , W. Steffen, K. Noone, Å. Persson, F. S. Chapin III, et al. 2009. A safe operating space for humanity. *Nature* 461: 472 – 475.

［240］ Rogers, E. M. 1957. *A Conceptual Variable Analysis of Technological Change.* Doctoral Dissertation. Iowa University.

［241］ Rogers, E. M. 1962/1971/1983/1995/2003. *Diffusion of Innovations.* Free

Press.

[242] Rolston Ⅲ, H. 1975. Is there an ecological ethic? *Ethics* 85 (2): 93 - 109.

[243] Roth, C. E. 1978. Off the merry - go - round and on to the escalator. In W. B. Stapp (Ed.) . *From Ought to Action in Environmental Education*. SMEAC/ IRC.

[244] Roth, C. E. 1968. *On the Road to Conservation. Massachusetts Audubon* LII (4): 38 - 41.

[245] Rotter, J. B. 1966. Generalized expectancies for internal versus external control of reinforcement. *Psychological Monographs: General and Ap - plied* 80 (1): 1 - 28.

[246] Rowe, S. 1994 (a) . Ecocentrism: The chord that harmonizes humans and earth. *The Trumpeter* 11 (2): 106 - 107.

[247] Rowe, S. 1994 (b) . *Ecocentrism and Traditional Ecological Knowledge*. http://www. ecospherics. net/pages/Ro993tek_ 1. html.

[248] Rowlands, M. 2008. *The Philosopher and the Wolf*. Granta.

[249] Ryan, R. M. , and E. L. Deci, 2000. Self - Determination Theory and the Facilitation of intrinsic motivation, social development, and well - being. *American Psychologist* 55 (1): 68 -78.

[250] Sapolsky, R. M. 2017. *Behave: The Biology of Humans at Our Best and Worst*. Penguin.

[251] Sauvé, L. 2005. Currents in environmental education: mapping a complex and evolving pedagogical field. *Canadian Journal of Environmental Education* 10: 11 - 37.

[252] Schoel, J. , D. Prouty, and P. Radcliffe. 1988. *Islands of Healing: A Guide to Adventure Based Counseling*. Project Adventure.

[253] Schoenfeld, A. C. , R. F. Meier, and R. J. Griffin. 1979. Constructing a social problem: The press and the environment. *Social Problems* 27 (1): 38 -61.

[254] Schwartz, S. H. 1977. Normative influences on altruism. In B. Leonard (Ed.) . *Advances in Experimental Social Psychology* (Vol. 10,

pp. 221 – 279). Academic Press.

[255] Sherry, L. 2003. Sustainability of innovations. *Journal of Interactive Learning Research* 13 (3): 209 – 236.

[256] Shulman, L. S. 1987 (a). Knowledge and teaching: Foundations of the new reform. *Harvard Educational Review* 57: 1 – 22.

[257] Shulman, L. S. 1987 (b). Learning to teach. *American Association of Higher Education Bulletin* 5 – 9.

[258] Shulman, L. S. 1986 (a). Paradigms and research programs in the study of teaching: A contemporary perspective. In M. C. Wittrock (Ed.). *Hand – book of Research on Teaching* (3rd ed.) (pp. 3 – 36). Macmillan.

[259] Shulman, L. S. 1986 (b). Those who understand: Knowledge growth in teaching. *Educational Researcher* 15 (2): 4 – 14.

[260] Simmons, D. 1989. More infusion confusion: A look at environmental education curriculum materials. *The Journal of Environmental Education* 20 (4): 15 – 18.

[261] Simpson, E. J. 1972. *The Classification of Educational Objectives in the Psychomotor Domain*. Gryphon House.

[262] Singer, P. 1975. *Animal Liberation*. Harper Collins.

[263] Singh, S. K., J. M. Mishra, and Y. V. Rao. 2018. A study on the application of system approach in tourism education with respect to quality and excellence. *International Research Journal of Business and Management* XI 12: 7 – 17.

[264] Smart, A. 2013. *Autopilot: The Art and Science of Doing Nothing*. OR Books.

[265] Smith, G. A. 2001. Defusing environmental education: An evaluation of the critique of the environmental education movement. *Clearing: Environmental Education Resources for Teachers* 108 (winter): 22 – 28.

[266] Snow, C. P. 1959/2001. *The Two Cultures*. Cambridge University.

[267] Sørensen, K., S. Van den Broucke, J. Fullam, G. Doyle, J. Pelikan, Z. Slonska, H. Brand, and HLS – EU (Consortium Health Literacy

Project European）. 2012. Health literacy and public health: A
systematic review and integration of definitions and models. *BMC Public
Health* 12: 80. https://doi. org/10. 1186/1471 – 2458 – 12 – 80.

[268] Spangenberg, J. H. , and O. Bonniot. 1998. Sustainability indicators—
A compass on the road towards sustainability. *Wuppertal Paper*
No. 81. OECD.

[269] Spangenberg, J. H. , and A. Valentin. 1999. *Indicators for Sustainable
Communities.* http://www. foeeurope. org/sustainability/sustain/t –
content – prism. htm.

[270] Stapp, W. et al. 1969. The concept of environmental education.
Environmental Education 1 （1）: 30 – 31.

[271] Stern, P. C. 1978. The limits to growth and the limits of
psychology. *American Psychologist* 33 （7）: 701 – 703.

[272] Stern, P. 2000. Toward a coherent theory of environmentally
significant behavior. *Journal of Social Issues* 56 （3）: 407 – 424.

[273] Stern, P. C. , T. Dietz, T. D. Abel, G. A. Guagnano, and L. Kalof.
1999. A value – belief – norm theory of support for social movements:
The case of environmentalism. *Human Ecology Review* 6 （2）: 81 – 97.

[274] Strauss, A. L. 1987. *Qualitative Analysis for Social Scientists.* Cambridge
University Press.

[275] Strife, S. 2010. Reflecting on environmental education: Where is our
place in the green movement? *The Journal of Environmental Education*
41 （3）: 179 – 191.

[276] Stringer, E. T. 2013. *Action Research.* Sage.

[277] Sullivan, A. – M. Leisure Education. *Encyclopedia of Recreation and
Leisure in America.* Retrieved June 29, 2019 from Encyclopedia. com:
https://www. encyclopedia. com/humanities/encyclopedias – almana-
cs – tran – scripts – and – maps/leisure – education.

[278] Sussarellu, R. , M. Suquet, Y. Thomas, C. Lambert, C. Fabioux,
et al. 2016. Oyster reproduction is affected by exposure to polystyrene
micro – plastics. *PNAS* 113 （9）: 2430 – 2435.

[279] Swami, V. , T. Chamorro – Premuzic, R. Snelgar, and A. Furnham. 2011. Personality, individual differences, and demographic antecedents of self – reported household waste management behaviours. *Journal of Environmental Psychology* 31 (1): 21 –26.

[280] Swan, J. A. 1969. The challenge of environmental education. *Phi Delta Kappan* 51: 26 – 28.

[281] Tagore, R. 2010. *Stray Birds*. Textstream.

[282] Tattersall, I. 2013. *Masters of the Planet: The Search for Our Human Origins*. St. Martin's Griffin.

[283] Thøgersen, J. 2009. Promoting public transport as a subscription service: Effects of a free month travel card. *Transport Policy* 16 (6): 335 – 343.

[284] Thøgersen, J. 2006. Norms for environmentally responsible behaviour: An extended taxonomy. *Journal of Environmental Psychology* 26 (4): 247 –261.

[285] Thomas, A. , P. Pringle, P. Pfleiderer, and C. Schleussner. 2017. *Tropical Cyclones: Impacts, the link to Climate Change and Adaptation*. https://climateanalytics. org/media/tropical _ cyclones _ impacts_cc_adaptation. pdf.

[286] Thompson S. C. G. , and M. Barton, 1994. Ecocentric and anthropo-centric attitudes toward the environment. *Journal of Environmental Psychology* 14: 149 – 157.

[287] Thoreau, H. D. 1990. *A Week on the Concord and Merrimack Rivers*. University of California Libraries.

[288] Thoreau, H. D. 1927. *Walden, or, Life in the Woods*. Dutton.

[289] Tilbury, D. 1995. Environmental education for sustainability: Defining the new focus of environmental education in the 1990s. *Environmental Education Research* 1 (2): 195 –212.

[290] Tong, E. M. W. 2010. Personality influences in appraisal – emotion relationships: the role of neuroticism. *Journal of Personality* 78 (2): 393 –417.

［291］ Tsing，A. L. 2015. *The Mushroom at the End of the World*：*On the Possibility of Life in Capitalist Ruins*. Princeton University Press.

［292］ Tyrrell，T. 2013. *On Gaia*：*A Critical Investigation of the Relationship between Life and Earth*. Princeton University Press，p. 208.

［293］ UN. 1992. *Agenda* 21. United Nations.

［294］ UNEP. 1977. *Intergovernmental Conference on Environmental Education* （ED/MD/49）. UNESCO and UNEP.

［295］ UNEP. 1975. *The Belgrade Charter*. Final Report，International Work - shop on Environmental Education （ED - 76/WS/95）. UNESCO and UNEP.

［296］ UNESCO. 1970. *International Working Meeting on Environmental Edu - cation in the School Curriculum*，Final Report，at Foresta Institute，Car - son City，Nevada. IUCN and UNESCO.

［297］ Van Liere，K. D. ，and R. E. Dunlap. 1980. The social bases of environmental concern：A review of hypotheses，explanations and empirical evidence. *Public Opinion Quarterly* 44：181 - 197.

［298］ Vela，M. R and L. Ortegon - Cortazar. 2019. Sensory motivations within children's concrete operations stage. *British Food Journal* 121 （4）：910 - 925.

［299］ Victor，P. 2010. Questioning economic growth. *Nature* 18；468 （7322）：370 - 371.

［300］ Waldmann，T. 2009. Life cycle cost—Higher profits by anticipating over - all costs. *China Textile Leader* 8，p. 26.

［301］ Wals，A. E. J. ；M. Brody，J. Dillon，and R. B. Stevenson. 2014. Convergence between science and environmental education. *Science* 344 （6184）：583 - 584.

［302］ Ward，P. 2009. *The Medea Hypothesis*：*Is Life on Earth Ultimately Self - Destructive?* Princeton University.

［303］ Watson，D. ，and L. A. Clark. 1984. Negative affectivity：The disposition to experien ceaver sive emotion alstates. *Psychological Bulletin* 96 （3）：465 - 490.

［304］Weigel, R. H. , and J. Weigel. 1978. Environmental concern: The development of a measure. *Environment and Behavior* 10 （1）: 3 – 15.

［305］Westbury, I. 1990. Textbooks, textbook publishers, and the quality of schooling. In D. L. Elliott, and A. Woodward （Eds.）. *Textbooks and Schooling in The United States* （pp. 1 – 22）. NSSE.

［306］White, L. 1967. The historical roots of our ecological crisis. *Science* 155: 1203 – 1207.

［307］Winther, A. A. , K. C. Sadler, and G. W. Saunders. 2010. Approaches to environmental education. In A. Bodzin, S. Klein, and S. Weaver （Eds.）. *The Inclusion of Environmental Education in Science Teacher Education.* Springer.

［308］Wiseman, M. , and F. X. Bogner. 2003. A higher – order model of ecological values and its relationship to personality. *Personality and Individual Differences* 34: 783 – 794.

［309］Wu, C. C. 1977. Education in farm production: The case of Taiwan. *American Journal of Agricultural Economics* 59 （4）: 699 – 709.

［310］Wu, T. C. and W. T. F. Chiu. 2000. Development of sustainable agriculture in Taiwan. *Journal of the Agricultural Association of China* 1 （2）: 218 – 228.

［311］Young, J. , E. McGown, and E. Haas. 2010. *Coyote's Guide to Connecting with Nature.* Owlink Media.

［312］Zeder, R. 2019. *Positive Externalities vs Negative Externalities.* Quicko – nomics. https://quickonomics. com/positive – externalities – vs – negative – externalities/.

［313］Zou, P. 2019. Facilitators and barriers to healthy eating in aged Chinese Canadians with hypertension: A qualitative exploration. *Nutrients* 11: 111; doi: 10. 3390/nu11010111.

图书在版编目（CIP）数据

环境教育：理论、实务与案例／方伟达著 . -- 北京：社会科学文献出版社，2021.12

ISBN 978 - 7 - 5201 - 7858 - 7

Ⅰ . ①环… Ⅱ . ①方… Ⅲ . ①环境教育 Ⅳ . ①X - 4

中国版本图书馆 CIP 数据核字（2021）第 022110 号

环境教育：理论、实务与案例

著 者／方伟达

出 版 人／王利民
责任编辑／陈 颖
责任印制／王京美

出 版／社会科学文献出版社·皮书出版分社 （010）59367127
　　　　地址：北京市北三环中路甲 29 号院华龙大厦 邮编：100029
　　　　网址：www. ssap. com. cn
发 行／市场营销中心 （010）59367081 59367083
印 装／三河市尚艺印装有限公司

规 格／开 本：787mm × 1092mm 1/16
　　　　印 张：25.25 字 数：398 千字
版 次／2021 年 12 月第 1 版 2021 年 12 月第 1 次印刷
书 号／ISBN 978 - 7 - 5201 - 7858 - 7
著作权合同
登 记 号／图字 01 - 2020 - 6245 号
定 价／128.00 元

本书如有印装质量问题，请与读者服务中心（010 - 59367028）联系